사춘기 자녀의 1등 진로를 찾는
부모의 4가지 태도

사춘기 자녀의 1등 진로를 찾는 부모의 4가지 태도

발행일   2021년 12월 24일

지은이   이영길
펴낸이   손형국
펴낸곳   (주)북랩
편집인   선일영   편집   정두철, 배진용, 김현아, 박준, 장하영
디자인   이현수, 한수희, 허지혜, 안유경   제작   박기성, 황동현, 구성우, 권태련
마케팅   김회란, 박진관
출판등록   2004. 12. 1(제2012-000051호)
주소   서울특별시 금천구 가산디지털 1로 168, 우림라이온스밸리 B동 B113~114호, C동 B101호
홈페이지   www.book.co.kr
전화번호   (02)2026-5777   팩스   (02)2026-5747

ISBN   979-11-6836-080-8 13590 (종이책)   979-11-6836-081-5 15590 (전자책)

(주)북랩 성공출판의 파트너
북랩 홈페이지와 패밀리 사이트에서 다양한 출판 솔루션을 만나 보세요!
홈페이지 book.co.kr   •   **블로그** blog.naver.com/essaybook   •   **출판문의** book@book.co.kr

작가 연락처 문의 ▸ ask.book.co.kr
작가 연락처는 개인정보이므로 북랩에서 알려드릴 수 없습니다.

사춘기 자녀의 1등 진로를 찾는 부모의 4가지 태도

사춘기 부모 자녀 관계를 회복하는 방법과
'1등 진로'를 함께 찾는 자녀교육 진로상담 노하우!

이영길 지음

북랩 book Lab

1등 진로는 '부모의 사랑'에서 시작된다

세상 모든 부모는 자녀를 사랑합니다. 자기 자녀를 사랑하지 않는 부모가 세상에 있을까요? 신체적이든 심리적이든 자녀의 건강이나 능력과 상관없이 자기 자식을 사랑하는 것은 본능입니다.

그래서 부모는 자녀에게 희생합니다.

희생을 통해 평생 자녀를 섬기는 일을 하게 됩니다.

자녀를 위한 희생은 자녀를 섬기는 일이며, 자녀를 사랑해서 하는 일입니다.

그런데 그런 희생적 사랑이 자녀의 자존감을 세우는 것이 아니라, 오히려 자존심을 상하게 하고 열등감만 느끼게 하는 안타까운 일이 되기도 합니다. '자녀를 사랑하는 일'이 '자녀를 괴롭게 하는 일'이 되는 것입니다. 사춘기 아이들은 이런 부모의 사랑으로 고민합니다. 이것이 부모 자녀 갈등의 시작입니다.

상담실을 찾는 자녀와 부모에게 제일 먼저 하는 질문이 있습니다. "부모님은 자녀를 어떤 사람이라고 생각하십니까?"입니다. 다시 말해 부모 마음속에 자리 잡은 아이에 관한 생각을 여쭤봅니다. 이렇게 질문을 하면 대부분 난감해하거나, 잠시 생각하고 대답합니다. 아이의 학업, 진학, 직업 등 진로에 대한 고민으로 방문했을 텐데 대뜸 아이의 정체성에 대해 질문을 받으니 당황하는 것 같았습니다.

사실, 이 질문은 '부모가 아이를 어떻게 사랑하고 살았는가?'를 물어보는 것이 핵심입니다. 하지만 지금까지 만났던 부모 가운데 아이의 내면 심리에 관심을 보이거나 아이의 취향과 성향에 대해 대답하는 부모는 거의 없었습니다. '우리 아이는 이런 일을 할 때 행복하고 만족해합니다. 우리 아이는 이런 취미생활로 자기감정을 풀고, 스트레스를 관리합니다. 우리 아이는 이런 친구를 좋아합니다. 평소 우리 아이는 부모에게 이런 말을 자주 합니다.' 등등 아이의 성향을 기대하고 질문을 합니다만 대부분은 학업적이고 외적인 대답을 주로 합니다. 특히, 자녀의 생활습관과 태도에 관한 부정적인 이야기나 성적 및 학업, 대학진학, 직업목표 등에 관한 이야기를 주로 합니다.

연이은 두 번째 질문은 학생에게 합니다. "학생은 부모님께서 학생의 마음을 얼마나 알고 있다고 생각합니까?"라는 질문입니다. 아이들은 이 질문에 조금도 서슴지 않고 대답을 합니다. 대부분 50% 이하라고 대답하거나 아예 고개를 떨구거나 흔드는 아이도 있습니다.

자녀의 '1등 진로'를 찾기 전 부모가 반드시 알아야 할 것은 '내 아이의 정체성'입니다. 내 아이는 '과연 누구인가?'입니다. 누구란 질문에는 참으로 여러 가지 내용이 들어 있습니다. 기질, 성격, 소질, 강점, 가치관, 적성과 흥미, 좋아하는 것, 잘하는 것, 즐겁게 하는 것, 그리고 하고 싶어 하는 것 등 하나하나가 보석 같은 주제들입니다.

자녀가 누구인가를 아는 것은 부모의 권리이자 의무입니다.

이 질문의 답은 자녀의 생애진로 설계 시 가장 고려해야 할 내용입니다. 세상 어떤 사람도 대신할 수 없는, 부모만이 할 수 있는 1등 진로를 찾는 출발점이기 때문입니다.

'내 아이는 누구인가?'

'내 아이의 1등 진로는 무엇인가?'

'사춘기로 성장하는 아이인가?' 반대로 '사춘기로 방황하는 아이인가?'라는 질문부터 시작해야 할 것입니다.

그러나, 이런 것보다 훨씬 더 중요한 것이 있습니다. 그것은 우리 아이는 과연 '사랑받고 자란 아이'인가, '괴롭힘을 받고 자란 아이'인가 라는 것입니다. 다소 엉뚱한 말처럼 들릴 수 있습니다만 사랑해서 하는 부모의 말과 행동을 아이들은 괴롭힌다고 느끼는 경우가 생각 외로 많습니다.

부모로부터 '사랑받고 자란 아이'라면 분명히 '사랑스러운 아이'일 것입니다. 만약, 사춘기 아이가 사랑스러운 아이로 성장했다면, 이미 이 아이는 '1등 진로'를 찾는 가장 가까운 지름길에 서 있다고 할 수 있습니다. 그러나 아쉽게도 현실은 사춘기 아이가 사랑스럽지만은 않습니다.

　지금까지 사춘기 자녀와 부모들을 만나오면서 다양한 진로상담을 진행해 왔습니다. 조기교육, 학습능력, 적성과 흥미, 고교진학, 대학입시, 유학, 전공과 직업선택 등 다양한 진로상담을 통해 아이마다 각각 다른 '1등 진로'에 관한 고민과 그 길을 찾기 위한 노력을 지속해 왔습니다.

　그러다 보니 자연스럽게 사춘기가 되면서 겪는 다양한 부모 자녀 갈등, 더 나아가 대립과 다툼, 심지어 폭언과 폭력, 가출, 심리 정서적 질병에 이르는 다양한 청소년의 정서 행동 문제들을 만나게 되었고 이 문제들을 함께 고민하고 해법을 찾아 왔습니다.

　아이마다 다른 '1등 진로' 찾는 방법과 아이마다 다르게 겪고 있는 '사춘기' 성장통들, 24년간 아이들과 함께해오면서 알게 되고 깨닫게 되었던 아이들의 숨은 이야기들, 딸 셋을 키우는 아빠이자 상담사로서 경험했던 노하우를 이 책에서 자세히 나눠보고자 합니다.

　그동안 만났던 학생과 학부모들은 숫자를 헤아리기 어려울 정도로 참 많았습니다. 마음에 기억되는 친구들도 많습니다. 학생이 상담실에 오기 싫어해서 부모만 와서 학생의 힘든 것을 이야기할 때도 있었습니다. 세월이 흘러서 이렇게 만났던 사춘기 아이들은 비행기 조종사, 직업군인, 엔지니어, 교사, 판사, 의사, 간호사, 약사, 회계사, 투자관리자, 음악가, 미술가 등 전문직을 비롯한 공기업, 대기업, 중소기업, 자영업에 이르기까지 다양한 직업들을 선택했습니다. 문제를 문제로만 인식했다면 현재의 모습은 기대할 수 없었을 것입니다. 부모의 사랑으로 시작된 자녀의 1등 진로를 향한 '미래와 희망' 그리고 상담사로서 '자녀교육'과 '진로상담'에 관한 전문 가이드가 자녀의 '1등 진로'를 함께 찾을 수 있었던 원동력이었다고 생각합니다.

학교 가기 너무 싫어서 몇 개월 전, 자퇴하고 집에서 빈둥빈둥 지내고 있는 한 학생이 있었습니다. 상담 후 자기의 적성과 흥미를 찾게 되고 왜 자기가 학교 가기 싫은지를 스스로 깨닫고 한국 학교보다는 외국고등학교에 다니겠다고 유학을 떠났습니다. 외국고등학교 졸업 후 귀국하여 국내 대학에 진학하였습니다. 현재는 국내에 있는 외국계 기업에서 직장인의 삶을 사는 의젓한 사회인이 되었습니다. 학생 한 명 한 명이 모두 사연이 있고 또 고충도 있었습니다만 자신의 진로를 찾고, 또 열심히 자기 분야의 전문 직업인으로 살아가는 것을 보면서 '1등 진로'는 학교사회의 성적 1등만 하는 것이 아니라는 확신이 들었습니다.

사춘기를 부정적 관점으로 보면 게임중독, 스마트폰 중독, 짜증, 분노, 무기력, 반항, 방황, 가출, 자해, 감정 기복, 폭언, 욕설, 늦잠 등으로 볼 수 있지만, 과연 이런 것들을 사춘기의 부정적인 특징이라고 볼 수 있을까요?

24년 경험을 통해 청소년 진로상담가로서 제가 보는 사춘기의 부정적 특징들은 경쟁적이고 획일화된 교육환경에서 오는 피할 수 없는 과도기적 문제가 원인이라 생각합니다. 그보다 좀 더 본질적인 원인을 살펴보면 가정 안에서 부모와 자녀 관계에 꼭 필요한 '친밀감'이라는 정서적 안전장치가 무너져 발생하는 신체적, 심리적, 환경적인 총체적 부작용 현상이 원인입니다.

이러한 부작용 현상은 자녀가 사춘기가 되면서 신체적 심리적 환경변화에 따른 여러 가지 증상일 수 있습니다. 하지만 이런 현상의 원인을 더 살펴보면 아이가 사춘기 같은 질풍노도의 성장기라서기 아니라 부모가 자녀에게 일방적이거나, 갈등과 대립 등의 한계상황에서 자녀를 대하는 부모의 대화방식과 태도가 심각한 사춘기 부정적 현상의 가장 큰 원인일 수 있습니다. 그러므로 사춘기 청소년의 다양한 문제는 아이 스스로는 해결할 수 없습니다.

많은 부모가 사춘기 자녀의 부정적인 감정과 태도로 큰 상처를 받고 자존감이 무너지거나, 언제까지 떠받들고 살지 걱정과 불안이 큽니다. 부모 노력의 반만이라도 자신을 위해 노력하는 모습을 보이면 좋으련만 사춘기 아이들은 자신에게는 한없이 관대하며, 자신은 전혀 문제가 없는 듯 행동하고, 본능 위주로 살려고 합니다. 기본적인 예의나 배려도 없고, 어쩌다 부모가 가르치려 하면 짜증부터 내며 불평불만을 달고 사는 아이를 지켜보기란 여간 힘든 일이 아닙니다. 그러다 보니 부모들은 특별한 자녀교육과 훈련 프로그램을 찾고, 방학 캠프나 유학 등 자녀와 떨어져 지내려는 부모들도 의외로 많습니다.

이 책은 부모들이 사춘기 아이들의 다양한 문제와 고충의 원인을 깨닫고, 아이를 대하는 말과 행동인 자녀 양육 태도가 바뀐다면, 아이들은 부모의 응원에 힘입어 부정적 문제를 하나씩 극복해

가며, 결국 '1등 진로'를 찾아 자기만의 항해를 시작하게 될 것이라는 확신에서 쓰게 되었습니다.

아무쪼록 자녀를 사랑하는 일이 자녀를 괴롭히는 일이 되지 않기를 바라며, 이와 반대로 자녀에게 괴롭힘을 받는 부모라면 잃어버렸던 부모 자녀의 친밀한 관계가 회복되고, 자녀의 사랑스러운 모습을 되찾아, 아이의 밝은 미래뿐 아니라 부모 자녀 모두가 행복한 가정으로 사랑의 열매를 하루하루 가꾸어 가시길 기원합니다.

특별히 이렇게 책을 출간하며 그동안 유튜브 영상을 통해 [이영길의 자녀교육 진로상담]이라는 주제로 말씀드렸던 내용과 다양한 진로상담 사례, 틈틈이 칼럼을 작성해 오면서 많은 도움을 주신 사랑하는 아내 이영희 님과 세 딸 수아, 열음, 수지, 그리고 밝은미래교육 신동휘, 염성현, 김민희 외 여러 선생님들의 진실한 수고와 헌신에 깊이 감사드립니다.

책장을 넘길 때마다 사춘기 부모들이 자녀의 '1등 진로'를 찾는 효과적이고 행복한 항로를 찾게 되시길 진심으로 소망합니다.

이영길

차례

2장   사춘기 자녀의 진로선택에 관한 10가지 고민

4장　꼴찌도 '1등' 할 수 있는 진로설계

1장

사춘기 자녀는
부모의 중간 성적표

부모의 말은 '아이의 마음'이 되고,
부모의 태도는 '아이의 인성'이 된다

'말 한마디에 천 냥 빚을 갚는다'라는 속담이 있습니다. 옛말이라고는 하나 현재도 그 뜻이 조금도 바래지 않고 여전히 값진 말임이 틀림없습니다.

자녀를 양육하는 부모의 말과 태도는 그 값을 돈으로 계산하기 어려울 정도로 값이 있습니다. 왜냐하면, 그 영향력은 자녀의 생애 진로를 결정하는 '마음과 인성'이 되어 어려운 상황과 문제를 극복하고 '1등 진로'를 찾는 원동력이 되기 때문입니다.

부모의 말은 '아이의 마음'이 되고, 부모의 태도는 '아이의 인성'이 됩니다.

부모의 말과 태도는 학교사회, 직장사회, 가정사회로 이어지는 자녀의 진로 방향을 결정하는 핵심적인 '방향타'이자 어려운 상황과 문제를 해결할 수 있는 '마스터키'와 같습니다.

또한, 부모가 자녀에게 사용하는 말과 자녀에게 보이는 태도는 자녀에게 거울 같은 역할을 하게 됩니다. 부모가 자녀에게 사용하고 보여 왔던 말과 태도가 자녀에게 무의식적으로 학습되어 어느 정도 성장기가 지난 사춘기 자녀의 말투와 행동으로 내재화되어

겉으로 드러나게 됩니다. 그래서 '자녀는 부모의 거울'이라는 말도 있습니다.

유년기, 아동기까지 잘 지내왔던 부모 자녀 관계가 사춘기가 되면서 다양한 고민과 갈등으로 어려움과 고통을 호소하는 관계로 변화하게 됩니다. 자녀들은 부모들이 자신들의 생각과 마음을 전혀 알지 못하면서 간섭하고 통제하고, 심지어 강압적으로 대한다고 짜증과 화를 내며 부모에게 반항하기도 합니다. 부모 역시 아이들이 예전처럼 안정되게 학업과 일상생활을 이어가지 못하고 순종하지 않는지 이해할 수 없고 받아들이기 힘들어하며 심하게는 우울감과 허무감마저 호소하는 부모도 있습니다.

사춘기 자녀는 부모의 중간 성적표

이렇듯 자녀가 사춘기가 되면 부모들은 아이가 태어나고 자라온 전 과정에 대한 중간 성적표를 받게 됩니다. 이름하여 '자녀 양육 중간 성적표'입니다.

어쩌다 결혼하여 가정을 꾸리게 되고, 또 어쩌다 자녀가 태어나 부모가 되었습니다. '결혼과 가정이 무엇인지?' 또, '자녀 양육은 어떻게 해야 하는지?' 구체적인 교육이나 훈련을 단 한 번도 받아 보지 못한 상태에서 자녀가 사춘기가 되면 부모들은 그동안의 자녀 양육 중간 성적표를 받게 됩니다.

전혀 준비되지 못한, 그리고 어떤 것도 준비할 수 없는 상황에서 받게 되는 중간 성적표는 대부분 낙제점을 받게 됩니다. 그것도 자녀에게 받는 성적표인데 말입니다.

아이가 태어나 온갖 돌봄을 통해 갖은 애정과 정성을 들여왔음에도 그동안의 키워준 공로도 없이 사춘기가 되면 가족이 아니라 원수 같은 감정을 지울 수 없게 되는 경우도 솔직하게 있습니다. 어떤 부모들은 '자식이 아니라 원수'라고 한탄하고 절규하는 경우나 무척 안타깝고 가슴 아픈 일이지만 실제로 자식에게 매 맞는 부모도 가끔 만나게 됩니다.

사춘기 자녀로 고통받고 있는 부모가 있다면 무엇보다 '낙제점을 받은 이유가 무엇 때문인지?' '어디서부터 잘못되었는지?' 그리고 '왜 아이가 이런 낙제점을 줄 수밖에 없었는지?' 심사숙고해야 할 때입니다. 부모로서 자녀 양육에 관한 모든 것을 통찰해 보아야 할 때입니다.

어떤 자녀도 부모를 일부러 고통스럽게 하지 않습니다. 자신의 본능을 더는 통제할 힘이 없기에 부모가 힘들어 할 것을 뻔히 알면서도, 부모에게 고통과 실망을 주고, 겉으로는 태연한 척, 자신에게는 문제가 없는 척합니다. 마치 '내가 뭐 어때서?'라는 식으로 말입니다.

그러나 이런 아이도 내면 깊숙한 곳에 있는 외로움과 불안감, 그리고 열등감을 부모가 공감해 주고 자신을 부족함 없이 잘 키워보려는 부모의 진짜 속마음을 이야기하고, 부모로서 최선을 다해 정성과 헌신하는 이유를 설명해 줄 때는 뜨거운 눈물을 흘리며 가슴 아파하는 모습을 보입니다.

이렇듯 자녀가 알고 그랬든 모르고 그랬든, 설령 부모가 자식에게 중간평가 낙제점을 받았더라도 기말평가를 잘 볼 수 있다면 아직 희망이 있다고 생각됩니다.

그렇다면, 그때가 언제일까요?

'기말평가는 언제가 될까요?'

'직장에 취업할 때일까요?'

아니면 '결혼해서 독립하게 될 때일까요?'

저는 '결혼해서 독립할 때'라 생각됩니다. 사춘기를 지나며 대학 입시에 합격하고, 직장에 취업하는 것까지 성공했다 하더라도, 결혼 후 가정사회라는 새로운 진로에서 실패하지 않고, 진정으로 독립된 행복과 자립을 이어갈 수 있는 진짜 실력을 기를 수 있도록 부모로서 끝까지 자녀 양육에 힘써야 한다는 생각입니다. 그래서 자녀가 사춘기 이후부터 부모 곁을 떠나 독립할 때까지의 기간을 부모의 기말평가 준비 기간으로 보면 됩니다. 이 시기에 부모로서 최선을 다해 기말평가를 다시 준비하면 됩니다.

이 책 후반부로 가면서 학교사회, 직장사회, 결혼 후 가정사회에 대한 진짜 진로 이야기를 살펴볼 기회가 있을 것입니다.

부모 자녀 간의 대화단절은 왜 오는가?

청소년의 사춘기는 스마트폰이 없던 세대와 2010년 이후 스마트폰 세대의 사춘기로 나누어 생각해야 합니다. 스마트폰 이후 세대의 사춘기 현상은 이전과는 비교할 수 없을 만큼 복잡하고 정도가 심해 부모 자녀 간의 갈등과 반목, 단절과 분리 현상이 매우 두드러지게 나타나기 때문입니다.

요즘의 사춘기 자녀들은 스마트폰과 게임중독이라는 심각한 문제에 놓여있습니다. 스마트폰의 과다사용과 게임중독에 관해서는 [사춘기 자녀, 게임과 스마트폰 중독에서 구하는 방법] 장에서 구체적으로 더 설명하겠습니다.

스마트폰 이후의 사춘기 청소년의 특징은 다음과 같이 6가지 고민 유형으로 정리해 볼 수 있습니다.

스마트폰 이후, 사춘기 자녀를 둔 부모의 6가지 고민 유형

① 지나친 이성교제, 친구 간의 갈등이 심해 고민이다.
② 게임중독, 스마트폰 때문에 아무것도 하지 않고 무기력과 분노증상이 심하다.
③ 해야 할 일을 하지 않고, 늦잠과 게으른 습관이 몸에 배어 있고 자주 무기력하다.
④ 짜증과 분노가 반복적으로 지속되며, 반항적이다.
⑤ 성적과 학업고민 때문에 아이가 스트레스를 너무 받는다.
⑥ 미래에 대한 막연한 불안감과 진로 고민이 많다.

이와 같은 6가지 고민 외에도 '자녀가 부모를 피한다.' '밖으로 나오지 않고 방안에만 갇혀 산다.' '외모와 용모에만 신경을 너무 쓴다.' 이와 반대로 '용모 관리가 전혀 안 되고 불청결하다.' '학업을 포기했다.' '가족 행사에는 전혀 참석하지 않는다.' '너무 이기적이고 자기만 안다.'라는 의견도 있었습니다.

위와 같은 이유로 자녀가 상담실 오기를 꺼려 부모가 심지어는 가정방문상담을 요청하는 때도 자주 있었습니다. 그 이유는 스마트폰이나 게임에 지나치게 몰두하기 때문에, 게임과 각종 미디어에 파묻혀 살다 보니 심리 정서적인 발달에 문제가 되고, 대인관계 기피나 자기관리가 무너지는 일들이 발생합니다. 그러나 과다한 스마트폰 사용이나 게임중독도 부모 자녀 관계 단절의 본질은 아닙니다.

부모와 자녀의 대화가 단절되고 부모는 자녀의 말과 행동이 전혀 이해가 되지 않아 가정마다 힘들고 고통스러워하는 본질적인 이유는 아래 두 가지로 정리할 수 있습니다.

첫째, 사춘기 특성의 이해 부족입니다. 부모가 사춘기 자녀의 '심리적 성향'과 '본능적 태도'를 이해하지 못하는 데서 찾을 수 있습니다.

둘째, 대화법의 문제입니다. 부모와 자녀 간의 '친밀한 상호작용 대화법'을 모르거나, 부모가 친밀한 대화법을 알아도 자녀를 대할 힘과 능력이 소진된 경우입니다.

정리하면 부모가 사춘기 자녀의 심리적 본능적 특성을 숙지하고, 바른 대화법으로 자녀의 마음을 이해하고 생각을 공유하며 고민과 갈등을 해소해야 합니다. 그러나 자녀가 스마트폰이나 게임 중독 증상을 보이는 가정에서는 부모와 자녀가 '생각과 감정을 나누는 솔직한 마음의 대화'를 하지 못한다는 현실적인 문제가 있습니다. 이러한 현상은 진솔한 대화의 부재가 원인으로 자녀와의 친밀감이 무너지는 결과를 낳을 수 있습니다.

어떤 부모들은 왜 부모만 자녀를 이해하고 공감하며 친절하게 대해야 하냐고 반문하는 때도 있습니다. 하지만 이것은 사춘기 자녀의 '심리적 성향과 본능적 태도'를 전혀 이해하지 못하는 데서 비롯된 질문입니다. 물론 사춘기의 기본적 특성에 개인적인 인성 문제가 겹칠 경우, 부모의 고충이 더욱 커지고, 이것은 부모의 에너지 소진으로 이어지기에, 질문의 의도는 충분히 이해가 됩니다.

사춘기 자녀 문제는 부모 자녀의 관계에서 유래하기에 부모와 자녀의 노력이 둘 다 필요합니다. 그러나 아이가 성장하기까지 부모의 영향은 능동적이며 절대적이고, 아이는 피동적입니다. 아이의 현재 모습은 부모의 자녀 양육 결과이기에 현재 모습이 부정적이라면 부모의 긍정적 변화와 노력이 더욱 필요합니다. 부모가 1% 바뀌면 자녀는 10% 바뀌고, 부모가 2% 바뀌면 자녀는 20% 바뀐다는 말도 이런 이유에서 나온 말입니다.

부모 자녀 관계에서 무엇보다 중요한 것은 부모와 자녀 간에 '친밀한 상호작용 대화법'을 사용하지 못해 자녀의 자존감이 낮아지고 자존심은 상한다는 것입니다. 아이는 대화가 통하지 않는다는 사실만으로도 부모가 자신을 '거절'하거나 '거부'한다고 오해합니다. 이런 오해들이 하나둘씩 쌓이며 시간이 지나면, 부모 자녀 간의 대립으로 이어지고, 이것은 '심리적 단절감'을 갖게 하거나 심하면 매일매일 서로를 적대적으로 대하며 살게 합니다.

그러기에 부모의 말과 태도는 자녀를 '적'으로 만드느냐 아니면 '내 편'으로 만드느냐를 결정하는 매우 중요한 도구입니다. 자녀를 적으로 만든 부모는 자녀에게 '바른 인성'의 본을 보여줄 수 없고, 혹 부모가 가르치려 해도 아이가 받아들일 수도 없게 됩니다. 이렇게 자란 아이는 설령 좋은 스펙을 갖게 되더라도 어느 직장사회에서도 환영받지 못하는 외톨이로 살 수 있습니다.

평소에 부모가 사춘기 자녀에게 하는 대화는 '실시간 시험'으로 생각해야 합니다. 사춘기 자녀와 '어떤 대화법을 사용했는가?'는 부모가 자녀 앞에서 치르는 '자녀 양육 중간평가시험'입니다. 사춘기 자녀는 그 채점결과를 '몸과 마음'으로, '말과 태도'로 부모에게 그대로 보여주게 됩니다.

'친밀한 상호작용 대화법'에 필요한 3단계 기술

자녀 양육 중간평가시험에서 좋은 성적표를 받으려면 '친밀한 상호작용 대화법'이 필요합니다. 자녀의 생각과 감정을 무시하는 일방적인 대화는 역기능 역할을 하게 되어 자녀를 '적'으로 만들게 됩니다.

결과적으로 자녀와 멀어지거나 분리되고 단절되게 만듭니다.

이와 반대로 자녀의 생각과 감정을 존중하며 자녀와 부모 간의 쌍방향 소통이 원활히 이루어지는 상호작용 대화법은 부모 자녀 관계에 순기능 역할을 하게 되며, 자녀를 '내 편'으로 만들 수 있는 좋은 대화 기술입니다.

이 대화법은 배우고 익히고 훈련해야 습득되는 대화 기술이라 쉽게 터득할 수는 없습니다. 특히, 타인이 아닌 가족 구성원 간에 이루어지는 대화에서는 더욱 사용하기란 쉽지 않습니다. 바른 대화란 대화 상대의 심리를 이해하려는 노력과 에너지가 필요하기에, 몸과 마음의 편안함을 추구하며 긴장감이 풀어진 가정 안에서는 친밀한 상호작용 대화법을 자주 사용하기 어려운 것이 현실입니다.

다시 말해 타인과의 대화에서는 상대의 자존심이 상하지 않도록 무척 주의를 기울이고 조심하는데, 가족끼리 대화에서는 긴장감이나 조심성이 상대적으로 떨어지기 때문입니다. 학업에 지쳐 집으로 돌아와 위로받고 싶은 자녀의 마음과 직장의 과다한 업무에 지쳐 집에서 편히 쉬고 싶은 부모의 두 마음이 서로 상충하게 되는 상황들이 가족 간에는 많이 생기기 마련입니다. 가족 구성원이 서로의 필요를 채워줄 수 있는 심리적 에너지가 고갈되어 가정으로 돌아오니 부모 자녀 간의 친밀한 대화가 이루어질 수 없게 되는 것입니다.

그러나 부모 자녀 간의 적절한 긴장감이나 조심성이 무너지는 상황이라면, 부모는 사춘기 자녀들에게 더욱 '친밀한 상호작용 대화법'을 사용해야 합니다. 부모 자녀 간의 대화에 긴장감이나 조심성이 왜 필요하냐는 반문이 들 수 있겠으나, 사실 다른 누구와의 대화보다 자녀와의 대화에 더 긴장하고 정성을 들여야 할 이유가 있습니다. 바로 사춘기의 특성 때문입니다. 앞에서 말씀드렸듯이 아이는 부모와 대화가 통하지 않는다는 사실만으로 부모가 자신을 '거절'하거나 '거부'한다고 오해하기 때문에 친밀한 대화법을 꼭 사용해야 합니다. 친밀감은 상대방과 연결되었다는 느낌, 즉 유대감입니다. 친밀감이라는 안정성을 반드시 유지해야 사춘기 자녀와 적이 되지 않습니다.

그렇다면, 부모의 말과 태도가 사춘기 자녀를 무시하거나 공격하지 않는다는 '친밀한 상호작용 대화법'에 관해 생각해 보겠습니다.

먼저, 대화의 1단계, '경청의 기술'입니다.

경청(傾聽)이란 한자로 기울 '경'과 들을 '청'으로 표기합니다. 상대의 말을 잘 듣기 위해 귀를 기울인다는 뜻으로, 상대의 말뿐만 아니라 감추어진 뜻까지 정성껏 듣는 태도를 말합니다. 진정한 경청이란 상대의 '생각과 감정까지 듣는다는 뜻'이므로 '입술의 소리'만 듣는 것이 아니라 상대의 '마음의 소리'까지 듣는 것입니다. 따라서 경청의 기술은 상대의 생각을 이해하고, 감정의 상태까지 느낄 수 있도록 '모든 정성을 다해 상대에게 마음을 기울이는 태도'가 기본입니다. 즉, 마음을 기울이지 않고는 상대의 진심을 들을 수 없다는 뜻이 내포되어 있습니다.

경청의 기술을 머리로 이해했다고 하여 즉각 사용하지는 못합니다. 한번은 잘할 수 있으나, 반복적으로 훈련하지 않으면 언젠가는 다시 제자리로 돌아가 내가 듣고 싶은 말만 듣게 되거나, 상대의 말을 중간에 끊고 내가 하고 싶은 말만 하게 됩니다. 내가 '먼저 말하고 싶은 욕구'를 다스리는 것이 경청의 기술 중 가장 중요하고 어려운 점입니다.

'그냥 가만히 듣고만 있는데 뭐가 어렵지?' 하는 부모도 있을 것입니다. 하지만 말하는 상대방의 생각과 감정을 알아차리려면 많은 에너지와 정성을 들여야 하기에, 경청의 기술은 오래도록 꾸준히 훈련해야 비로소 체득할 수 있습니다. 대화 상대에 대한 진정한 친절과 배려가 내면 깊숙이 배어있지 않은 사람, 즉 자존감은 낮고 자존심만 강한 사람은 체득하기 어려운 기술이 경청의 기술입니다.

다음은 대화의 2단계에 필요한 '공감의 기술'입니다.

공감(共感)이란 한자로 한가지 '공'과 느낄 '감'으로 표기합니다. 상대의 말을 들으며 한가지 감정으로 느낀다는 말입니다. 동의어로는 동감(同感)이라는 표현이 있습니다. 상대의 생각과 감정을 경청한 후 그 생각과 감정에 대해 같은 마음을 품는다는 것이 공감의 기술입니다.

공감의 기술은 바른 경청 단계를 거쳐야 가질 수 있는 기술입니다. 경청의 단계를 거치지 않고서는 제대로 된 공감을 할 수 없습니다. 경청하지 않고 공감한다는 것은 있을 수 없기에 경청하지 않은 대화는 깊어질수록 한계를 드러내게 됩니다.

자녀의 말하는 의도가 아니라, 부모의 생각대로 들린다

부모가 자녀의 말을 들을 때, 자녀의 말을 듣기는 들어도 부모의 생각으로 이해하며 듣기 때문에 자녀의 의도가 아니라, 부모의 생각대로 자녀의 말을 재해석하게 됩니다. 다시 말해 자녀의 말하는 의도기 이니라, 부모의 생가대로 들린다는 것입니다. 이것은 평상시 아이가 부모에게 얼마나 신뢰할 수 있는 태도를 보여왔는지에 따라 부모의 재해석 속도는 가속화됩니다. 이런 경우 부모는 아이와 대화에서 진정한 경청과 공감이 어렵습니다. 아이의 평소 태도로 말미암아 처음부터 아이의 생각이 틀렸다는 선입견이 들고, 아이의 말은 들어보나 마나 뻔하다는 생각 때문에 말꼬리를 자르거나 중단시킵니다. 이런 부모의 태도는 바른 경청을 할 수 없게 하고 공감도 할 수 없게 만듭니다. 공감의 목표인 '자녀와 한가지 감정'도 느낄 수 없습니다. 그래서 부모 자녀의 신뢰를 회복할 기회를 잃어버리게 됩니다. 그러나 아이러니하게도 부모는 마음속으로 자녀가 부모의 말에 순종하고 따라주기를 계속 기대합니다.

그런데 여기서 아주 중요한 사실을 잊지 말아야 합니다.

경청하고 공감한다고 해서 자녀의 말에 전적으로 '동의한다는 뜻'은 아니라는 것입니다. 대화 중에 자녀의 말을 잘 들어주고 또 공감하는 반응을 보이면, 자녀 뜻을 부모가 100% 동의하고 이행하리라 기대할까 봐 지레짐작해서 자녀 말을 중단하거나 경청과 공감의 대화를 부정하는 경우가 있습니다.

그러나 일반적인 생각과는 다르게 오히려 자녀의 말에 경청과 공감의 기술을 가지고 부모가 대화에 임하면, 자신의 의견에 부모가 결과적으로 동의하지 않더라도 실망하고 좌절하기보다는 오히려 우호적으로 부모의 생각과 견해를 들어보려고 노력하게 됩니다. 부모가 자신의 말을 들어주었다는 사실만으로 사춘기의 특징인 신경질적 반응이나 짜증 같은 부정적 감정으로 끌려가지 않는 '마음의 힘'이 생기게 됩니다.

왜냐하면, 부모 자녀 대화는 조언이나 해결책을 찾기 위한 문제 해결에 목적이 있지 않기 때문입니다. 부모 자녀 관계는 심리적 안정감과 밀접한 유대관계를 위한 '친밀감 형성'이 목적인 것을 자녀들도 압니다. 따라서 평소에 경청과 공감 대화법으로 부모 자녀가 서로를 사랑하고 좋아하는 친밀감을 쌓았다면, 자녀의 요구나 의견이 설령 관철되지 않아도 자녀 내면에 자리 잡은 친밀감인 '안전 장치'가 상한 감정에 노출되지 않게 합니다.

또한, 공감의 기술은 자녀에게 최대한 친절을 표하는 태도입니다. 아무리 자녀가 어리고 아는 것이 부족하다 하더라도, 자녀를 하나의 인격체로 대하는 부모의 태도는 부모에 대한 신뢰감과 존경심을 갖게 하는 좋은 방법입니다. 부모의 공감하는 태도를 경험한 아이들은 자존감이 단단하게 형성되었기에, 결과적으로 부모의 거절이나 보류한다는 답을 받아도, 자녀 역시 부모에게 예의를 지키며 대화에 임하고 지속적으로 소통할 수 있게 됩니다.

마지막 3단계는 '타협의 기술'입니다.

대부분 부모 자녀 대화는 1단계인 경청이나 2단계인 공감의 단계를 뛰어넘어 바로 3단계인 타협의 과정만 반복되는 경우가 많습니다. 경청이나 공감의 단계를 생략하고 곧바로 자녀든, 부모든 자기의 생각이나 뜻을 관철하려는 타협을 위한 대화법은 마치 '뜸 들이지 않고 설익은 밥을 먹는 것'처럼 대화가 맛이 없고 배탈마저 날 수 있는 부작용을 낳게 됩니다.

부모 자녀의 대화가 친밀해지려는 노력과 과정 없이 빠른 결과를 얻기 위해 결정만 강요한다면, 마치 물건을 판매하는 영업이나 장사를 위한 '설득의 기술'만 필요로 하는 관계로 변하고 맙니다. 자녀를 설득하기 위해 부모가 타협을 시도해 보지만 머지않아 타협은 '강요'로 변질되고, 자녀는 심한 거절감과 거부감으로 짜증이나 화를 내게 되며, 투정을 부리거나 반항까지 하게 되는 부정적인 감정을 표출하게 됩니다.

대화가 강요로 변질되면 부모 자녀 관계에 가장 중요한 '친밀감'이라는 정서적 안전장치는 실종되고 '자기 입장과 논리'라는 무기를 가지고 부모가 자녀를 공격하고 자녀가 부모에게 반항하는 애와 어른을 구별할 수 없는 '막장 드라마'로 변하게 됩니다.

이처럼 대화가 아닌 싸움으로 변질되면, 타협이 아닌 강요가 '힘의 논리'로 사용되고, 부모의 우선순위와 자녀의 요구사항이 끝까지 대립하게 됩니다. 자녀의 요구사항과 부모의 우선순위가 달라 누가 이겨도 이기는 게 아닌, 자존심만 심하게 상처 입어 만족감이 전혀 없는 둘 다 패하는 싸움을 하게 됩니다. 그래서 사춘기 자녀와 부모가 적대적으로 싸움만 하게 되는 '가정 지옥'이 되어버리는 안타까운 현실이 됩니다.

진정한 '타협의 기술'은 정서적 안정이라는 '친밀감'을 배경으로 할 때만 이루어지는 기술입니다. 부모의 결론보다 아이의 생각을 먼저 물어보는 과정이 선행되어야 합니다. 지금까지 아이가 보였던 불성실한 태도와 신뢰할 수 없었던 여러 가지 행동이 새롭게 시작하는 대화에 영향을 미치지 않도록 하는 것이 중요합니다. 부모의 여러 가지 걱정이나 불안을 말하기보다 먼저 아이의 생각과 감정, 즉 마음을 물어보는 것입니다. 이 과정은 그동안에 얽혀있던 부모 자녀 관계의 실타래를 풀 수 있는 핵심 작업입니다.

"그래, 네 생각은 뭐야?"

"지금, 네 마음은 어때?"

"더 하고 싶은 말은 없어?"

"아~ 네 생각은 이렇구나!"

"아~ 네 마음은 그거구나!"

이런 식의 대화법은 자녀에게 만족스러운 결과를 주지 못하게 되더라도 친밀감을 유지할 수 있는 좋은 기술입니다.

조언이나 해결책보다, 먼저 친밀한 관계를 유지하라

부모와 사춘기 자녀의 대화 목적은 단순히 문제 해결을 위한 조언이나 해결책에 있지 않고, 자녀의 심리적 안정감과 친밀한 유대 관계에 있어야 한다는 우선순위를 놓치면 안 됩니다. 그동안 아이의 태도와 행동이 전혀 신뢰할 수 없는 실망스러운 결과일수록 아이와의 친밀감은 더욱 중요합니다.

왜냐하면, 단순한 조언이나 해결책은 아이에게 일시적인 만족감과 도움이 될 수는 있지만, 아이의 '자존감'을 높여 스스로 해결할 수 있다는 '자신감'과 '자기효능감'을 얻을 수 없기 때문입니다. 자아 성장을 위한 본질적인 도움을 받지 못한 자녀들은 똑같은 상황과 어려움에 놓이게 되면 또다시 반복적으로 어려움을 호소하게 됩니다.

그래서 부모는 자녀와의 '친밀감'을 최우선으로 놓고 대화에 임해야 합니다. 그렇게 되면 타협하는 과정에서 이루어지는 결과가 어떠하든 결과를 수용할 수 있는 성숙한 자녀의 모습을 볼 수 있게 됩니다. 이것은 단순히 자녀가 어떤 결과든 수용하는 순종적인 아이로 기른다는 것을 의미하지 않습니다. 자녀와의 친밀한 대화를 통해 '아이의 마음'을 먼저 보살피고 '자존감'을 높인다는 자녀 양육의 기본에 충실하라는 것입니다.

자녀에 대한 심리적 안정감을 최우선으로 하면 설령, 거절이나 거부 또는 보류와 같은 자녀가 기대하지 않았던 결과에 이른다고 하더라도, 자신을 존중하고 이해하며 타협하는 부모의 태도를 통해 자신의 견해와 논리에 맞지 않는 결론에 이르렀을 때 보이는 삐침, 짜증, 분노, 반항과 같은 행동들, 즉 자존심이 상해서 보이는 부정적 행동은 하지 않게 됩니다.

여기서 중요한 사실은 대부분 부모는 아이의 부정적 감정 표출이 자신의 의견을 관철하지 못해서 오는 결과로만 생각합니다. 그러나 아이의 심리를 본질로 분석해 보면 결과에 이르기까지 대화 과정에서 자녀의 자존심을 상하게 하고 모욕감과 수치심을 유발해서 부모 자녀 관계가 무너지는 경우가 훨씬 더 많다는 것을 알 수 있습니다.

자녀의 생각과 감정을 충분히 물어보고 확인하는 과정을 거쳤다면 이제는 부모의 생각과 감정도 자녀에게 이야기할 수 있어야 진정한 타협의 과정이라고 할 수 있습니다. 일방적인 자녀의 요구조건을 100% 수용하거나 허용하는 것을 타협이라고 하지 않습니다. 그동안 학생으로서 자신의 역할이나 가족의 일원으로서 가정 내 규칙을 어떻게 수용하고 지켜왔는지, 형제간에 우애는 어떤지, 부모로서의 생각도 이야기할 수 있어야 합니다. 그리고 타협과 양보를 통해 부모의 책임과 사명은 다하되 일방적인 강요나 지시로 전달되지 않도록 주의해야 합니다.

정리하면, 사춘기 자녀와의 대화는 아래와 같이 3단계 기술이 필요합니다.

사춘기 자녀와 대화에서 3단계 기술은 필수입니다. 만약, 그렇지 않고 경청, 공감, 타협의 과정 없이 일방적인 강요로 끝나는 전달방식은 자녀가 '엄마는 엄마 뜻대로, 아빠는 아빠 뜻대로만 한다.'라고 생각하게 됩니다.

부모로부터 '친밀한 상호작용 대화법'이 아닌 일방적인 전달방식과 강요하는 태도를 보고 자란 아이는 학교사회에서의 친구 관계나, 직장사회에서의 동료 관계가 일방적인 모습과 태도로 나타나게 됩니다.

안타깝게도 이런 양육 태도의 환경에서 자란 자녀들은 어디서나 환영받지 못하는 '왕따'나 '공주, 왕자병' 같은 청소년기를 거쳐, 현실에 부적응하고 오랜 시간 외톨이로 살아가게 될 수 있습니다.

사춘기 자녀와의 대화 태도가 자녀의 자존감과 자존심에 상처를 주거나, 이와 반대로 성장을 가져올 수 있다는 사실을 부모는 늘 기억해야 합니다. 자녀의 생애진로에서 만나는 대인관계에도 큰 영향력을 미친다는 사실을 잊지 말아야 합니다.

사춘기 자녀에게 좋은 부모가 된다는 것은 자녀의 말을 경청하고, 공감하고, 타협한다는 것입니다.

좋은 부모는 자녀에게 하는 말이 '아이의 마음'이 된다는 것을 아는 것입니다. 좋은 부모는 자녀를 대하는 태도가 '아이의 인성'이 된다는 것을 아는 것입니다.

그래서, 어떤 경우든 부모가 자신의 감정을 다스릴 수 없는 한계상황에 노출될 경우, 자녀와의 대화를 잠깐 보류하거나 친절하게 부모의 현재 감정을 설명해 준 다음, 여유를 갖는 시간이 필요합니다.

자녀의 말을 들어주고 받아준다는 것은 '아이의 마음'을 듣고 받아준다는 것과 같은 말입니다. 또, 잘 경청해서 아이의 감정을 읽어내고 그 감정을 그대로 공감해 주며, 자녀가 이해하고 타협할 수 있는 상황까지 부모로서 노력하는 태도는 아이에게 '바른 인성'을 갖게 하는 것입니다.

그리고 그것을 통해 자녀는 부모가 '나를 사랑한다.'라고 인정하게 되는 것입니다. 따라서, 자녀의 말을 경청하고, 공감하고, 타협해 주는 태도는 부모가 '자녀를 사랑하는 것'입니다.

그러나 위의 경우와는 반대로 어려서부터 지금까지 자녀의 말이 끝나지도 않았는데, 이야기를 들어보나 마나 다 안다는 태도를 보이고, 내가 시키는 대로만 하면 된다는 일방적인 지시나 강요는 우리 부모는 '나를 사랑하지 않는다.'라고 인정하게 만드는 태도입니다.

자녀에게 친절하지 않은 부모는 자녀를 '사랑하지 않는 것'입니다.

자녀를 사랑하지 않는 부모는 자녀를 이미 '적'으로 돌린 것입니다.

그러나 자녀를 사랑하는 부모는 자녀를 '내 편'으로 만든 것입니다.

'친밀한 상호작용 대화법'은 자녀의 자존감을 높입니다.

'친밀한 상호작용 대화법'은 자녀의 자존심을 지킵니다.

부모의 말은 '아이의 마음'이 되고, 부모의 태도는 '아이의 인성'이 됩니다.

자녀의 자존감을 살리는
부모의 듣기능력 3단계

자녀가 중, 고등학생이 되면 교육청에서 주관하는 '영어 듣기능력 평가' 시험을 보게 됩니다. 라디오를 연결해서 전국단위로 실시되는, 말 그대로 영어 듣기능력이 어느 정도 되는지를 평가하는 시험입니다.

또, 자녀가 고3이 되면 '수능 영어듣기평가'시험도 보게 됩니다.

영어를 잘하려면 잘 들어야 하는 전제가 있기에 해마다 영어 듣기능력평가라는 시험을 보는 것 같습니다.

이와 마찬가지로 사춘기 부모 역시 자녀와의 원활한 대화 능력을 평가하기 위하여 만약 '사춘기 부모 듣기능력 평가시험'을 보게 된다면 부모 여러분은 과연 몇 점을 받을 수 있다고 생각하십니까?

사춘기 자녀와의 대화를 통해 부모들은 자녀의 '진짜 마음의 소리'를 몇 퍼센트나 알아들을 수 있다고 생각하십니까?

혹시, 평소에 자녀들에게 이런 말을 듣고 있진 않습니까?

"엄마는 내 마음 몰라."

"엄마는 너무 답답해…"

"엄마는 엄마 생각만 해, 아빠는 아빠 생각만 해."

"엄마는 너무 일방적이야, 강요만 해."

"아빠는 너무 일방적이야, 강요만 해."

"엄마, 아빠는 내 말은 절대 안 들어, 듣기 싫어해."

"엄마는 변했어, 아빠도 변했어."

만약, 사춘기 부모가 자녀에게 이런 말을 듣게 된다면 자녀와의 소통은 불통이 되고, 불통은 고통으로 다가오며, 그 고통이 단절과 분리로 이어지게 됩니다. 그래서 자녀는 내 부모가 '나를 사랑하지 않는다'라고 믿게 되는 안타까운 상황에 빠지게 됩니다.

부모의 듣기능력이 아이의 자존감을 높인다

자녀가 말하는 '입술의 소리'를 듣고 '마음의 소리'로 알아들을 수 있는 듣기능력을 갖추고 있는 부모의 자녀들은 우리 부모가 '나를 사랑한다.'라고 생각하고, 이 생각은 자녀의 자존감을 높게 세웁니다.

그래서 '부모의 듣기능력'이 '아이의 자존감'을 높일 수 있습니다.

아이가 부모로부터 사랑받고 있다는 감정을 느낄 때 '자아존중감'이 높아지게 되며, 자아존중감이 높은 자녀들은 설령 타인으로부터 수치심과 모욕감을 느끼고 자존심에 큰 상처를 입게 되더라도 높은 '마음의 면역력'인 자존감으로 2차 피해를 막을 수 있습니다. 자신은 물론, 자신을 공격한 가해자까지 모두를 지켜낼 수 있는 성숙한 대인관계 능력을 갖추게 됩니다.

부모가 자녀를 위한 최고의 선물은 다름 아닌 '아이의 말을 끝까지 들어주는 것'입니다. 아이가 "이제 다 말했어!"라고 할 때까지 부모는 계속해서 아이의 말을 들어주고, 부모가 다시 "이제 다 말한 거야?"라고 물어봄으로써 지속해서 들을 준비가 되어있다는 신호를 보내주는 그것이야말로 자녀의 자존감을 높이는 최고의 기술입니다.

이것이 경청의 기술에서 최고 덕목입니다.

잊지 마십시오. 아이가 자신의 말을 중간에 끊지 않도록 어떤 방해나 말꼬리를 잡지 마시길 바랍니다.

만약, 이렇게만 된다면 대부분은 아이들의 입에서 이런 말이 나옵니다.

"엄마~ 말 다 하고 나니까 속이 시원해졌어요."

"엄마가 더 도와줄 건 없는 거야?"

"응~ 없어요. 내가 해결할 수 있을 것 같아요."

이것이 부모 듣기능력의 진수입니다.

아이의 잘못된 말과 태도를 100번 '고치려는 것'보다, 제대로 한 번 '듣는 것'이 훨씬 더 효과적이며 지혜로운 기술입니다.

사실 자녀뿐만 아니라 배우자들의 고민과 고충도 끝까지 들을 수 있는 '마음의 그릇'이 넓은 배우자만 있다면 서로가 한계상황으로 치닫는 일은 거의 없습니다.

높은 자존감은 자신과 타인을 지키는
대인관계 능력을 갖추게 된다

　이처럼 부모의 듣기능력은 자녀의 '대인관계 능력'에 영향을 미치게 되며 '문제 해결 능력'과 더불어 '1등 진로'를 찾는 자녀의 진로 여정에 매우 중요한 원동력을 갖게 합니다.

　전 장에서 말씀드린 사춘기 자녀와의 대화에 필요한 3단계 기술 중, 1단계 경청의 기술이 얼마나 중요한 단계인지를 더 구체적으로 확인할 수 있는 내용입니다.

　그렇다면, 실제로 '사춘기 부모의 듣기능력평가'시험을 한번 쳐보도록 하겠습니다.

　과연 몇 점이나 될지 함께 풀어보기 바랍니다.

　사춘기 부모의 듣기능력평가 문제입니다.

> 부모 여러분은 아래 문장과 같은 말을 자녀에게 직접 듣게 된다면 과연,
> 어떤 생각과 마음이 들지 솔직하게 표현해 보십시오.
>
> ① "나 공부하기 싫어!"
> ② "나 학교 가기 싫어!"
> ③ "나 살기 싫어!"

　이번에는 위 문제를 배우자에게 적용해 보면 이렇게 바꿔 볼 수 있을 것입니다.

　배우자에 대한 듣기 능력평가 문제입니다.

배우자 여러분은 아래 문장과 같은 말을 배우자에게 직접 듣게 된다면
과연, 어떤 생각과 마음이 들지 솔직하게 표현해 보십시오.

① "나 돈 벌기 싫어!"
② "나 회사 가기 싫어!"
③ "나 살기 싫어!"

만약, 진짜로 배우자가 이런 말을 하게 된다면 들자마자 "당신 제정신이야? 정신 못 차리는구나 지금." 하고 즉각적인 쓴소리가 나올 수도 있을 것입니다.

그러나 사랑하는 내 자녀가 이런 말을 한다면 부모는 그 즉시로 어떤 생각과 마음이 들겠습니까?

이 말이 사실이라면 부모는 무척 긴장되고 불안하거나 답답할 수 있습니다. 또, 화가 날 수도 있을 것입니다. 그리고, '왜? 왜? 왜?'라는 끊임없는 의구심마저 들게 될 것입니다.

"네가 뭐가 부족해서?"

"도대체 뭐가 문제야?"라는 생각도 가질 수 있습니다.

어쩌면, 이미 이런 말들을 자주 들었고 익숙한 부모들도 있으리란 생각입니다.

이제, 채점 기준을 말씀드리겠습니다.

첫 번째, C학점의 듣기능력 수준입니다.

사실을 사실로만 알아듣는 수준입니다. 그리고 판단을 보류하는 단계의 듣기능력입니다. C학점입니다.

이 수준은 말 그대로 사실, 즉 '입술의 소리'로만 알아듣고 판단을 내리기 위해 시간이 더 필요한 결정보류 단계의 듣기능력입니다. 낙제는 면한 수준입니다.

C학점의 점수를 받은 듣기능력 수준은 자녀가 아직 부모에게 마음의 생각을 이야기할 수 있도록 부모 자녀 관계를 유지했기 때문입니다. 최소한 아이가 자신이 어렵고 힘든 상황이 닥쳤을 때 부모에게 구조신호를 보낼 수 있는 자존감이 살아 있으므로 부모 점수는 낙제를 면한 C학점입니다.

정말 심각한 상황은 자녀에게 한계상황이 닥쳤을 때 부모에게 구조신호조차 보내지 않고 또는 구조신호를 보낼 수 없도록 관계를 망쳐놓은 부모들도 너무 많다는 것을 유의하면 좋겠습니다.

아이가 "나 공부하기 싫어! 학교 가기 싫어! 살기 싫어!"라고 말하는 순간 아이의 이 말을 그대로 받게 되고 그 순간 엄마의 마음이 답답해지고 '큰일이구나! 이제 어떡하지!' 마음이 불안해지게 됩니다. 이와 동시에 그동안 아이를 키워온 엄마의 모든 정성과 헌신이 배신감으로 몰아치게 되고 혼란하게 될 수 있는 단계입니다.

C학점의 핵심은 부모의 감정표현을 우선은 보류하고 아이의 말을 계속 듣는 것입니다. 아이의 말과 행동이 더 나쁜 방향으로 가지 않도록 부모가 차분하고 조심스럽게 대처해 가는 과정입니다.

두 번째, F학점의 듣기능력 수준입니다.

그러나 이때 부모훈련이 되지 못한 많은 부모의 경우는 자초지종을 구체적으로 알아보기도 전에 그런 말을 듣는 순간 화가 나고 분노가 올라와서 자녀에게 마구 쏟아 놓게 됩니다.

여기서 중요한 것은 부모가 성격이 급한 것이 문제가 아니라는 것입니다. 보통 부모들은 자신의 성격이 급해서 자녀의 말을 끝까지 듣지 못하고 성급하게 결론으로 간다고 생각하고 믿고 있지만, 이것은 성격의 문제가 아니라 바른 인성을 갖추지 못한 부모가 문제의 본질입니다.

죄송스럽게도 부모의 인성이란 단어를 쓰게 되었습니다. 이해를 구합니다.

성격은 타고나는 것입니다. 그러나 인성은 가르치고 배우는 것입니다. 그래서 바른 인성을 갖춘 사람을 '인품 있는 사람'이라고 합니다. 사람이 품격이 있다고 칭찬을 받게 됩니다.

성격이 급하다고 해서 대화를 급하게 결론으로 끌고 가지 않습니다. 성격이 급한 사람이라도 신중하게 생각하고 결정해야 할 큰일을 앞두고는 중간에 말꼬리를 자르거나 대화를 차단하지 않습니다. 대화를 끝까지 들어줄 수 있는 마음의 태도, 즉 인성이 갖추어지지 않아 자신이 답답해지는 것입니다. 답답해지는 것뿐만 아니라 자녀가 부모를 무시하는 것 같은 착각과 오류에 빠지는 것입니다.

부모를 부모로 보지 않고 무시하니까 버릇없이 그런 말을 하는 것이라고 화를 냅니다. 자녀가 힘들어하는 본질적인 원인보다 부모를 무시한다고 답답하고 화가 나는 것입니다. 자녀의 말을 듣자마자 부모가 기분이 나빠진 것입니다.

부모라 할지라도 자존감이 낮은 사람의 특징은 남들보다 상대적으로 빠르게 감정이 상하게 됩니다. 남들보다 기분이 더 빨리 안 좋아집니다. 이것은 부모 역시 자라는 환경에서 자존감이 낮은 가족들 가운데 성장했거나 아직도 주변에 그런 사람들이 많기 때문입니다.

인성이란 '사람에 대한 예의'입니다. 자녀에 대한 예의를 다하지 않은 것이 진실입니다. 다시 말씀드려, 자녀가 어리다는 이유로 자녀에 대한 예의를 갖추지 못해서 '입술의 소리'만 듣고도 부모는 흥분하고 화가 나는 것입니다.

즉, 고민과 고충으로 힘들어하는 자녀의 한계상황을 인성이 부족한 부모의 한계상황으로 전이가 되는 것입니다. 그리고 곧 갈등과 다툼으로 번지게 됩니다. 그래서 듣기능력이 F학점 수준에 있는 부모는 항상 분쟁과 다툼이 끊이지 않고 일어나게 됩니다.

"학생이 공부하기 싫다는 게 말이 돼?"

"학생이 학교 가기 싫다는 게 말이 돼?"

"어린애가 살기 싫다는 게 말이 돼?"

"네가 뭐가 부족해?"

"엄마가 안 해준 게 뭔데, 아빠가 안 해준 게 뭔데!"

"너 지금 정신 못 차리는구나!"

라고 책망과 비난으로 일관되게 공격하는 것입니다.

이렇게 '입술의 소리'로만 듣고, 즉시 '옳고 그름', '선과 악', '좋고 나쁨'이란 판단을 하게 되며, 친밀감이란 정서적 안정을 포기한 채 책망과 비난, 원망하는 수준의 듣기능력이 F학점 입니다. 낙제점수입니다.

사춘기 자녀 부모의 듣기 능력평가 시험에서 낙제한 것입니다.

어쩌면, 사춘기 자녀의 부모 역할을 수행하기란 무척 어렵다는 뜻이기도 합니다. 사춘기 부모훈련이 무척 필요한 상황입니다.

자녀의 말을 본질적인 '마음의 소리'로 듣지 못하고 형식적인 '입술의 소리'로만 듣는 수준은 마치 우리가 진짜 뉴스와 가짜 뉴스를 구분하지 않고 매스컴에서 나오는 모든 뉴스를 곧이곧대로 사실처럼 인정하는 과정과 비슷합니다. 가장 낮은 수준의 듣기능력이라고 말할 수 있습니다. 그래서 이런 부모의 자녀들은 무척 혼란스럽게 됩니다.

F학점의 듣기능력은 나, 너, 우리의 가족공동체 의식으로 듣는 것이 아니라 제삼자가 사건, 사고를 듣는 정도의 단순한 듣기능력입니다. 자녀의 입장과 처지, 속사정을 전혀 고려하지 못하고, 듣는 순간 부모의 자존심이 상하게 되어 역시 마찬가지로 자녀의 자존심에 상처를 주는 말로 이어지게 되는 서로가 서로에게 상처를 주는 불행한 관계가 됩니다.

물론, 아이가 평소에 자기관리를 전혀 하지 못하고 해야 할 것은 하지 않으며 하고 싶은 것만 하는 자기조절 능력이 부족하고 부모의 통제가 되지 않았던 아이라면 부모의 이런 태도를 충분히 이해할 수 있습니다. 그러나 이런 경우라도 아이의 말을 듣자마자 화나 분노를 내며 책망과 비난하게 된다면 오히려 아이는 부정적인 감정의 표현들을 강하게 나타낼 수 있습니다. 따라서 이런 경우에는 다음 단계의 B 학점 듣기능력을 훈련하는 것이 좋다고 볼 수 있습니다.

세 번째, B학점입니다.

진실을 듣는 수준입니다. 자녀의 생각을 이해하는 단계의 듣기능력입니다.

아이가 갑자기 "나 공부하기 싫어! 학교 가기 싫어! 살기 싫어!"라고 말을 한다면 적잖이 당황스럽고 놀랍고 화가 날 수 있습니다. 그러나 이 순간을 잘 넘기고 '아이의 생각'을 듣는 다음 단계로 나가는 수준을 말합니다. 다시 말해 부모가 아이가 왜 이런 말을 했는가를 이해할 수 있도록 다시 듣는 과정을 진행하는 것입니다.

아이가 그 말을 하게 되는 동기, 즉 심리적인 역동 관계나 동요가 일어나게 된 이유를 듣는 단계입니다.

그래서, 왜 그런 생각을 하게 되었는지? 다시 되묻는 단계입니다.

"왜 공부가 하기 싫어?"

"왜 학교가 가기 싫어?"

"왜 살기 싫어?"

"그런 생각을 왜 하게 됐어?"

라고 다시 질문하는 것입니다. 그리고 왜 이런 말을 하게 되었는지 그 의도를 이해하려고 노력하는 과정이 필요합니다.

조심할 것은 이 단계부터 부모 자녀 갈등이 본격화될 수 있습니다.

아이가 무슨 큰 잘못을 저지른 죄인 다루듯이 심문하는 듯한 분위기가 되면 아이들은 이 단계에서 입을 닫고 묵비권을 행사하여 부모의 마음을 더 뒤집어 놓을 수 있습니다. 또는 "그냥", "별 이유 없어", "하기 싫어", "내가 결정한 거야", "끝났어", "날 설득하려 하지 마" 등 아주 단순한 대답만 할 수도 있습니다.

따라서, 이 단계에서는 부모에게 말 못 할 사정이 있는지? 무슨 억울한 경우를 겪었는지? 친구 문제는 아닌지? 등등 조심스럽게 아이의 마음을 이야기할 수 있도록 차근차근 서두르지 말고 아이가 스스로 자신의 속맘을 정리할 수 있도록 기다린다는 마음가짐이 필요합니다. 단 한 번에 이야기를 끝내지 않고, 엄마가 또는 아빠가 잘 이해할 수 있도록 "정리되면 한 번 더 이야기하자"라는 식으로 아이에게 정리할 시간을 주는 것도 좋은 방법이 될 수 있습니다.

중요한 건 아이가 처음으로 말을 꺼냈을 때, 너무 놀라서 당황하거나, 화를 내거나 분노하지 않는 것이 제일 중요합니다. 아이가 어렵게 이야기를 꺼낼 수 있는데, 분위기가 갑작스러운 돌발 상황으로 바뀌게 되면 오히려 말하려던 것을 안 할 수 있기 때문입니다. 그리고 해결책을 빨리 찾기보다는 친밀감 있는 안정적인 관계를 유지하려고 노력하는 것이 더 중요한 순간입니다.

아이의 말을 충분히 듣겠다는 의지의 표현을 적극적으로 할 때입니다.

그리고 왜? 이런 생각이 들었는지 그 '중심사고'를 읽어내어 진실을 듣는 것이 B 학점의 핵심입니다.

마지막으로, A학점입니다.

진심을 듣는 수준입니다. 공감 단계의 듣기능력입니다.

자녀의 생각을 듣고 이해한 다음, 왜 그런 말을 하게 되었는지 동기와 이유를 듣고 진실을 알고 난 후, 마지막 단계로 '마음의 소리' 즉 '아이의 감정'을 듣는 단계입니다.

아이기 이처럼 자기의 고민과 문제를 이야기할 때는 아이가 무척 지쳐 있거나 혼란스러운 시기입니다. 그리고 무엇보다 마음에 불안감과 외로움이 가득 차 있을 수 있습니다. 아이 혼자 자신을 지킬 수 없을 때입니다. 아이에게 하고 싶은 대로 할 수 있도록 선택권을 모두 주어도 이 불안감과 외로움을 극복하기란 쉽지 않습니다.

따라서, 아이가 이런 말을 할 때는 아이의 마음의 소리를 읽어야 합니다. 아이의 '핵심감정'을 공감해줘야 할 부모 역할이 그 어느 때 보다 중요한 순간입니다. 아이의 핵심감정을 듣고 공감하는 단계입니다. 이때가 아이와 진심으로 소통하는 과정입니다.

아이의 말을 다 듣고 난 후 "그래 지금 네 마음이 어떠니?" 하고 마음의 소리를 반드시 들으셔야 합니다.

"너, 참 많이 답답하구나!"

"너, 지금 불안하구나!"

"너, 너무 외롭구나!"

아이의 '마음 소리'를 핵심감정으로 알아채고, 함께 느껴주는 아이의 진심을 공감하는 듣기능력이 A 학점입니다.

"나 공부하기 싫어!"

"나 학교 가기 싫어!"

"나 살기 싫어!"라는 소리는

"엄마 나 짜증 나고 귀찮아요."

"엄마 나 답답하고 힘들어요."

"엄마 나 불안하고 외로워요."의 다른 표현일 수 있습니다.

아이들의 '진심의 소리'를 들어야 아이를 혼자 힘들고 외롭게 두지 않습니다. 아이의 고민과 고충은 부모로부터 공감이라는 '내면의 힘'을 받아, 아이가 현실에 적응하고 해결할 수 있는 '심리적 면역력'을 기를 수 있게 합니다. 이것이 또한 아이의 '자존감'입니다.

아이들이 부모로부터 사랑받는다는 것을 느낄 수 있도록 마음의 소리를 진심으로 공감해 주는 듣기능력이 아이의 자존감을 살리고 문제를 해결하는 원동력이 됩니다.

자녀의 자존감을 살리는 부모의 듣기능력 3단계

자녀의 자존감을 살리고 문제를 해결하는 부모의 듣기능력 3단계입니다.

위 도표에서 보듯이 전장에서 말씀드린 '친밀한 상호작용 대화법 3단계'에서 1단계 경청의 기술과 2단계 공감의 기술이 모두 부모의 듣기능력에 해당하는 것을 알 수 있습니다.

그런데, 듣기능력이 안 되는 이유는 다음과 같이 정리해 볼 수 있습니다.

첫째, 이미 말씀드렸듯이 자녀의 말하는 의도가 아니라, 부모의 생각대로 들리기 때문입니다.

3단계인 A학점에 이르는 진심의 소리를 들을 수 없는 이유 중 가장 큰 원인입니다. 자녀의 말을 듣긴 들어도 부모는 자기 생각으로 듣기 때문에 자녀의 말하는 의도가 아니라, 부모의 생각대로 자녀의 말이 들리게 됩니다. 그렇게 들리게 되는 이유는 아직 자녀에 대한 신뢰와 믿음이 부족하기 때문입니다. 자녀 스스로 생각하고 판단하고 결정하기 어렵다는 선입견이 아이의 중심사고와 핵심감정을 경청할 수도 공감할 수도 없게 만드는 것입니다. 그래서 아이들은 우리 부모님은 내 말을 안 듣는다고 말합니다.

둘째, 아이의 말을 듣게 되면 아이를 망칠 수 있다는 불안감 때문입니다.

부모의 불안감은 듣기를 지속할 수 있는 심리상태를 유지할 수 없습니다. 자칫 아이의 미래와 진로를 망친다는 불안감이 아이의 마음의 소리에 귀 기울이지 못하게 합니다. 만약 아이 생각대로 하게 된다면 실패하거나 불행해진다는 생각이 들게 됩니다. 부모의 불안한 마음은 아이의 진심의 소리를 듣지 못하고 걱정거리로 들리게 됩니다. 아이 마음의 소리를 공감하지 못한 부모는 아이의 답답하고 힘들어하는 마음과 외롭고 불안한 마음 대신 다음과 같은 현실적인 걱정거리로 아이보다 더 큰 불안과 두려움에 사로잡히게 됩니다.

자녀의 진심을 듣지 못하면, 현실적인 불안감과 걱정거리로 들린다.

(자녀의 말) "나 공부하기 싫어!"
(부모 마음) '시험이 얼마 남지 않았는데, 성적이 더 떨어지면 어쩌지!'
(자녀의 말) "나 학교 가기 싫어!"
(부모 마음) '대학입시가 코앞인데, 어쩌려고~ 인서울은 해야 하는데….'
(자녀의 말) "나 살기 싫어!"
(부모 마음) '매일 스마트폰만 가지고 놀더니, 못된 애들 사귀는 거 아냐?'

셋째, 부모가 대화의 기본인 끝까지 들을 수 있는 '바른 인성'을 갖추지 못했기 때문입니다.

역시, 앞장에서 말씀드렸듯이 아이의 말을 끝까지 듣지 못하는 것은 부모의 인성 문제입니다. 즉 부모의 '인성 그릇'이 작기 때문입니다. 그 그릇의 크기가 사랑의 크기라고 아이들은 느끼게 됩니다. 평균적으로 내향적인 아이와의 대화에서는 묻고 아이가 답하는 시간까지 7초 정도를 기다려야 한다고 합니다. 이것은 내향적인 아이와 대화할 때는 외향적인 아이와는 다르게 충분히 기다려 줘야 한다는 뜻입니다. 더구나 아이가 불안과 긴장을 하고 있을 때는 이 시간이 10배로 늘어나야 합니다. 즉 70초를 기다려 줘야 합니다. 무척 긴 시간입니다. 조용한 침묵이 흐르는 동안 아이는 자기의 생각과 마음을 정리하게 됩니다. 이 침묵의 시간도 소통의 시간이라고 보셔도 좋습니다. 아이의 마음을 느끼는 시간이 될 것입니다.

결코, 서두르지 마십시오. 아이 마음속에 있는 '진심의 소리'를 들을 수 있도록 부모는 마음의 그릇을 키울 수 있게 되길 바랍니다.

마음의 그릇이 클수록 부모가 말하는 시간보다 아이의 말을 듣는 시간이 늘어나고 길어집니다. 이런 부모 듣기능력이 자녀의 자존감을 살리고 문제 해결 능력을 키우는 것입니다.

이제부터라도 사랑하는 자녀의 마음의 소리를 들을 수 있기를 바랍니다.

부모의 듣기능력이 자녀의 자존감을 높입니다.

부모의 듣기능력이 사춘기 자녀를 성장시킵니다.

부모의 듣기능력이 자녀를 향한 사랑의 표현입니다.

부모가 듣지 않으면 아이의 인생을 망치게 됩니다.

부모의 말이 자녀의 자존심을 상하게 하는 '가해'가 되지 않도록 주의하라

앞에서 부모 자녀 간의 대화가 빈번히 실패하고 다투고 갈등했던 가장 큰 이유는 바로 '경청과 공감 기술'의 부재라고 말씀드렸습니다. 아이의 말만 소리라고 생각하고 귀로만 듣던 태도가 관계 불화의 원인이며, 생각과 감정을 이해하거나 느끼려고 노력하지 않았던 태도의 결과라는 것을 인정해야 다음 단계로 나갈 수 있습니다.

이렇다 보니 자녀의 말이 끝나기도 전에 중간에 말꼬리를 자르거나 들어보나 마나 결과는 무슨 말을 할지 잘 알고 있다는 속단으로 말을 끝까지 듣지 않고 자녀의 생각과 감정을 무시하는 대화로 이어졌습니다.

이런 유의 대화는 대화라고도 할 수 없는 '아이의 자존감을 무너뜨리고, 아이의 자존심을 상하게 하는 '가해'라고 할 수 있습니다.

자녀의 말을 마음의 소리로 듣지 못하고 부모가 현실적인 두려움이나 걱정거리로 듣게 된다면, 때로는 부모가 아이에게 일방적인 지시나 강요로 대화가 마무리되게 됩니다. 이럴 경우, 자칫 부모의 말이 자녀에게 '가해'가 될 수 있습니다.

부모의 말이 자녀의 자존심을 상하게 하는 '가해'가 되는 경우

(자녀의 말) "나 공부하기 싫어!"
(부모의 말) "공부하기 싫으면, 밥도 먹지 말고, 용돈도 없어~"
(자녀의 말) "나 학교 가기 싫어!"
(부모의 말) "학교 가기 싫으면, 당장 취업해서 돈이나 벌어와~"
(자녀의 말) "나 살기 싫어!"
(부모의 말) "뭐, 살기 싫다고, 너 지금 제정신이야?"

이와 같은 말은 아이의 자존감을 무너뜨리고, 자존심에 심각한 상처를 주는, 부모가 자녀에게 행하는 '가해'입니다.

아무리 자녀의 말이 속상하고 기분이 안 좋아져도 독설이나 비하는 아이에게 큰 상처를 주는 '가해'입니다.

자녀의 자존감을 살리는 부모의 듣기능력은 처음부터 잘 들을 수 있는 능력이 아닙니다. 비록 지금 F학점과 '가해' 수준의 대화를 하고 있을지라도 아이의 중심사고가 무엇인지 아이의 핵심감정은 어떤 것인지를 진실과 진심으로 들을 수 있게 되기를 바랍니다.

사춘기 자녀에게
사랑을 전하는 대화법

부모의 말이 아이를 죽일 수도 있고, 살릴 수도 있다

말에는 두 가지 기능이 있다고 봅니다. 사람을 살리는 말과 사람을 죽이는 말입니다. 가족관계에 있어서 배우자든 자녀든 서로 상대와 소통하고 공감하는 대화는 몸에 좋은 보약 같이 살리는 말입니다. 반면에 서로의 자존심을 상하게 하고 너는 틀리고 내 말만 맞는다고 우기는 독이든 죽이는 말도 있습니다.

여러분은 자녀에게 살리는 말을 하는 부모입니까?

아니면, 자녀를 죽이는 말을 하는 부모입니까?

두 가지 다 사용할 수 있습니다. 때로는 자녀를 살리기도 했다가, 때로는 죽이기도 하는 말을 할 때도 있습니다.

아마도 우리는 사람을 살리는 말을 하고 싶은 마음은 있어도 어쩔 수 없이 죽이는 말을 더 많이 하고 사는 존재가 아닌가 하는 생각이 듭니다.

세상에 자녀를 사랑하지 않는 부모는 없습니다.

그러나 부모가 사랑하고 있다는 것을 알게 하고, 부모의 사랑을 느낄 수 있게 하는 사랑 전달 능력을 갖춘 부모는 그리 많지 않은 것 같습니다.

사춘기 자녀가 부모의 사랑을 알 수 있게 하는 사랑의 말은 어떤 것이 있고 또 어떻게 하면 전달할 수 있는지 구체적인 사랑의 대화법에 대해 함께 생각해 보겠습니다.

앞 장에서는 자녀와의 대화에서 부모가 말하기보다 먼저 자녀의 마음 소리를 듣는 듣기능력이 말하기보다 더 중요한 이유에 관해 설명해 드렸습니다.

자녀든 배우자든 상대의 마음 소리를 들을 수 있어야 사실, 진실, 진심으로 이어지는 소통을 시작할 수 있게 되며 비로소 자녀의 '중심사고'와 '핵심감정'을 알게 된다고 말씀드렸고 자녀의 마음을 알게 되었을 때 진정한 소통이 되고 친밀감이 높아진다고 말씀드렸습니다.

상대의 말을 상대의 생각과 감정으로 듣고 느낄 수 있어야 비로소 소통과 공감이 되고 친밀감이 형성된다고 볼 수 있습니다.

자녀의 말이 자녀의 생각과 감정대로 들리지 않고, 부모가 듣고 싶은 대로, 부모의 생각과 감정대로 들리는 상태에서 대화를 시작하면 잔소리, 험담으로 이어질 가능성이 큽니다. 이런 대화는 자녀의 자존심을 상하게 만들고, 자녀를 죽이는 독한 말이 됩니다. 이런 말은 서로의 친밀감을 높이는 상호작용이 아니라 사랑해야 할 사람을 남의 편으로 만들고, 더 나아가 원수처럼 만들며 상처를 주고받아 서로 피하고 싶은 관계로 악화하게 합니다.

그렇다면 이제 자녀에게 잔소리로 들리지 않고, 자녀를 내 편으로 만드는 대화법, 자녀에게 부모가 내 편이구나 하는 대화법, 친밀감을 높이는 대화법에 대해 생각해 보겠습니다.

아동기 대화법과 사춘기 대화법은 달라야 한다

먼저 부모의 역할에 대해 일반적으로 두 가지로 구분해서 설명해 보겠습니다.

첫 번째 역할은 '돌봄'입니다.

돌봄이란 아이를 낳고 기르면서 아이에게 필요한 모든 신체적, 심리적, 환경적인 상황이 안정되고 평안하게 될 수 있도록 기본적 환경을 제공해 주는 역할입니다. 이 역할은 특별히 배우거나 훈련받지 않아도 본능적으로 아이가 태어나고 부모가 되면 부모의 몸과 마음이 자연스럽게 부모 역할을 수행할 수 있도록 변화되어 자연스럽게 능력을 갖추게 됩니다. 이 경우는 동물이나 인간들이 갖는 공통점인 것 같습니다.

두 번째 역할은 '양육'입니다.

그런데, 두 번째 양육이라는 역할은 좀 많이 다른 것 같습니다.

양육이란 기르고 성장시키는 부모의 역할입니다. 구체적으로 말씀드리면 자녀가 부모를 떠나서도 스스로 자립하고 한 인간으로서 개인적, 사회적 존재로 세상을 살아갈 수 있는 기능과 능력을 갖추게 하는 모든 교육과정을 말합니다.

그런데 양육이란 개념은 돌봄과는 다르게 본능적으로 알 수 있거나 가질 수 있는 기능이나 능력이 아닙니다. 이것이 문제가 됩니다. 사춘기 부모는 아동기 양육과 사춘기 양육이 달라져야 한다는 것을 일아아 합니다. 특히, 이 동기를 대할 때 사용했던 대화법과 사춘기를 대할 때 사용하는 대화법은 많은 차이가 있고 달라져야 한다는 것을 알아야 합니다. 무엇보다 자존심이 많이 세졌다는 것을 인정해야 합니다. 자존심이 세졌다는 의미는 자신을 방어하거나 남을 공격할 힘이 생겼다는 뜻입니다. 여기서 남이란 부모도 해당할 수 있습니다.

우리 아이들은 크게 3가지 진로단계를 거치며 사회적 존재로 성장하게 됩니다.

첫째는 학교사회,

둘째는 직장사회,

셋째는 결혼 후 가정사회입니다.

위 3단계의 진로과정을 자세히 살펴보면 부모의 양육이라는 드러나지 않는 숨은 역할이 필요합니다. 부모의 양육과정이 중요한 이유입니다. 각 단계에 가장 크게 영향을 미치는 기초과정은 학교사회입니다. 학교사회라는 첫 단추를 잘 채워야 마지막 가정사회까지 성공적인 진로 여정을 마칠 수 있습니다. 유아기, 아동기, 청소년기를 거치며 성인으로 성장하기까지 학교사회에 적응하고 교육과정을 통해 성숙한 직업인으로 자리 잡기까지 자녀를 돕는 부모의 역할이 어떤 역할보다 가장 중요한 영역입니다.

그러나 자녀가 학교사회에 적응하고 교육받는 과정을 돕는 부모의 역할을 충실히 수행하기에는 많은 어려움이 있습니다. 그 이유는 현재 학교사회는 부모 세대의 환경에 비하여 많은 변화와 복잡한 문제점을 가지고 있기 때문입니다. 무엇보다 학력 인플레이 현상과 치열한 경쟁 시대인 4차 산업혁명 시대를 맞이했다는 것이 가장 큰 변화입니다. 그런 이유로 변화의 속도가 무척 빠르고 다양하다는 것도 또 다른 어려운 점입니다.

부모 세대의 학교사회는 우등생과 우수생들이 직장사회나 결혼 후 가정생활에서도 전반적인 안정성과 경쟁력을 유지할 수 있었으나 이제는 그 어느 과정도 쉬운 것이 하나도 없습니다. 자녀들의 세상은 부모 세대와 많이 달라졌습니다. 이런 환경적 특징 때문에 부모의 불안감과 자녀의 고충이 점점 고조되고 있습니다.

이제 부모들은 자녀 진로교육에서 학교사회의 높은 성적만을 받는 아이로 양육시키게 되면 직장사회나 결혼 후 가정사회에서 실패할 가능성이 커질 수 있다는 점을 고려해야 합니다. 학교사회의 진로과정에서 좋은 스펙을 갖게 하는 경쟁력뿐만 아니라 직장사회나 가정사회에서도 행복한 삶을 유지할 수 있도록 대인관계 능력을 갖출 수 있도록 지도해야 합니다.

친밀감이 부모 자녀 관계뿐만 아니라 모든 대인관계의 필수 요소임을 동의할 수 있을 것입니다. 대인관계에 기본이 되는 친밀감 형성의 출발점은 부모 자녀 관계입니다. 좋은 부모 자녀 관계가 친밀감 형성에 제일 중요한 요인입니다. 이 친밀감이 직장사회와 결혼 후 가정사회까지 영향을 미치게 된다는 것을 알 수 있습니다.

특히 사춘기 자녀를 둔 부모라면 두말할 나위 없이 친밀감 형성은 얼마나 중요하고 어려운지는 잘 알고 있을 것이며, 이런 관계를 형성하기 위한 대화법이 또한 얼마나 어렵고 중요한지는 매일매일 경험하리라 봅니다.

대화가 안 될 땐 차라리 침묵하고 기다려라

어떻게 대화하면 부모 자녀 관계가 좋아지고 대인관계 능력을 향상시켜 친밀감 있는 부모 자녀 관계를 유지하게 되는지 사춘기 자녀에게 사랑을 전하는 대화법에 대해 살펴보겠습니다.

첫째, 대화가 안 될 땐 차라리 침묵하고 기다려야 합니다.

부모와 자녀 간의 대화에 있어서 서로에게 자존심이 상하게 되면 대화는 전투적으로 바뀌게 되고 상처를 주고받게 됩니다. 그래서 차라리 소통이 잘 안 될 때는 침묵하고 기다리는 게 더 좋습니다.

부모와 자녀가 다투거나 싸우게 되면 모든 것을 잃게 됩니다. 오랜 시간 공들여 왔던 공든 탑이 무너지는 데는 그리 오랜 시간이 걸리지 않습니다.

자녀의 사춘기가 바로 그런 시간입니다.

잘잘못을 떠나 서로 치열하게 싸우게 되면 배우자끼리의 부부싸움이든 자녀와의 싸움이든 모든 것을 잃게 되고 불행을 경험하며 심하게는 우울감을 느끼는 경우가 많습니다. 그래서 부모 자녀와의 싸움을 피하는 것이 제일 중요한 과제입니다. 물론 싸움을 피하는 것은 잘 안됩니다. 쉽지 않습니다. 또 싸우거나 매일 싸우게 됩니다. 부모의 본능과 자녀의 본능이 충돌하면 싸우게 됩니다. 부모의 한계상황과 자녀의 한계상황이 충돌하면 싸우게 됩니다.

자녀와의 친밀감 형성은 차치하고 서로 원수처럼 부딪칠 때마다 싸우게 됩니다. 그래서 대화가 안 될 때는 부딪히거나 싸우지 말고 피해야 합니다. 시간을 흘려보내는 것도 좋은 대화법입니다. 그런데 문제는 아이보다 부모가 억지로 참는 경우가 많다 보니 욱하고 성질을 부리거나 화를 내게 되고 심하게는 폭언이나 폭력 또는 몸싸움으로 확전된다는 것이 심각한 문제입니다.

그래서 부모들은 듣기 좋은 말이나 칭찬을 많이 해주면 친밀감이 좋아지겠지. 기대할 수가 있는데, 듣기 싫은 말이나 잔소리, 짜증 섞인 말을 되도록 하지 않는 것이 더 좋고, 특히 자녀의 자존심을 상하는 말을 하지 않도록 주의하는 것이 더욱 효과적입니다. 사춘기 아이들은 열 번 잘해주다가 한번 잔소리하면 그걸로 트집 잡는 일이 많이 발생합니다.

잔소리나 화내는 것은 아이의 잘못에 대한
면책을 주는 것이다

부모가 자녀에게 잔소리하거나 화를 내면 아이들은 이미 자기의 잘못에 대하여 꾸중을 들은 것으로 해석하며, 그 잘못에 대해 반성을 하거나 잘못을 고칠 생각보다는 오히려 그 일에 대한 면책감을 갖게 하고 그 순간만 넘기면 된다는 안일한 생각을 하게 하므로 반복적으로 아이의 잘못된 행동들이 나타나게 됩니다.

다시 말씀드리면, 잔소리와 화는 아이들의 잘못에 대한 즉각적인 처벌이 되므로 잘못한 행동에 대한 반성할 시간과 사과조차 받지 못하고 부모 스스로가 종결시켜버리는 부정적인 결과를 낳게 합니다. 또한, 아이의 잘못에 대한 훈육의 기회를 부모 스스로 놓치게 되며, 잘못된 일에 대한 아이의 진정한 반성이나 사과 없이, 계속해서 반복적으로 잘못을 저지르는 부정강화라는 역효과를 가져오게 됩니다.

따라서, 사춘기 자녀에게 사랑을 전하는 대화법을 사용하고자 한다면, 무엇보다 부모가 자녀에게 역효과를 가져오는 이와 같은 실수를 반복적으로 하지 않는 것이 오히려 중요합니다.

둘째, 잔소리와 화내는 것은 아이의 잘못에 대한 면책 감을 주는 것입니다.

예를 들어,

"야, 지금 몇 시야? 또, 늦니? 널 어쩌면 좋니. 아이고 답답해."

"왜 남들 다하는 공부를 못해, 너 바보야?"

아이가 시간을 못 지키거나, 해야 할 것을 하지 않고 하고 싶은 것만 하는 등 아이의 본능대로 지낼 경우, 부모의 잔소리나 화는 곧 아이들에게 이미 자신이 체벌을 받았다고 생각합니다. 그렇기 때문에 부모가 짜증 섞인 말투나 질책하는 말투보다는 약속이나 규칙을 어겼다는 사실을 상기시킬 수 있는 정도의 말만 하는 것이 자녀를 사랑하는 대화법입니다.

예를 들면,

"철수야, 게임을 하는 시간이 지난 것 같은데, 한번 확인해 볼래?"(질문형)

"공부가 몹시 어렵니? 힘들어 보이네, 너는 원래 잘할 수 있는 아이니까 쉬었다 하든가 아니면 엄마가 좀 봐줄까?"(개방형)

질책이나 책망이 아닌 아이에게 생각하고 결정할 수 있는 선택권을 주는 질문형, 개방형 대화법은 아이가 자존감을 지키면서도 자신을 돌아볼 수 있는 성장의 기회를 얻게 합니다.

아이가 어릴 때는 부모의 잔소리나 화가 어느 정도 효과적일 때가 분명히 있었습니다. 그것은 아이가 부모의 잔소리나 화내는 것이 무섭고 두려워서, 상대적으로 부모의 힘과 능력에 비해 약한 자기 자신의 모습을 인정할 수밖에 없었기 때문입니다. 그것은 어쩔 수 없이 따라야 했을 뿐이지, 그것이 진정한 순종이라고는 볼 수 없습니다.

그러나 아이가 사춘기가 되면 어렸을 때와는 다르게 생각과 태도가 바뀌게 됩니다. 순종하는 것처럼 보였던 아이가 자기 생각과 의견대로 하고 싶어 하고 그렇게 해도 자신을 지킬 힘이 있다고 생각합니다. 그래서 순종적이었던 아이가 자기 본능에 충실해지고 자기 맘대로 하려고 하는 것입니다.

이제는 자기가 부모 말만 듣는 어린아이가 아니라는 태도를 분명히 밝히고 싶은 것입니다.

그러나 부모는 아이를 어려서부터 양육해왔던 습관대로 즉각적인 효과를 보기 위해 잔소리나 화를 내게 되지만, 더는 그 효력을 얻을 수 없게 됩니다.

그래서 부모는 자식이 사춘기가 되면, 예전과 다르게 훈육하는 방법을 찾아야 합니다. 부모가 찾아낸 새로운 훈육방식이 사춘기 자녀의 잘못된 말과 태도를 고치는 새로운 방식이 되어야 합니다. 더 이상의 잔소리나 화를 내지 말고, 자녀에게 친절하게 훈계하는, 진정으로 자녀를 사랑하는 대화법을 찾아야 합니다.

부모의 상한 감정으로는
자녀의 잘못된 태도를 고칠 수 없다

모든 부모가 잔소리를 자주 하거나 화를 참지 못하는 것은 아닙니다. 너무 참다가 스트레스로 우울감이 생기거나 불안증이 생기는 예도 있습니다. 부모라면 자녀에 대하여 무엇이든지 참고 인내하려고 노력합니다. 그리고 될 수 있으면 자녀를 위해 양보합니다.

그런데 일정 시간이 지나면 부모들도 한계를 느끼고 욱하고 분노하거나 우울과 무기력증을 느끼기도 합니다. 왜냐하면, 부모도 사람이기 때문입니다. 누구든지 옳지 않은 태도와 행동을 오랫동안 지켜보면 한계가 오기 마련입니다. 오랫동안 참고 기다려도 변하거나 바뀌지 않기에 기다린 만큼 허무감과 배신감이 들 때도 있습니다.

부모는 끓어오르는 감정을 '억지로 누르는 것'과 '인내하며 기다리는 것'에는 본질적으로 차이가 있음을 먼저 알아야 합니다.

감정을 억지로 참고 누르고 벼르는 것은 마음속에서 그 상한 감정이 썩게 되고 상한 감정은 썩은 감정이 되어 악취 나는 쓰레기로 변하게 됩니다. 이처럼 오랫동안 상한 감정이 부모의 마음에 쌓여 썩은 감정이 되면, 자녀는 물론 부모의 마음도 상하게 하는 가시 돋치고 독이 든 말을 하게 됩니다. 짜증과 분노가 섞인 공격적인 태도로 불평과 불만이 가득 찬 잔소리를 하게 됩니다. 이것은 부모와 자녀 모두에게 불행한 일이 아닐 수 없습니다.

실제로, 제가 만나온 사춘기 부모 중에는 심각한 감정조절 장애와 우울감을 겪고 있는 부모도 많았습니다. 참지 못해 욱하고 화를 내고 매일 잔소리가 느는 것을 부모 스스로 경계해야 합니다. 아이의 말과 태도가 부모를 자극하고 화나게 한다는 것을 충분히 이해할 수 있으나, 자녀를 향한 잔소리와 욱하는 마음을 먼저 다스러야 합니다. 그래야 아이도 살고, 부모도 살게 됩니다.

그 이유는 이미 충분히 설명해 드렸습니다. 그러나 잘 안되는 것이 현실입니다. 부모가 먼저 욱하거나 분노하지 않고 되도록 친절하게 자신의 감정을 표현할 수 없다면, 부모의 상한 감정은 자녀의 마음을 상하게 할 뿐만 아니라, 자녀의 어떤 잘못된 행동과 태도도 고칠 수 없게 됩니다. 오히려 자녀와 반복적으로 다투게 되며, 심하게는 단절되고 분리되어 불행한 관계가 지속됩니다.

그러나 이와 반대로, 자녀의 본능과 태도를 이해할 수 없지만, 그 한계를 인정하고 아이에게 차분하고 친절하게 잘못된 부분에 대한 규칙과 규정을 반복적으로 설명하며 기다릴 수 있는 능력과 힘을 가진 부모도 있습니다.

아이가 잘 못해도, 아이가 실수해도, 아이가 방만하거나 나태해도, 언행과 태도가 부모의 자존심을 반복적으로 상하게 해도, 침착하게 바른 인성과 예절을 설명해 주고 아이가 자신의 잘못을 인정하고 수정할 수 있도록 시간과 반성의 기회를 주시며 기다리는 부모도 있습니다.

물론, 누구나 다 그렇게 할 수는 없습니다. 또, 그렇게 하기란 쉽지 않습니다. 사춘기 자녀가 방황하듯, 사춘기 자녀의 부모도 헤맬 수 있습니다. 그래서 사춘기 부모는 부모 역할에 관한 공부가 필요한 것입니다. 그래야 자녀를 사랑하는 대화법을 알게 되고 사용할 수 있게 됩니다.

사춘기 자녀를 이해하고 돕기 위해 공부를 하고 자녀의 말과 태도를 공감할 수 있는 부모들이 있습니다.

상담실을 찾는 부모와 자녀를 보면, 첫 만남에서부터 어느 정도 부모 자녀 간의 몇 마디 대화만 들어봐도 어떤 관계인지를 즉시 알 수 있게 됩니다.

부모 가운데에는 자신의 감정보다 아이의 감정을 잘 살피고, 부족한 면이나 잘못된 태도를 봐도 즉시로 욱하고 분노가 올라오는 대신, 충분히 아이의 입장과 견해를 끝까지 들어주고 설령, 그것이 아이가 잘못 생각한 것이거나 부정적 태도라 할지라도 타인 앞에서 과격하게 화를 내지 않으며, 자존심을 상하게 하지 않으려 차분하게 기다려 주는 부모도 분명히 있었습니다.

이런 부모들은 끊임없이 자녀를 이해하기 위해 공부하고 부모 자신을 다스리는 것을 훈련합니다. 자녀의 부족한 면을 보고, 부모의 부족한 면을 깨닫고 부모 자신을 성장시키는 기회로 삼는 부모도 있습니다. 이런 부모는 자기 자녀에 대한 이해력과 공감 능력이 탁월하게 높습니다.

이런 부모와의 대화는 자녀 갈등과 문제의 원인을 빨리 찾아내게 되며, 특별한 해결책이 필요 없을 정도로 즉각적인 관계 회복이 일어납니다.

부모는 자녀가 옳은 길 가기를 원합니다.

부모는 자녀가 성공하는 길로 가기를 원합니다.

이를 위해서 부모는 수고와 헌신으로 자녀를 양육합니다. 아이의 우선순위를 정하고 최고의 방법을 찾는 노력을 쉬지 않습니다.

특히, 학교사회를 지나는 사춘기 자녀의 진로과정에서는 더 그렇습니다.

이렇다 보니, 부모는 자녀에게 옳은 말을 수시로 하게 되고, 자녀의 일에 간섭하게 됩니다. 그래서 이 과정에서 부모와 자녀와의 다툼이 많이 발생합니다.

예를 들면,

"공부하고 놀아라."

"해야 할 일을 먼저 하고, 하고 싶은 일을 해라."

"네 생각보다는 이 방법이 더 옳다."

자녀와의 대화 내용이 대체로 '해라' 또는 '하지 말라'입니다.

자녀를 사랑하는 대화법의 세 번째입니다.

셋째, 옳은 말보다 아이의 감정을 먼저 읽어야 합니다.

제가 겪었던 실제 이야기입니다.

제가 상담을 처음으로 시작할 무렵 고1 남학생을 알게 되었습니다. 누나는 고3 학생이었으며 아버지는 사업차 지방에 머물고 계셨고 어머니가 두 남매와 함께 살고 있었습니다.

어느 날, 어머니께서 제게 전화를 하셨습니다.

아들이 지금 파출소에 잡혀 있는데 오토바이를 훔치다가 현장에서 적발된 사유라고 했습니다. 아버지가 지금 지방에 계시니 어머니께서는 저에게 함께 파출소로 동행하기를 부탁하셨습니다.

저도 평소 잘 알고 있었던 남학생이었습니다.

아들은 이미 학교생활이 불성실했으며, 잦은 결석과 지각은 물론 가출도 많이 했던 경험이 있었습니다. 그런 어느 날 경찰로부터 이런 사건으로 파출소로 오라는 연락을 받게 되었습니다.

그 어머니와 함께 아들을 만나기 위해 파출소에 도착해 보니 아들은 소파 한쪽 모서리에서 고개를 푹 숙이고 아무 말 없이 앉아 있었습니다. 어머니와 제가 문을 열고 들어갔는데도 눈을 마주치지 못했습니다.

파출소 문을 열고 들어갔더니 경찰관께서 다짜고짜 누구누구 보호자냐고 확인한 다음, 아들은 현행범으로 잡혀 왔고, 오토바이 절도를 저질렀으며 도둑질한 절도범이라고 엄포를 놓았습니다. 그 경찰관은 이런 아이들이 많다고 했으며 말끝마다 이런 절도 범죄는 재범률이 높으므로 반드시 절도범으로 처벌을 받아야 한다고 힘 있게 말을 이어 갔습니다.

그런데, 그날 저는 생각지도 못했던 반전을 보게 되었습니다.

경찰관의 말을 조용히 경청하고 있었던 어머니가 정색하시며 경찰관의 눈을 똑바로 바라보더니 이렇게 엄숙하고 단호하게 말했습니다.

"경찰관님 제 아들은 도둑이 아닙니다."

"어머니, 아들은 현행범으로 잡혀 왔습니다. 절도범이 맞습니다."

어머니는 재차 말했습니다.

"제 아들은 그 오토바이를 갖고 싶거나 그것을 주인 모르게 훔칠 생각이 있었던 게 아닙니다. 그저 아들은 그 오토바이를 타고 싶어서 주인 허락 없이 몰래 타볼 생각이었을 것입니다. 경찰관님

제 아들은 남의 물건을 탐내거나 그것을 팔아서 돈으로 바꾸는 도둑이 아닙니다."

이 말이 끝나자 한쪽 귀퉁이에 고개를 숙이고 가만히 있던 아들은 고개를 들고 어머니를 바라보았습니다. 저는 그 광경을 정확히 지켜봤습니다.

이 말을 들은 경찰관은 아무 말을 못 하고 어머니의 표정을 응시했습니다.

그리고 말했습니다.

"아드님은 이번이 처음이니 훈방조치 하겠습니다. 데리고 가십시오. 오토바이가 분실되거나 팔아먹은 게 아니니까 이번에는 봐드리겠습니다."

아이의 잘못된 태도를 바꾸기보다, 아이 마음을 먼저 읽어라

저는 이 사건을 두고두고 생각하고 기억하게 되었습니다.

파출소에 가기 전까지, 어머니는 저에게 전화하면서도 분명 걱정과 불안감이 가득했습니다. 저 역시 어떻게 해야 할까 많은 고민을 하면서 함께 갔습니다.

그런데, 막상 파출소에 도착한 어머니는 언행과 표정이 달라졌습니다.

그리고 정확하게 아들의 생각과 감정을 읽고 경찰관에게 전달했습니다.

시간이 많이 흘러 20여 년이 지났습니다.

그 아들은 지금 학생들을 가르치는 교수가 되었습니다.

위기는 기회라고 했습니다.

어머니는 아들이 가장 힘들고 어려운 문제 앞에 있을 때, 어머니는 옳음과 의를 뒤로하고 아이의 마음을 먼저 읽을 수 있는 능력이 있었습니다.

그리고 그 읽고 들은 소리대로 아이의 마음을 이야기했습니다.

그 위기의 순간에 어머니는 아들을 살리는 말을 찾아냈고 그렇게 말했습니다.

어머니가 아들의 마음을 읽는 능력, 그것을 사랑이라고 표현하고 싶습니다.

위기에서 기회를 찾는 말, 자녀를 살리는 말, 그것이 자녀를 사랑하는 진정한 대화이며 그것이 바로 사랑입니다.

그래서, 부모의 사랑은 '자녀의 마음을 읽는 능력'입니다.

제 개인적인 이야기를 드리는 것을 양해 바랍니다.

저는 매우 논리적이고 합리적인 사람의 기질입니다.

그래서 어떤 일이나 사건을 두고 논쟁하는 일이 참 많습니다.

저는 그것이 옳은 일이라 생각했고 결코 지는 일이 없었던 것 같습니다.

참 부끄럽게도 부모님이 살아계실 당시에도 그런 저의 기질은 항상 부모님의 뜻을 거스르고 제 뜻대로 하고 살았습니다.

지금은 두 분 모두 소천하셔서 제 곁에는 안 계십니다.

제가 지금 제일 후회하는 것이 있습니다.

그것은 부모님이 살아 계실 때 부모의 뜻을 잘 따르지 않았다는 것입니다. 모두 제 뜻대로만 하고 살았던 그것이 너무 후회됩니다.

'저는 왜 부모님이 그렇게뿐이 못 사셨을까?'

'왜 그렇게 답답하게 사셨을까?'

많이 원망하고 따진 적이 참 많았습니다.

부모님을 가르치려 한 적도 여러 번 있는 것 같습니다. 왜 부모님은 현명하지 못할까 답답해했던 적도 많았습니다.

그런데 부모님이 안 계시는 세상을 제가 살아보니 생각이 많이 달라졌습니다.

저는 부모님처럼 전쟁을 겪어보지 못했습니다. 배고픔과 가난이 뭔지 잘 모릅니다. 그리고 무엇보다 우리 부모님처럼 일찍 부모님을 여의는 조실부모도 하지 않았습니다.

저는 부모님이 고생고생하시며 최선을 다해, 생명을 걸고 생존을 위해 분투하시면서 나를 기르셨다는 것을 너무 늦게 알게 된 점이 제일 후회스럽습니다. 제 부모님은 저의 이런 마음을 아셨던 것 같습니다. 한 번도 저를 탓하지 않으셨으니 말입니다.

부모의 사랑이란 '자녀의 마음을 읽는 능력'입니다.

사춘기 부모가 사춘기 자녀를 사랑하라

제가 자녀교육과 진로상담을 하고 교육사업을 하다 보니 자연스럽게 원가족의 부모와 형제들 간의 관계에 관한 생각을 자주 하게 되었습니다. 그리고 제가 알게 되고 깨달은 점이 있습니다.

지금 부모가 된 나 역시 사춘기라는 것이었습니다.

저의 원가족은 이제 옛 모습 그대로 있지 않지만, 아직도 내가 옳고 내 말이 의롭다는 생각과 부모님 살아생전에 제가 했던 사고 방식에서 조금도 벗어나지 못하고 있다는 것이었습니다.

그래서 저 역시 사춘기라는 생각을 하게 되었습니다.

그리고 예전에 내가 진짜 사춘기 청소년으로 지냈을 때 부모님 마음고생을 많이 시켰겠다는 생각과 지금 내 배우자와 내 아이들 역시 예전 부모님께서 맘고생 했던 것처럼 나로 인해 현재 맘고생을 하고 힘들어하고 있겠다는 생각입니다.

내 부모는 나의 평생 사춘기를 당신들이 끝까지 인정해주고 기다려 주셨겠다는 생각을 지금 하게 되었습니다.

그런데, 정작 내 자녀의 사춘기는 내 부모처럼 기다려 줄 수 없다는 것입니다.

정확히 말하면 그런 능력이 내게 없다는 것을 깨닫게 되었습니다.

그래서 난 아직도 사춘기입니다.

그리고 난 사춘기 부모입니다.

사춘기 부모가 사춘기 자녀를 사랑하는 일은 결코 쉬운 일이 아닙니다.

이해가 안 되면 배워서라도 자녀의 생각과 감정을 읽을 수 있어야 한다는 생각입니다. 그것이 자녀의 마음을 아는 것이고 그것이 사랑이기 때문입니다.

저처럼 내 부모님이 안 계신 후에 그것을 깨닫는 어리석은 일을 우리 자녀들에게 전하고 싶지 않습니다.

저는 우리 자녀들이 부모들이 살아계실 때, 우리 부모가 '나를 사랑하는구나!' 하고 행복감을 느끼게 해주고 싶습니다.

자녀들을 성공시켜야 합니다. 그래야 이 험한 세상을 살아갈 수 있을 것입니다.

그러나 성공한다고 행복한 것은 아닙니다.

성공하고 행복하려면 사랑하는 마음을 아이들 마음에 전해야 합니다.

그래야 사랑스러운 존재가 되고, 사랑받는 아이가 1등 진로를 찾을 수 있기 때문입니다.

그래서 1등 진로란 남들보다 상대적으로 잘 되는 것이나 잘사는 것이라고 말할 수도 있습니다. 그러나 어떤 일을 하게 되더라도 '그 일을 사랑할 수 있는 능력'을 갖추는 것이고 1등 진로를 찾는 것이란 생각입니다.

어떤 사람을 만나게 되더라도 '사랑하고 사랑받을 수 있는 능력'을 갖추게 하는 것이 진짜 1등 진로일 것입니다.

이 책을 보고 있을 자녀들이 있다면 권면하고 싶습니다.

여러분 부모님께 순종하십시오!

순종할 수 있는 부모님이 곁에 계신다면 아직 소중한 것을 잃지 않으신 것입니다.

여러분이 성공했어도 여러분 부모님이 곁에 계시지 않는다면 어쩌면 여러분은 외로울 수 있습니다. 그것은 참다운 성공이 아닙니다.

공부는 어렵습니다. 하기 싫을 때가 많이 있습니다. 그래도 공부하는 모습을 부모님께 보여주십시오. 이것이 순종입니다. 자신의 미래를 위해 노력하는 모습을 보여주십시오.

"공부해라"라는 말은 여러분을 사랑한다는 말입니다.

"어서 와서 밥 먹어라" 하는 말도 여러분을 사랑하는 말임을 알아야 합니다.

"게임 그만 해라" 하는 말도 여러분을 사랑하는 말이라는 것을 꼭 기억해야 합니다.

저는 여러분이 정말 성공했으면 좋겠습니다.

그리고 행복했으면 좋겠습니다.

공부만 잘하는 바보가 되지 마십시오. 성공하고도 불행해져 후회하는 인생이 되지 마십시오.

그래서 여러분을 사랑하는 부모님께 지금 순종해야 합니다.

저는 오랫동안 여러분 또래의 학생들을 만나는 일을 해오고 있습니다

그리고 제 아이들도 여러분 또래입니다.

저는 진실을 말해 주고 싶습니다.

여러분이 성공해도 불행해지지 않고 행복할 수 있는 비결 말입니다.

그것은 여러분이 부모님께 '순종'하는 것입니다.

진짜 미남은 키 크고 잘생긴 얼굴보다, 말을 멋지게 하는 남자입니다.

진짜 미인은 예쁜 얼굴과 날씬한 몸매를 가진 거 보다, 말을 예쁘게 하는 여자입니다.

여러분 부모님께 멋지고 예쁜 말을 사용하십시오.

그것이 여러분 부모님께 순종하는 것입니다.

부모 여러분!

좋은 부모는 돈과 부동산만을 유산으로 많이 남겨주는 게 아니라, 사랑의 말을 많이 남겨주는 것으로 생각합니다.

자녀의 마음을 컴퓨터 게임에 빼앗기지 마십시오.

자녀의 마음을 스마트폰에 빼앗기지 마십시오.

자녀의 마음을 어떤 것에도 빼앗기지 마십시오.

사춘기 부모가 사춘기 자녀를 사랑하는 것은 절대 쉽지 않습니다.

그러나, 반드시 해야 할 일이며, 부모만 할 수 있는 일입니다.

그만큼 충분한 가치가 있는 일이며, 사춘기 부모와 사춘기 자녀가 함께 사는 일입니다.

사춘기 자녀,
게임과 스마트폰 중독에서 구하는 방법

자녀의 사춘기를 스마트폰 이전 세대와 이후 세대로 구분해서 살펴볼 때, 뚜렷한 기준이 되는 말이 있습니다.

그 말은 '중독'이라는 용어입니다.

스마트폰 이전 세대의 사춘기 특징은 다양한 문제 가운데서도 '중독'이라는 용어를 사용하지 않았던 세대입니다. 그러나 스마트폰 이후 세대의 사춘기 특징은 '중독'이라는 질병 용어가 등장합니다.

스마트폰 이전 시대에도 청소년들의 흡연, 음주와 같은 일탈이 있었으나 흡연중독이나 알코올중독이라는 말을 잘 사용하지 않았습니다. 지금도 역시 마찬가지로 청소년 아이들을 대상으로는 이런 용어들은 잘 사용하지 않습니다. 아직 아이들이 중독이라고 할 수 있을 정도의 오랜 기간 노출되지 않았으며, 특히 정신건강에 심각한 위급성이 보이지 않기 때문일 것입니다. 물론, 음주와 흡연은 청소년들에게 해로운 것이 틀림없습니다.

그러나 게임중독, 스마트폰 중독, 인터넷 게임중독이라는 용어로 사용되고 있는 중독증은 스마트폰 이후 청소년 사춘기를 맞은 우리 자녀들에게 결코 자유로울 수 없는 용어가 되었습니다.

게임, 스마트폰 중독은 '게임이용장애'라는 질병이다

세계보건기구(WHO)는 2019년 5월 '게임중독'을 '게임이용장애'라는 용어를 사용하여 질병으로 분류하는 국제질병분류 11차 개정안(ICD-11)을 통과시켰으며, 이는 2022년부터 적용된다고 발표한 바 있습니다.

국내에서는 아직 공식적인 정부 발표는 없었으나 국제적인 흐름에 따라 2026년경에는 시행된다고 예측할 수 있습니다.

세계보건기구(WHO)는 '게임이용장애'를 일상생활보다 게임을 우선시해 부정적인 결과가 발생해도 게임을 지속하거나 확대하는 게임 행위의 패턴이라고 정의했습니다.

그리고, '게임이용장애' 판단 기준으로

첫째, 게임에 대한 통제 기능이 손상되고

둘째, 삶의 다른 관심사 및 일상생활보다 게임을 우선시하며

셋째, 부정적인 결과가 발생해도 게임을 중단하지 못하는 것으로 이런 현상이 12개월 이상 지속되면 '게임이용장애'로 판단한다. 증상이 심각하다면 12개월 전이라도 게임이용장애 판정을 내릴 수 있다고 명시하고 있습니다.

사춘기 자녀와의 갈등이나 학업부진, 학교 부적응, 진로상담을 해오면서 거의 모든 아이가 게임중독증 증세를 가지고 있었으며, 이런 문제로 부모 자녀 간의 대화단절, 갈등 심화, 현실 부적응까지 심각한 위기상황을 보이는 가정들이 많았습니다.

이렇듯, 극단적인 상황까지 올 수 있는 문제가 게임, 스마트폰 중독입니다.

매우 심각하고 어려운 문제입니다.

이미, 청소년 교육전문가들은 20여 년 전부터 우리나라 청소년 문제로 가장 심각하게 다루어져야 할 점은 '게임, 스마트폰 중독'이라고 밝혀 왔으며 그 예상은 정확했다고 할 수 있습니다.

게임, 스마트폰 중독이라는 주제로 말씀드리면서 매우 조심스럽고 많이 안타까운 마음이 먼저 듭니다. 왜냐하면, 그만큼 게임중독 증상은 부모 자녀 간의 심리 정서적 고충은 물론이며 가정불화의 가장 큰 원인으로 작용하기 때문입니다.

가정마다 컴퓨터와 스마트폰만 사라져도 부모 자녀 문제의 대부분이 사라질 수 있지 않을까 하는 생각마저 듭니다.

게임중독은 극단적인 처방으로 치료해야 한다

게임중독에 관한 상담을 할 때마다 어쩌면 이 상담이 도움이 될 수 있을까 하는 의문을 많이 가졌던 적이 있습니다. 그것은 상담 후 게임 시간이 조금 줄었다고 하여 아이가 게임 시간을 관리할 수 있는 자기관리 능력이 생겼다고 확신할 수 없기 때문입니다. 부모와 학생 모두 상담을 통해 게임의 부작용을 받아들이고 규칙을 정하고 노력한 결과 일정 기한 게임 시간이 줄어들다가도 다시금 원래대로 자기관리 능력이 무너지는 경우를 자주 지켜봤기 때문입니다.

이렇게 아이들이 게임에 다시 몰두하거나 중독으로 빠질 수밖에 없는 이유가 도대체 무엇일까요?

결론부터 말하면 그것은 아이들의 뇌가 게임을 할 수밖에 없는 뇌 상태로 변했기 때문입니다.

학업 스트레스, 진로 고민, 부모와의 갈등 등 여러 가지 스트레스를 받는 아이들은 특별히 할 일도 없고 뭔가 즐거운 일을 찾다가 또는 우연히 게임을 접하게 되면 아이들의 뇌는 게임을 하는 동안 여러 가지 신경전달 물질이 분비됩니다.

아이에게 흥분과 긴장감을 느끼게 하는 신경전달물질,

게임에 이겼을 때 성취감과 만족감을 느끼게 하는 신경전달물질,

잠시 스트레스를 잊게 하고, 불안과 두려움을 잊게 하는 신경전달물질,

그리고, 게임을 통해 강한 자극을 받다가 갑자기 멈추거나 못하게 했을 경우 허전함과 짜증을 일으키는 신경전달물질이 아이들의 뇌를 바꿔 놓은 것입니다. 그 이름은 대표적으로 도파민, 아드레날린, 엔돌핀, 세로토닌으로 나누어 볼 수 있습니다. 이런 신경전달물질들은 적절한 균형에 맞춰 안정된 심리정서 상태를 유지할 수 있도록 분비되어야 하는데 특정 신경전달물질이 과분비가 되어 아이들을 흥분시키기도 하고 짜릿한 쾌감을 느끼게도 합니다.

이렇게 다양한 신경전달물질들이 단기간 다량으로 아이들의 뇌에 충만하게 되면 아이들은 현실 속에서 못 느꼈던 생기와 박진감을 얻게 되고 마치 내가 지금 무엇인가 이루고 무언가 되었다는 착각을 하게 합니다.

이렇게 비현실 속에서 살아가는 아이들은 자신이 강해져 가고 있고, 무엇인가 만들고 있다는 성취감을 느끼게 하며 인간 본연의 자기발전에 대한 욕구를 현실이 아닌 비현실에서 이룩해 간다는 생각이 아이들을 게임중독에서 못 나오게 만드는 중요한 이유가 됩니다.

게임중독은 이처럼 학습에 유리한 뇌가 아니라 게임에 빠지는 뇌로 바뀌게 되는 것입니다. 그리고 지금도 머리가 좋은 유능한 개발자들은 아이들이 만족할 수 있는 다양한 게임 프로그램을 개발하고 있으므로 아이들은 질리지도 않고, 포기하지도 않게 됩니다. 점점 새로운 흥밋거리와 욕구를 채울 수 있기 때문입니다.

처음부터 부모가 자녀의 게임, 스마트폰 사용시간을 제한하거나 관리했다면 이런 아이들은 해야 할 것을 먼저 할 수 있는 자기관리 능력이 있으므로 부모와 자녀 간에 큰 갈등이나 다툼 없이 잘 지낼 수 있을 것입니다.

그러나, 이미 게임이나 스마트폰에 집착, 과몰입 현상이 심각한 수준까지 이른 중독 현상이 있는 아이라면 시간을 줄이는 것은 별 도움이 되지 않습니다. 그리고 매일매일 게임을 하는 학생들은 설령, 지금은 자기관리 능력이 있는 것처럼 보일 수 있으나, 매일 하는 사용시간의 양과 관계없이 머지않아 중독 증세를 보일 수 있어서 매우 심각한 상황이라는 생각을 가져야 합니다.

상담사로서 생각하는 사춘기 자녀들의 게임, 스마트폰 사용제한 기준입니다.

> **24년 청소년 진로상담가가 추천하는 게임, 스마트폰 사용제한 기준**
>
> 첫째, 스마트폰 사용은 절대 하지 않도록 해야 한다.
> 둘째, 게임은 주말에만 하루 2시간씩 하게 한다.

만약, 아이들이 위와 같은 저의 생각을 알게 된다면, 아마도 현실을 잘 모르는 '꼰대'같은 말이라고 할 것이며, '청소년 인권침해'라고 격하게 분노할 것입니다.

그러나 제가 경험한 게임, 스마트폰 중독의 부작용과 피해사례는 경험해 보지 못한 부모와 자녀들은 상상조차 할 수 없을 정도의 피폐한 결과였습니다.

초, 중, 고등학생들의 스마트폰 사용은 백해무익합니다.

이미 사용 중인 학생들은 어쩔 수 없이 사용규제를 해야 하지만, 그렇지 않고 아직 나이가 어린 학생들이거나 중고등학생이지만 2G폰을 사용하고 있다면 대학생이 되기 전까지 계속해서 스마트폰을 사용하지 않기를 강력히 권해 드립니다.

또한, 게임을 아예 하지 않는 전국의 5% 미만의 학생들은 학업 스트레스를 풀어 줄 방법으로 운동이나 다른 취미생활을 권면하며, 이와 반대로 매일매일 일정 시간 또는 온종일 게임을 하는 학생이라면 평일에는 아예 게임을 하지 말고 주말에만 2시간씩 할 수 있을 정도로 자기관리 능력을 배양시켜줄 것을 권면 드립니다.

부모들은 아직 우리 아이가 중독은 아니라고 생각하는 경우가 많이 있는데, 이는 아이들이 부모가 보지 않는 상황에서 어떻게 몰래 게임이나 스마트폰을 사용하고 있는지 실정을 모르는 경우입니다.

아이의 말을 믿지 말라거나 믿으면 안 된다고 하는 말이 아니며, 이는 그만큼 게임과 스마트폰에 대한 욕구와 집착이 거의 강박 수준으로 고착화되어있다는 것을 상기시켜 드리려는 것입니다.

게임, 스마트폰 중독의 부작용과 피해사례는 자세히 다시 설명하겠습니다.

제가 청소년 진로 전문상담실을 운영하다가 교육사업으로 '미국무부 중고등교환학생' 프로그램을 주관하게 된 계기도 게임중독과 밀접한 관련이 있었습니다.

극단적인 처방이긴 하지만 아예 인터넷이 잘되지 않고, 프로그램 특성상 미국 호스트가정에서 게임을 할 수 없는 환경으로 미국 교환학생을 보내다 보니, 자연스럽게 게임을 할 수도 없고, 해도 안되는 환경에서 게임중독이나 스마트폰 과몰입 증세가 거의 완치되는 수준으로 치유되고 변화하는 경우를 경험하게 되었습니다.

물론, 미국 교환학생 프로그램은 게임중독을 치료하거나 스마트폰 중독으로부터 자유롭게 되는 것을 목적으로 하지 않습니다. 세계 각국의 중고등 청소년들이 미국문화를 체험하고 글로벌 인재로 성장하기 위한 청소년문화교류를 목적으로 세계 청소년들에게 가장 인기 있는 프로그램 중 하나입니다.

그러나, 이런 목적과는 별개로 우리나라 사춘기 청소년 학생들은 다른 나라 교환학생과는 다르게 게임과 스마트폰 중독으로부터 자유로워지는 놀라운 효과를 경험하고 돌아오게 되었습니다.

게임중독을 극복한 내신 5등급, 모의고사 5등급, 게임 1등급 민균이

실제 사례로, 게임과 스마트폰 중독증을 가지고 있었던 민균이라는 남학생이 있었습니다. 아무것도 하지 않고 온종일 게임만 했던 고2 사춘기 민균이는 학업에 대한 열정보다는 컴퓨터 게임을 특히 좋아했는데, 고2가 되면서 스트레스를 많이 받아 그런지 학교에서는 핸드폰으로 하스스톤 게임(Hearthstone, 온라인 카드게임)을 하고, 방과 후에는 곧장 PC방으로 향해 롤 게임(LOL, 온라인 전투게임)을 즐겼던 학생이었습니다.

정확히 말하면, 학교 다니듯 매일 PC방을 다녔다고 했습니다. 대학입시에 대한 열정도, 미래에 대한 꿈도 그렇게 중요하지 않게 생각하고 있던 민균이는 어느 날 부모님께서 아들에 대한 걱정으로 뭐라도 시켜야 한다는 생각에 친척 중 교환학생을 보냈다는 말을 듣고, 상담을 신청해 오게 되었습니다. 그러나 민균이는 상담조차 오지 않으려 했으며, 교환학생 준비과정에서도 많은 어려움이 있었습니다.

그러나, 여러 과정 끝에 민균이는 미국 교환학생 프로그램에 참여하게 되었고 당연히 게임중독은 물론 스마트폰 중독에서도 해방되어 귀국하게 되었습니다.

그리고 출국 전, 내신 5등급이었던 민균이는 프로그램 종료 후 남들보다 1년 더 열심히 공부해서 고려대에 합격하는 기적 같은 경험을 하게 되었습니다.

민균이가 경험한 미 국무부 중고등교환학생 효과

① 게임중독 극복 ② 넓어진 시야
③ 영어 실력 향상 ④ 도전정신과 자신감

• 교환학생 전: 내신 5등급, 모의고사 5등급, 게임 1등급
• 교환학생 후: 내신 3등급, 모의고사 1등급, 게임 9등급

민균이처럼 '미 국무부 중고등교환학생' 프로그램에 참여한 중고등학생들은 미국 정규고등학교와 엄선된 원어민 호스트가정에서 선진 예절교육과 사회성 교육을 받게 되므로 '바른 인성'을 갖추게 됩니다. 또한, 평생 영어 고민으로부터 해방되어 미국영어를 프리

토킹 수준으로 할 수 있게 되며, 귀국 후 자신감과 열정으로 학업 동기부여를 받고 상위권대학에 진학하는 좋은 결과를 얻게 되었습니다.

청소년 아이들은 학업성과를 얻기 위해서든, 게임중독에서 자유롭게 되기 위해서는 다음 두 가지가 필요합니다.

첫째, 이이 스스로 '할 수 있다'라는 자신감을 갖게 해야 하고

둘째, 아이가 '하고 싶다'라는 열정을 갖게 해야 합니다.

이처럼, 자신감과 열정을 갖기 위한 청소년 진로교육 프로그램으로 '미 국무부 중고등교환학생' 프로그램을 운영하게 되었습니다.

어떤 부모들은 국내에서도 하지 않는 공부를 부모도 곁에 없는 미국이라는 낯선 땅에서 할 수 있겠냐, 오히려 더 자유롭게 게임과 스마트폰에 빠지게 되는 게 아니냐고 반문하는 때도 많았습니다.

이론상 맞는 생각 같으나, 실제로는 미국 학교 교육환경이나 가정교육 환경을 잘 이해하지 못한 데서 오는 오해라고 설명해 드리곤 합니다.

미국의 모든 학교나 가정이 다 같을 수는 없지만, 최소한 미 국무부에서 주관하는 교환학생 프로그램은 가장 최우선으로 안전에 대한 여러 가지 교육 시설과 환경점검을 빈틈없이 하고, 이어서 학생의 학교생활과 호스트 가정생활에 관한 생활 관리에 우선순위를 두고 프로그램을 진행하고 있습니다.

따라서, 교환학생 프로그램 규정과 수칙을 반드시 지켜야 하며 그 수준에 미치지 못하면 경고 조치를 받게 되므로 대부분 교환학

생은 출국 전의 태도와 귀국 후의 태도가 상당히 차이가 있으며, 프로그램으로 성장하였다는 것을 학생들은 물론, 부모들도 공감하게 됩니다.

국내 교육환경에 잘 적응하는 학생뿐만 아니라, 그렇지 못한 학생들에게도 한 번은 꼭 추천해 드리고 있는데 특히, 게임이나 스마트폰 중독 또는 심하게 과몰입된 학생들에는 반드시 참가를 권유해 드리고 싶은 프로그램입니다.

다만, 교환학생 참가는 중3부터 가능하며 참가자격을 심사하게 되므로 참가 신청 전, 차근차근 알아보고 준비하는 과정이 필요합니다. 대체로 자녀가 중학생이 되면 미리미리 참가할 수 있을 정도의 영어 능력과 바른 인성교육을 사전에 준비시키려는 부모들이 늘고 있어 교환학생 사전적응 교육을 잘 마친 학생이라면 누구나 좋은 결과를 기대할 수 있습니다.

게임과 스마트폰 중독은 한번 걸리기는 쉬워도 치료되기가 무척 어려운 정신적 질병입니다. 심리 정서적 고충은 물론이며 신체적으로도 그 후유증은 두고두고 감당하기 어려울 정도입니다.

정말, 많은 가정에서 매일같이 전쟁 아닌 전쟁을 하고 있습니다.

안 사줘도 고민, 사주자니 더 큰 고민입니다.

시대 흐름에 따라 애 어른 할 것 없이 우리나라는 스마트폰 천지가 되었습니다. 그리고 가정마다 그 뒷감당을 제대로 하지 못해 고통과 절망으로 하루하루 보내고 있습니다.

예전에 초등 3학년 딸아이가 자기 반에 스마트폰 없는 친구는 자기 혼자라는 말을 했습니다. 그때 우리 아이는 2G폰을 사용하고 있었습니다. 물론 중2인 지금도 2G폰을 사용하고 있습니다.

제가 하는 일이 청소년 교육사업이다 보니 자연스럽게 일찍부터 스마트폰 중독의 폐해를 너무 잘 알고 있었고, 아내와 상의 후 우리 집에는 한동안 TV를 없애고 아이들에게는 스마트폰을 사주지 않기로 했습니다. 처음에 아이들은 "왜, 나만 없느냐? 우리 반 아이들은 다 가지고 다니는데" 하면서 불평을 몇 차례 쏟아 냈었습니다.

그러나 유튜브 영상 중에 "스마트폰으로부터 아이를 구하라(권장희 소장)"라는 영상을 보여주며 이 영상을 다 보고 너희 생각을 이야기하라고 했더니, 아이들은 스마트폰을 사용하지 않겠다고 결정해 주었습니다.

그리고, 우리 집에서는 큰아이가 대학에 갈 때까지 스마트폰을 사용하지 않았습니다. 자연스럽게 우리 집에서는 스마트폰 중독문제가 다시 언급되지 않았으며, 예방 교육이 아주 주요했던 경험이 있습니다.

다시 언급해서 말씀드리겠습니다만 게임중독이야말로 예방이 무척 중요한 질병입니다. 이미 스마트폰을 아이들이 가지고 다니는 경우가 아니라면 대학교 입학하기 전까지는 스마트폰 대신 2G폰을 사용하게 하는 것이 매우 현명하고 바람직하다고 생각합니다.

실제로 저와 상담을 한 후 즉시로 스마트폰을 버리고 2G폰을 사용하는 총명하고 슬기로운 아이들이 있었습니다. 얼마나 대견한지 정말 춤을 추고 싶은 심정이었습니다. 아이 자신도 놀라고 부모들도 적잖이 놀라워했습니다.

그러나, 대체로 그렇지 않은 가정과 아이들이 많다 보니 스마트폰 중독은 매우 심각한 부작용을 낳고 있습니다.

사춘기 자녀가 게임과 스마트폰에 빠지는 이유

아이들이 게임과 스마트폰에 빠지는 이유에 대해 알아보겠습니다.

사춘기 자녀가 게임과 스마트폰에 빠지는 이유

① 학업 스트레스를 해소하기 위해
② 심심하고 무료한 시간을 달래기 위해
③ 재미가 있어서
④ 친구들이 하니까, 어울리고 싶어서
⑤ 질리지 않고, 승부감이나 성취감을 얻을 수 있어서

이처럼, 아이들이 게임이나 스마트폰에 빠지는 이유를 살펴보면 그 어디에도 부정적이거나 나쁘게 보이는 동기는 없어 보입니다.

그러나, 안타깝게도 게임중독과 스마트폰(SNS) 중독은 이렇게 부정적이지 않아 보이고 나쁘게 보이는 동기가 없이도 짧은 시간에 중독이라는 질병에 노출되게 되며, 심각한 부작용과 피해사례로 인해 두려워지기까지 합니다.

게임중독의 부작용과 피해사례입니다.

사춘기 자녀의 게임중독 부작용과 피해사례

① 공부에 흥미를 잃고 공부할 생각도 들지 않는다.
② 매사가 귀찮아지고, 자기관리가 무너진다.
③ 외출, 운동하기 싫어하고 게을러진다.
④ 밤낮이 바뀌고, 수면장애로 아침에 못 일어난다.
⑤ 잠을 많이 자며, 무기력감을 느낀다.
⑥ 짜증이나 화를 자주 내며 분노조절장애를 경험한다.
⑦ 부모나 가족을 피하고 대인기피증이 생긴다.
⑧ 책을 읽기 어렵고, 집중력 장애(ADD)를 경험한다.
⑨ 암기와 이해력이 떨어지고 학습장애를 경험한다.
⑩ 자아 정체감을 잃고 현실 적응력이 떨어진다.
⑪ 컴퓨터, 스마트폰 사용문제로 부모와 자주 다툰다.
⑫ 부모의 돈을 몰래 훔친다.
⑬ 부모 모르게 카드빚이나 현금 빚을 진다.
⑭ 게임이 맘대로 되지 않거나, 지게 되면 욕설을 자주 한다.
⑮ 성격이 폭력적, 파괴적, 충동적. 반항적 성향으로 변한다.

게임중독의 피해를 살펴보면, 너무 과장되었다거나 심한 표현이라고 생각할 수 있겠으나 위의 내용은 제가 직접 경험한 내용만 정리해 본 것입니다.

아이들은 게임을 통해 승리감과 성취감을 맛볼 수 있습니다. 학업적 승리감과 성취감 대신 가상현실과 온라인게임에서 그 맛을 누리게 됩니다.

학업에 모든 관심과 열정을 집중해서 사용하지 못하고, 모든 힘과 에너지를 게임에 다 몰입해서 써버립니다. 그리고 난 후, 현실에서는 공부할 힘도 없고, 자기 생활 관리도 할 수 없을 만큼 탈진해서 무기력증까지 옵니다. 밤에 잠을 자지 않고 게임에 몰두하니 건강을 해치게 됩니다. 피곤이 겹치고 현실에서 재미있는 일을 찾지 못하니 짜증이 나고, 하기 싫은 공부를 하라는 부모의 말에 화가 나고 귀찮다고 피하거나 반항마저 합니다.

그래서 게임중독에 노출된 아이들은 거의 다 공통으로 게임 하는 시간을 제외하고는 의욕이 없고, 무기력하며, 반응을 잘 하지 않고, 말하기도 귀찮아합니다. 대답은 "예", "아니요"만 반복하게 되고, 평상시 "몰라요"라는 말을 자주 하게 됩니다. 그리고 눈동자는 초점을 잃게 되고, 생각하는 것 자체를 힘들어합니다.

부모의 마음은 답답함과 안타까움, 그리고 짜증과 분노마저 올라옵니다.

부모가 자녀에게 컴퓨터나 스마트폰을 처음으로 사줄 때, 미리 이런 부정적인 결과나 피해사례를 예상하고 사주지는 않습니다. 그리고 무엇보다 아이들이 어렸을 때 사주게 되므로 처음부터 이런 증상들이 나타나지는 않습니다.

그러나, 자녀가 사춘기가 되면서 이와 같은 복잡하고 치료하기 힘든 증상들이 드러나게 됩니다. 이때야 비로소 부모들은 아이들이 잘 못 되어 간다는 것을 알게 되는데 이미 때가 많이 지난 상태입니다.

이렇게 시간이 흐르고 중독 증세가 나타난 후에, 아이들로부터 컴퓨터나 스마트폰을 회수하거나 사용 제지를 하게 되면 엄청난 반발과 반항, 심하게는 욕설과 몸싸움까지 하는 경우도 발생합니다. 어떤 가정은 경찰이 출동하는 집도 있습니다.

만약, 상황이 이렇게 심각하다는 판단을 내리게 된다면 바로 신경 징신과적 치료가 필요한 단계입니다.

아이들의 게임중독은 게임만 강박적으로 하는 게 아니라, 여러 가지 합병증세가 함께 옵니다. 대표적인 것이 학습장애입니다. 거의 필연적입니다. 그리고, 무기력, 권태감, 우울감, 불안감, 강박감, 대인기피증, 분노조절장애와 같은 성인들에게만 나타났던 신경 정신과적 질병에 가까운 증상도 나타나게 됩니다.

그중에 제일 중요하고 심각한 문제는 역시 학습장애에 의한 학습 부진과 자기 관리능력의 상실입니다. 심한 경우 학업을 포기하고 학교에 다닐 수 없거나 잦은 등교 거부와 같은 현실 부적응도 나타납니다. 또한, 누구를 만나거나 대화를 꺼리고 깊이 있는 심층 대화가 어려운 대인기피현상까지 나타나게 됩니다.

이런 증상들은 청소년 심리발달과정에 적지 않은 부정적인 영향을 주게 되고 학습 부진은 진학 진로에 어려움을 겪게 하며, 특히 부모 자녀 간의 친밀감이라는 안전장치가 사라지게 되는 가장 큰 원인이 되기도 합니다.

스마트폰 중독은 심각한 갈등과
사회적 문제를 일으킬 수 있다

　또한, 게임중독뿐 아니라 사춘기 아이들의 스마트폰 중독은 개인적인 갈등뿐만 아니라, 다양하고 복잡한 사회적 문제를 일으킬 수 있습니다. 게임중독이 사춘기 자녀의 개인적인 학습능력과 심리 정서발달에 심각한 문제를 발생하게 한다면, 스마트폰 중독은 개인뿐만 아니라 더 나아가 사회적 문제로 그 부정적 파장이 커질 수 있다는 것입니다.

사춘기 자녀의 스마트폰 중독 부작용과 피해사례

① 게임중독의 부작용 현상과 비슷한 경험을 한다.
② 온라인상의 유대강화가 실생활의 가족, 친구 관계에 소홀하게 된다.
③ 자신만 모르는 정보나 흐름에 대한 두려움으로 더 집착하게 된다.
④ 불필요한 정보(SPAM)에 노출되어 불이익을 당하기 쉽다.
⑤ 그룹, 단체방에서 왕따, 따돌림을 쉽게 받을 수 있다.
⑥ 사이버폭력, 성 착취, 성폭력, 음란물에 노출되기 쉽다.
⑦ 키 크는 약, 근육 키우는 약, 피부 하얘지는 화장품 등에 현혹된다.
⑧ 과대광고, 허위광고에 속아 금전적 피해를 본다.
⑨ 각종 보이스피싱, 문자 사기와 같은 범죄에 노출된다.
⑩ 자살, 가출, 성매매 등 심각한 탈선과 위험에 노출된다.

　안타깝게도 스마트폰 중독은 게임중독의 부작용과 더불어 정신적, 물질적 피해를 보며, 심각한 범죄에 노출되는 위험한 상황에 놓일 수 있습니다. 설령, 중독증이 아니라 스마트폰을 사용한다는 자체만으로도 위 내용처럼 위험에 노출될 수 있습니다.

사춘기 자녀들이 아직 미성년자이므로 정신적 성숙과 사회적 정보판단능력이 부족한 때이기에 과거 성인들을 대상으로 일어났던 범죄들이 이제는 온라인이라는 인터넷 매체에서 사춘기 자녀를 대상으로 무차별적으로 사건, 사고가 발생하고 있습니다.

위의 내용처럼 스마트폰 중독 피해를 살펴보면, 너무 과장되었다거나 심한 표현이라고 생각할 수 있겠으나 우리 주변에서 실제 일어난 내용을 정리해 본 것입니다.

인터넷상의 사기, 범죄 수법이 워낙 고차원적이고 진짜와 가짜를 구별할 수 없는 수준으로 아이들을 현혹하고 있으므로 예방만이 피해를 줄이는 유일한 방법입니다.

스마트폰 문자는 보내는 사람의 의도가 아니라, 받는 사람의 감정대로 해석된다

부모의 관심과 예방과는 별개로 스마트폰을 지나치게 사용할 때, 아이들이 겪고 있는 가장 큰 어려움은 대인관계 갈등입니다.

요즘 아이들의 대인관계는 직접 만나서 대화하는 면대면 소통방식이 아니라, 스마트폰이나 컴퓨터를 이용한 온라인 메신저 문자 대화를 더 선호하고 있습니다. 그것은 간단하고 편리하다는 장점이 있는가 하면 전혀 예상할 수 없었던 새로운 대인관계 갈등이라는 단점을 가지고 있습니다.

예를 들어, 문자로 대화를 할 경우, 문자를 보내는 사람의 의도는 문자를 받는 사람의 감정에 따라 문장 자체가 오역이나 오해를 불러오기도 합니다.

스마트폰 문자 대화의 오해 예시

보내는 사람: "너 오늘 시간 내서 나랑 밥이나 먹자"
받는 사람: ① "그래, 좋아 함께 먹자."
② "안 돼, 나 다른 사람이랑 먹기로 했어."
③ "글쎄, 생각해 보고."
④ ……. (무응답)

만약, 위의 예시처럼 "너 오늘 시간 내서 나랑 밥이나 먹자"라는 문자를 보낼 경우, 문자를 보낸 사람은 그 사람과 가깝게 지내고 싶은 마음과 혼자 밥을 먹는 것보다 함께 먹는 게 좋아서 문자를 보냈는데, 문자를 받는 사람이 "그래, 좋아 함께 먹자"라는 답장 대신 "안 돼, 나 다른 사람이랑 먹기로 했어", "글쎄, 생각해 보고"라는 답장을 받게 되면 문자를 처음 보낸 사람은 자기의 의도대로 되지 않아 기분이 좋지 않게 될 것입니다. 더군다나 마지막의 경우처럼 답장도 하지 않고 무응답으로 일관하게 되면 처음 문자를 보낸 사람은 자존심이 상하게 될 수도 있습니다.

그뿐만 아니라, 문자를 받은 사람이 개인적인 사정이나 그날 감정에 따라 얼마든지 다양하게 생각할 수 있으며 '아니 왜 나보고 시간을 내라 말라 명령이야.' 그리고 '내가 밥이나 한가하게 먹고 다니는 사람인 줄 알아'라는 부정적인 해석을 할 수도 있습니다. 이렇게 상대의 의도를 전혀 알 수 없는 상황이 되다 보니 문자를 좋은 의도로 보냈다 해도 서로 여러 가지 오해가 생길 수밖에 없습니다. 더군다나 상대가 답장할 수 없는 처지에 놓여있는지도 알 수 없는 상황입니다.

반면, 직접 만나서 상대의 표정이나 태도를 보고 듣고 확인하게 된다면 불필요한 오해나 감정이 상하는 것을 대비하게 됩니다. 스마트폰 문자는 보내는 사람의 생각이나 의도가 아니라 받는 사람의 감정에 따라 해석되기 때문에 이런 경우가 예상외로 많이 발생하게 됩니다.

더군다나 위의 예시처럼 일상적인 대화가 아니라 사춘기 친구 관계의 미묘한 감정 차이나 견해 차이를 가지고 있는 문제라면 문자 대화는 어디로 튈지 모르는 '럭비공'처럼 튀는 방향을 알아맞혀야 하는 '심리 게임'마냥 난해하고 복잡한 친구 관계 갈등에 얽히게 됩니다.

이런 갈등에 놓인 사춘기 아이들은 간단한 문장이나 어휘 하나에도 심하게 자존심이 상하게 되어 '욕설'이나 '비속어'를 사용하며 단체방이나 그룹 방에서 보이지 않는 가해를 하게 됩니다. 이렇게 얼굴을 직접 대면하지 않고 상대와 대화하는 비대면 방식의 스마트폰 문자 대화는 사실 무척 고난도의 소통방식입니다. 상대를 인격체로 의식할 수 없는 순간적인 착각과 사춘기 자기중심적 사고는 상대방을 무척 곤란하게 하고 난처하게 만듭니다. 또한, 어떤 경우에는 심한 모욕감마저 느끼게 하므로 사춘기 아이들은 며칠 동안 억울해하거나 복잡하고 난감한 상황에 놓여 깊이 고민하게 됩니다. 이럴 때 아이들이 이유 없는 짜증을 부리거나 투정을 부리고 불평불만을 하게 되기도 합니다.

이처럼 스마트폰 메신저 문자 대화의 가장 큰 문제점은 비대면 소통방식으로 상대의 표정이나 감정 상태를 직접 볼 수 없다는 것입니다. 한번 꼬이기 시작한 갈등이나 오해를 풀기 위해 점점 집착하게 되고 문자로 자기의 생각을 전달하거나 감정을 표현하는 과정에서 자존심을 심하게 상하게 되며, 자기의 진심을 몰라주는 상대에 대해 심한 모욕감을 느끼는 것입니다. 더불어 상대가 늦게 답장을 준다거나 아예 무응답으로 일관하게 되면 아이들은 그 기다리는 시간 동안 사실상 심리적 고립감을 느끼게 되며, 답답함과 더불어 심한 불안감마저 느끼게 됩니다. 이런 고립상황과 불안한 감정에 자주 노출되게 되면 부모 자녀 관계는 물론, 가족 전체의 대화단절과 상대적인 스트레스를 풀기 위한 또 다른 방식의 SNS 매체 또는 게임에 몰입하는 경우가 대부분 발생합니다.

그래서 일단, 스마트폰 메신저 문자 대화로 친구 관계에 어려움과 갈등을 겪는 아이를 발견하게 된다면 최우선으로 더는 문자로 문제를 해결하지 않도록 하는 것이 중요합니다. 어려운 문제를 풀고, 갈등을 해결하기 위해서는 대화 상대와 직접 면대면 만남을 통한 대화가 효과적이라는 것을 아이에게 가르쳐야 합니다.

문자는 보내는 사람의 의도가 아니라 받는 사람의 감정에 따라 해석될 수 있으며, 중요한 문제일수록 직접 만나서 대화로 소통하는 것이 효과적이라는 것을 아이들에게 교육하는 것이 스마트폰 메신저 문자의 부작용을 예방하는 방법입니다.

간단한 인사나 소식을 주고받는 대화방식으로는 메신저 문자가 편리할 수 있으나 오해나 갈등이 생길 수 있는 중요한 일이나 문제에 대해서는 반드시 직접 만남을 통한 면대면 대화방식을 최우선으로 추천해 드립니다. 최소한 문자보다는 목소리 전달방식인 전화통화로라도 소통하는 것이 오해나 갈등을 피할 수 있는 차선책이 될 수 있습니다.

스마트폰은 사춘기 여학생의 관계 의존성향을 높인다

일반적으로 남학생의 경우 컴퓨터나 스마트폰 게임중독에 노출될 가능성이 매우 크고, 여학생은 스마트폰 SNS 중독에 노출될 가능성이 상대적으로 큽니다. 또한, 여학생은 심리적으로 관계 의존성향에 노출될 가능성도 큽니다.

관계 의존성향이란 학교나 동아리 단체, 친구 그룹에서 자신이 혼자 왕따나 따돌림을 당하는 것이 두려워 어느 정도의 불편한 감정이나 느낌을 감수하고서라도 모임 또는 그룹에 속해서 상대적인 안정감을 느끼는 심리상태입니다. 심하면 자신의 자존감보다도 상대방이나 그룹의 뜻과 합의가 더 중요하며 맹목적인 참여와 순응하는 태도를 보이기도 합니다.

그룹의 소식이나 연락을 못 받을까 봐 스마트폰이 손에 없으면 불안해하는 경우, 내가 가고 싶지 않거나 불편한 장소에도 따라가는 경우, 내가 하고 싶지 않은 행동을 해야 하는 경우, 때와 장소를 가리지 않고 모임에 빠질 수 없는 경우라면 조심스럽게 관계 의존 성향에 너무 빠지지 않았는지 확인해 봐야 합니다.

이처럼 관계 의존성향이 높은 여학생의 경우는 스마트폰 메신저 중독뿐 아니라 다른 유형의 스마트폰 중독으로 번질 수 있습니다.

스마트폰 중독의 유형을 살펴보면, SNS 중독, 메신저중독, 게임중독, 온라인 콘텐츠 중독으로 크게 4가지로 구분해 볼 수 있습니다. 컴퓨터 게임중독과 마찬가지로 스마트폰으로 게임을 많이 하는 경우도 게임중독으로 빠질 수 있으며, 온라인 웹툰, 유튜브와 같은 온라인 콘텐츠 중독도 심하게 빠질 수 있는 경우입니다.

사춘기 아이들의 학업 스트레스가 높으면 높을수록, 내적인 갈등과 문제가 심각하면 할수록, 아이들은 점점 더 스마트폰에 의존하게 되며, 본능적인 흥미를 따라 더욱 스마트폰에 집착하게 됩니다.

이렇게 이미 게임중독이나 스마트폰 SNS 중독, 메신저중독, 게임중독, 온라인 콘텐츠 중독에 빠진 아이라면 어떻게 도움을 줄 수 있을까요?

제일 쉬운 방법은 스마트폰과 컴퓨터를 없애면 해결됩니다.

그러나 이미 중독 증세로 어려움을 겪는 아이라면 컴퓨터와 스마트폰을 자신의 분신처럼 생각하게 되며, 부모에게 알려주거나 보여주고 싶지 않은 내가 원하는 또 '다른 나'를 가꾸는 '다른 세상'으로 여기고 살게 됩니다. 그래서 컴퓨터와 스마드폰을 부모가 없애려 하면 할수록 아이는 오히려 더 강하게 반발하고 반항하게 되며 자기만의 다른 세상을 부모에게 빼앗길 수 없기에 부모를 협박하는 때도 있습니다.

이처럼 게임과 스마트폰 중독에 빠진 사춘기 자녀를 둔 부모라면 이 문제가 그렇게 쉽게 해결되지 않는다는 것을 알게 됩니다. 아이의 엄청난 저항과 반항을 이겨낼 수 없다는 사실도 알게 됩니다. 이런 문제는 말하기는 쉬워도 막상 갈등에 처하거나 아이의 반항을 경험하게 되면 부모는 정말 큰 고충을 겪게 됩니다.

심하면 '너 죽고 나 죽자' 하고 싶을 정도로 부모 자녀가 원수 관계로 변질되게 됩니다. 대화나 타협은커녕 일상생활조차 어렵게 됩니다.

중독에 빠진 아이를 다시 사랑하라

그렇다면, 이런 중독증에서 아이를 구하는 방법은 무엇일까요?

다시 규칙을 정하고 아이를 절제시킬 수 있다면 좋겠습니다. 조금 힘들더라도 스마트폰과 컴퓨터를 없애거나 못하게 할 수 있는 부모의 권위가 살아 있다면 좋겠습니다. 그러나 부모의 말에 순종할 수 있는 아이라면 중독까지는 가지 않았을 것입니다.

게임과 스마트폰에 중독된 아이들의 본질적인 문제는 무엇일까요?

그것은 '아이들이 더는 부모의 말을 듣지 않는다'라는 것입니다.

아이들이 부모보다 게임과 스마트폰을 '더 좋아하게 된 것'이 중독의 본질입니다. 이제, 부모의 말은 게임과 스마트폰에 밀려서 어떤 권위도 갖지 못하게 된 것입니다. 부모의 말은 이제 더는 아이들에게 어떤 효력도 없게 된 것입니다.

그래서 중독증상이 있는 아이들은 한결같이 부모의 말에 귀를 닫고, 자기의 본능이 원하는 대로 살게 됩니다.

이렇게 이야기를 전개하면 어떤 부모들은 처음부터 게임을 하게 하거나 스마트폰을 하게 하는 게 아니었다고 후회하는 부모도 있습니다. 물론 맞는 말입니다. 그러나 더 깊이 생각해 보면 반드시 그것만이 원인은 아닙니다. 다른 아이들도 게임을 하거나 스마트폰을 사용하면서도 중독에 빠지지 않고 얼마든지 자기가 해야 할 것을 하면서 하고 싶은 것을 하고 사는 자기관리가 되는 아이들도 많이 있습니다.

과연, 어떤 이유로 이런 차이가 생기는 것일까요?

그것은 평상시 부모가 어떤 양육 태도를 보이고 아이와 살았는 지의 차이입니다. 긍정적인 양육 태도를 보이고 '자녀와의 친밀감'을 쌓은 부모라면 아이는 자기 자신에 대한 '자존감'이 높을 것이며, 이와 반대로 부정적인 양육 태도를 보이고 '자녀와의 적대감'을 쌓은 부모라면 아이는 자기 자신에 대한 '열등감'에 깊이 빠져있을 것입니다.

부모의 말에 순종적인 아이는 어느 날 갑자기 되는 것이 아닙니다. 오랜 기간 부모의 긍정적인 양육 태도가 자녀를 자존감 높은 아이로 성장하게 하며, 자존감이 높으면 높을수록 부모의 말에 순종하는 태도를 보이게 됩니다.

그 이유는, 자존감이 높다는 것은 '나는 사랑받는 아이'라는 것을 스스로 알게 되는 것이고 '사랑을 받았다'라는 것은 부모에게 '인정과 지지를 받았다'라는 것입니다. 아이를 친절하게 대해 준 부모라면 아이 역시, 사춘기라고 하여 부모를 존중하지 않을 이유가 없습니다.

따라서, 근본적인 해결 방법은 '아이의 마음을 돌리는 것'입니다.

게임과 스마트폰 중독에 빠지기 전으로 아이의 마음 상태를 돌려놓는 것입니다.

부모가 먼저 아이에게 친절을 베풀고 아이도 역시 부모를 존중할 수 있는 마음으로 돌려야 합니다.

아이가 스스로 '나는 사랑받는 아이'라는 것을 다시 깨닫게 하는 것이 근본적인 해결책입니다. '나는 사랑받는 아이'라는 것을 아이가 느낄 때, 자존감이 다시 회복됩니다.

게임중독과 스마트폰 중독에 빠진 자녀를 다시 회복시키려면, 중독에 빠져 허우적거리는 아이를 다시 사랑해야 합니다. 그것만이 유일한 해결책입니다.

나는 부모로부터 사랑을 받는 존귀한 사람이라는 것을 아이가 알고 받아들일 때, 부모에게 함부로 하거나 자기를 버려두지 않게 되는 것입니다.

그런데 문제는 부모가 아이의 자존감을 회복시키는 것은 그대로 둔 채, 게임과 스마트폰이 문제의 본질이라고 생각하여, 컴퓨터나 스마트폰 사용을 아예 못 하게 하거나 절제만 시키려 한다는 것입니다. 이렇다 보니 점점 갈등의 깊이가 깊어지고 대립과 다툼이 빈번해지게 됩니다.

아이들이 처음에는 스트레스를 해소하거나 단순한 재미를 얻기 위해 시작했던 게임이 나중에는 자그마한 자극이나 스트레스를 받기만 해도 게임을 한다는 것입니다. 그렇게 그 상황을 회피하거나 잊기 위해서 게임을 하게 되는데 시간이 지날수록 게임이 주된 일상이 되고 게임을 하기 위해 학교에 가거나 학원에 다니게 되는 주객이 전도되는 상황까지 되어버리는 것입니다.

사춘기 자녀가 게임과 스마트폰 중독에 빠진 이유는 부모가 자녀를 부정적 양육 태도를 보이고 살았다는 결과이며, 아이의 자존감을 살리지 못한 결과입니다. 부모는 아이를 사랑하지 않은 결과가 된 것입니다. 그래서 남보다 못한 원수 같은 사이로 변한 것입니다.

사춘기 자녀가 부모에게 받지 못한 사랑을 자기 자신이 스스로 위로한다는 것이 잘못되어 게임이나 스마트폰 중독으로 빠져 버린 것입니다. 부모로부터 인정과 지지를 받지 못한 아이들이 자신을 본능적으로 위로하다가 덫에 걸리고 함정에 빠지게 된 것입니다. 게임이라는 가상현실에서 자기 자신을 인정받고 자랑하고 싶어 심하게 몰입하고 집착하다 보니 아이들이 현실 세계에 적응하지 못하는 지경까지 가버린 것입니다.

그래서 게임과 스마트폰 중독에 빠진 아이들은 기본적으로 부모를 사랑하거나 사랑받는 '사랑의 관계'가 아니라 자신의 생존을 돕는 '생존 도우미' 정도로 여기며 외롭게 살아가는 '심리적 고아'들이 상당히 많습니다.

이런 내용이 부모에게 상처가 되고, 인정하기 어렵고 자존심이 많이 상한다는 것을 경험을 통해 잘 알고 있습니다. 또 부모는 아이를 위해 최선을 다해 양육해 왔지만, 아이들이 친구를 잘못 사귀거나 어쩔 수 없는 환경에 노출되고 아이는 자기관리를 잘 못했기 때문에 이런 결과가 나온 것이라고 인정할 수 있습니다. 다만, 아이의 중독증상이 심한 경우라면 아이의 잘못이라고만 하는 것도 충분한 이유는 되지 못했습니다. 아이도 잘못했으며 부모 역시 자녀와의 친밀한 상호작용을 하지 못한 결과로 아이와의 관계가 불편해 졌으며 서로 상한 감정에 빠지게 됐다고 할 수 있습니다.

현실적인 교육환경에서 부모의 인정과 지지를 받지 못한 아이들은 게임뿐만 아니라 SNS 매체를 통해 부모에게 알려주거나 보여주고 싶지 않은, 내가 원하는 '또 다른 나의 세상'을 가꾸는 일에 몰두하게 되며 게임과 마찬가지로 현실 적응력은 떨어지고 가상 적응력만 높아지는 다른 세상에서 성취감과 만족감을 얻으려 몰두하게 됩니다. 그러면 그럴수록 현실에는 부적응하게 됩니다.

이렇게 현실에서 찾는 성취감과 만족감이 아닌 가상현실의 가상 만족은 학업 태만과 등교 거부로 이어지게 되는데 이런 증상은 점점 악화됩니다.

아이는 중독 증세로 부모에게 부정적인 태도와 상한 감정을 표출하게 되는 것입니다. 부모와 자녀 모두 고통스럽고 힘들어집니다.

결과적으로, '사춘기 자녀와의 사랑에 실패'한 것입니다.

중독증상으로 고통받는 아이들은 부모에게 반항하고 싶은 마음보다는 반사적으로 반항하게 되고, 아픔과 고통을 줄 생각보다는 반사적으로 부모에게 고통을 주게 됩니다.

중독에 빠진 아이들의 내면은 자기를 제어할 수 있는 '자존감'이라는 안전장치가 상실되어 버리게 됩니다. 그래서 아이들은 어떤 것으로도 제어할 수 없으며 제어하면 할수록 더 강해지거나 무기력한 모습을 반복적으로 보이게 됩니다.

게임중독 증상을 보이는 아들을 데리고 상담실을 방문하는 부모에게 하는 질문입니다.

"어머니는 아들을 사랑하십니까?"

이렇게 질문하면 대부분 어머니는 눈물만 흘리십니다.

"아이는 컴퓨터나 스마트폰과 같은 비인격체를 붙잡고 애를 쓰고 있는 것입니다."

"어머니에게 받지 못한 사랑을 대신하여 애를 쓰고 있는 것입니다."

부모에게 사랑받지 못하고, 인정받지 못하고, 위로받지 못한 아이들은 심하게 표현하면 부모를 자기 마음속에서 버린 것입니다. 부모는 자녀에게 실연을 당한 것입니다. 이것이 "진실입니다."라고 가슴 아픈 말씀을 드린 적이 많이 있었습니다.

중독증상이 심한 아이에게 사용규칙이나 규정을 지키게 하는 것은 조금 나아지다가 다시 원래대로 돌아가게 합니다.

전문가의 눈에는 보이는 문제가 부모 눈에는 안 보이는 것이 '아이의 자존감'입니다. 부모와 자녀의 대화를 잠깐만 들어봐도 금방 알 수 있습니다. 부모가 자녀의 자존감을 세우고 있는지, 아니면 그 반대로 열등감과 자존심만 상하게 하고 있는지 말입니다.

아이를 '사랑한다'고 하는 말이 아이를 '괴롭히는 잔소리'가 되는 것입니다.

그러므로 순수하게 사랑했던 어린 시절의 부모 자녀 관계를 다시 회복해야 합니다. 아이와 눈만 마주쳐도 좋아서 어쩔 줄 몰랐던 그 사랑 말입니다. 아이가 엄마라고 입을 떼던 그 순간의 감동을 기억해야 합니다. 그래서 누구와도 비교하지 않던 그 순수했던 사랑을 다시 회복해야 합니다.

자녀의 자존감을 높이는 방법을 부모들은 반드시 생각해 내야 하고 그렇게 다시금 자녀를 사랑해 주어야 아이는 스마트폰만 쳐다보는 눈에서 부모의 눈을 다시 바라보게 될 것입니다.

아이의 자존감을 다시 세우지 않는 일시적인 처방은 다시 제자리로 돌아가게 됩니다. 자존감을 다시 세우는 방법은 부모 자녀의 대화법에 있습니다. 전장에서 말씀드렸던 '사춘기 자녀에게 사랑을 전하는 대화법'으로 아이와의 친밀감을 다시 회복해야 합니다. 어떤 경우든 아이의 말을 끝까지 들어주어야 합니다. 대화가 다시 살아난다면 중독증 치료는 아직 희망이 남아있습니다.

자존감 회복은 아이가 스스로 할 수 있는 아이의 문제가 아닙니다. 어떤 경우에는 자존감이 회복되지 않은 아이들도 자신의 결핍과 자존심을 에너지로 삼아 사회적인 성공을 이룰 수도 있습니다. 그러나 자존감이 낮은 아이의 성공은 결코 진정한 만족과 행복감을 느낄 수 없습니다. 성공한 만큼 외로움과 불안감이 커집니다. 왜냐하면, 자존감이 낮은 아이들은 그 자리에 외로움, 불안감, 열등감으로 채워지기 때문입니다.

성공하고 행복한 아이를 바란다면 이제부터 다시 사랑하십시오.

부모가 먼저 아이를 사랑할 수 있는 '사랑의 능력'이 생기면 자연스럽게 아이를 어떻게 대해 주어야 하는지 알게 됩니다. 그전까지는 아무리 전문가의 처방대로 한다고 해도 감기를 완전히 퇴치할 수 없듯이 중독증 역시 치료되지 않을 것입니다.

자존감 회복을 위한 가장 좋은 처방은 바로 '비교'하지 않는 것입니다.

아이 앞에서 어떤 경우든 다른 아이와 비교하지 않는 것입니다. 내 아이보다 잘하는 아이든, 못하는 아이든 누구도 거론하지 않는 것입니다.

오직, 내 아이에게만 집중하는 것입니다.

설령, 게임과 스마트폰에 빠진 아이들도 자신의 진로와 미래에 대해 많은 생각과 걱정을 합니다. 부모와 사이가 나쁜 아이일지라도 부모를 기분 나쁘게 하거나 일부러 공격하지 않습니다. 중독에 빠진 아이일지라도 부모에게 인정받고 싶어 하며 칭찬받고 싶어 합니다. 이것을 놓치면 안 됩니다. 그래서 아이들에게는 아직 희망이 있습니다.

사춘기 자녀, 게임과 스마트폰 중독에서 구하는 방법

게임과 스마트폰 중독에서 내 아이를 구하는 방법을 정리해 보겠습니다.

사춘기 자녀를 게임과 스마트폰 중독에서 구하는 방법

① '인터넷 중독은 질병이다.'라는 것을 인정한다.
② 어려서부터 게임, 스마트폰 없는 환경을 만든다.
③ 아이에게 인터넷 중독의 부작용과 피해를 먼저 가르친다.
④ 개인정보 누출이나 SPAM에 노출되지 않도록 예방한다.
⑤ 온라인 그룹, 단체방의 활동은 범죄의 피해 대상이 된다는 것을 알린다.
⑥ 아이의 진짜 속마음을 충분히 듣기 위해 경청과 공감의 기술을 배운다.
⑦ 무슨 일을 잘하든 못하든 다른 아이와 절대 비교하지 않는다.
⑧ 아이의 상처와 고충을 깊이 이해하고 받아들인다.
⑨ 아이와의 친밀한 관계를 먼저 회복한다.
⑩ 게임과 스마트폰 중독에 빠진 아이를 다시 사랑한다.

아이 중에는 게임도 하지 않고, 스마트폰도 사용하지 않는 아이들이 실제로 있습니다. 그런데 유독 내 아이만 게임에 중독된 것 같고, 스마트폰에 중독된 것 같습니다. 그래서 게임에 몰두하고 스마트폰만 하는 아이들을 볼 때면 부모의 마음은 무척 답답하고 짜증이 납니다. 그리고 불안해지기도 합니다. 어떤 말로도 무슨 방법으로도 아이를 되돌릴 수 없다고 하소연하는 부모가 많이 있습니다.

정리해서 말씀드립니다.

아직 게임을 시작하지 않았거나 스마트폰을 사용하지 않았다면 앞으로도 계속 그렇게 유지할 수 있도록 예방해 주십시오. 그러나 이미 어느 정도 노출이 되었다면 더는 빠지지 않도록 아이와 규칙을 정하십시오. 컴퓨터와 스마트폰 기기 사용에 대한 시간약속과 인터넷 사용시간도 가족 모두 약속한 후 반드시 지키도록 노력하십시오. 인터넷 사용에 대한 가족 모두의 규칙이 정해지고 깨지지 않도록 해야 합니다.

그리고, 만약 이미 중독증상이 심한 경우라면 신경 정신과적 치료를 병행하면서 부모는 아이를 다시 친밀하게 사랑할 수 있도록 노력해야 합니다. 전장에서 말씀드렸듯이 게임중독과 스마트폰 중독은 다양한 심리 정서적 장애를 불러옵니다. 따라서 되도록 빨리 전문가의 도움을 받아 다른 질병으로의 전이를 예방할 수 있게 되기를 권면 드립니다.

게임만 온종일 하는 아이의 표정을 살펴보면 즐겁고 행복하다기보다는 많이 긴장돼 있고 짜증감도 있어 보이고 불안해 보이기까지 합니다.

그것을 지켜보는 부모도 역시 불편한 마음과 불안한 마음이 큽니다.

여러 가지 방법을 다 사용해도 중독으로부터 빠져나오기가 많이 어렵고 힘들다는 것을 잘 알고 있습니다. 너무 답답한 것이 사실입니다.

그러나, 아이의 게임과 스마트폰 중독은 부모가 치료해야 합니다.

아이를 다시 사랑할 수 있는 사람이 치료해야 하기 때문입니다.

전문가나 상담사가 아이를 사랑하고 자존감을 높이는 것이 아닙니다.

부모만이 아이를 다시 사랑하고, 자존감을 높일 수 있는 유일한 치료자입니다.

다시 한번 강조해서 말씀드립니다.

내 아이의 게임중독과 스마트폰 중독의 본질은 게임을 많이 하거나 스마트폰을 많이 사용하는 것이 본질적인 원인이 아니라, 아이가 부모의 말을 듣지 않는 것입니다.

그래서 게임과 스마트폰을 하지 않는 시간에도 부모와 자녀 사이는 멀어져 있고 대화가 통하지 않으며 친밀감이 사라진 상태로 지내게 됩니다.

내 아이와 다시 '사랑의 관계'를 회복하십시오.

그 길만이 아이를 게임중독과 스마트폰 중독에서 건져내는 유일한 길입니다.

아이는 부모가 자신을 사랑한다는 것을 알고 인정하게 될 때, 아이는 부모의 마음과 뜻을 따르려 합니다. 그것이 '사랑의 능력'입니다.

스마트폰 이후 세대의 사춘기 아이들에게 게임과 스마트폰 중독은 진로발달 과정에 있어서 학교사회뿐만 아니라 직장사회와 결혼 후 가정사회에 이르기까지 그 후유증이 지속해서 영향을 미칠 수 있습니다. 하루라도 빨리 우리 아이들이 중독증의 부작용과 피해로부터 극복되었으면 하는 마음입니다.

아이의 짜증, 분노, 무기력, 우울감이
반복적으로 지속될 때 대처하기

사춘기 아이의 게임중독과 스마트폰 중독은 짜증, 분노, 무기력, 우울감이라는 상한 감정이 반복적으로 지속되는 증상입니다.

이러한 상한 감정과 부정적 태도는 반드시 중독이 아니더라도 다양한 원인에서 나타나기도 합니다.

예를 들어, 부모 자녀의 심한 갈등과 다툼, 부모 이혼과 가족해체, 가정 재정 악화, 학교폭력, 심각한 교우 문제 등 안정되지 못한 생활환경과 심리 정서적 고충이 스트레스로 한계상황에 달하게 될 때 나타나는 증상이기도 합니다. 이미 알고 계시는 부모들이 많겠지만, 사춘기 아이들이 심리 정서적 고충과 신경 정신과적 질병으로 상담실이나 병원을 찾는 경우가 있는데, 예약상황이 포화상태이므로 몇 달에서 길게는 1년 이상 대기해야 하는 경우도 많이 있습니다.

이렇듯 사춘기 아이들의 상한 감정과 부정적 태도는 생각보다 더 심각한 지경에 처해 있습니다.

이번 주제를 다루면서 많은 생각과 고민이 듭니다. 왜냐하면, 가정마다 차이가 있고 여러 가지 사정들이 있기에 일반화시켜서 말씀드린다는 것이 매우 조심스럽기 때문입니다.

사춘기 아이들의 심리 정서발달에 있어서 부모 상호관계, 부모 자녀 관계, 경제 상황, 가족 구성원 간의 갈등, 교우 관계, 학업진로 등 여러 가지 환경적 요인이 있기에 서로 다른 개인 차이를 자세히 살펴보지 않고 접근하면 많은 오류가 생기기도 합니다.

그러나 어떤 이유에서든 사춘기 아이의 짜증, 분노, 무기력, 우울감이 자주 표출되고 이미 습관처럼 되었다면 매우 심각한 문제이고 이에 따른 가족 모두의 고통은 매우 심하게 됩니다. 이것은 마치 시한폭탄처럼 언제 터질지 모르는 불안감과 두려움을 가족 모두가 갖고 살게 합니다.

사춘기 아이들의 3가지 고민 유형

먼저, 사춘기 아이들의 고민을 크게 3가지 유형으로 나누어 살펴보겠습니다.

사춘기 아이들의 3가지 고민 유형

첫째, 학업 문제, 성적 고민
둘째, 불안하고 두려운 미래에 대한 진로 고민
셋째, 최신 추세에 맞는 패션, 스타일, 키, 체중, 몸매에 관한 외모 고민 스마트폰 이전 세대나 이후 세대 사춘기 아이들의 가장 큰 3대 고민입니다. 이런 피할 수 없는 고민이 우리 아이들에게는 숙명처럼 주어진 과제입니다. 여기다가 가족관계 갈등, 가정 재정 악화, 교우갈등 등 원하지 않는 생활환경이나 대인관계 갈등이 겹쳐지면 아이들은 무척 힘든 상황에 빠지게 됩니다.

그런데, 이런 고민과 문제를 대하는 아이들의 태도도 크게 2가지 유형으로 나누어 볼 수 있습니다.

첫째, 이런 고민 가운데에도 자기 계발에 최선을 다하는 아이들이 있습니다.

이런 상황에 부딪혔음에도 아이가 해야 할 학업에 충실하게 임하고, 하고 싶은 것보다 해야 할 것을 먼저 하는 우선순위를 아는 아이들이 있습니다.

둘째, 이와 같은 현실에 부딪혔을 때 안일하게 대처하거나 도피처로 게임이나 스마트폰에 몰입하는 아이들도 있습니다. 물론, 자기 계발을 열심히 하다가 때로는 게임이나 스마트폰에 가끔 몰입하는 아이들도 있습니다.

해야 할 일을 분명히 알고 있지만 노력은 하지 않고, 잘 됐으면 하는 속마음은 가지고 있으나, 현실 도피하듯 해야 할 일은 자주 미루며 하고 싶은 것만 계속하게 되는 현실 도피형 아이들이 있습니다.

이런 아이들이 게임을 한다고 처음부터 심각한 중독증상이 생기는 것은 아닙니다.

사춘기가 시작되기 전에는 대체로 성격도 온순하고 쾌활하며 스스로 할 일도 알아서 하고 특히 부모의 말을 잘 듣는 아이였는데 게임을 시작하고부터 부쩍 게임 시간이 길어지고 부모가 그만하라고 해도 말을 듣지 않고 계속하다가 급기야 인터넷망을 끊는다든지, 컴퓨터를 없앤다고 할 때, 갑자기 관계가 나빠지는 경우가 있습니다. 이럴 때 아이들은 짜증과 억지를 부리기 시작하며 때때로 부모에게 대들며 분노하기도 합니다.

또, 어떤 아이는 스스로 게임을 좋아하고 잘한다고 여겨 부모에게 자기의 꿈은 프로게이머라고 하면서, 게임을 해서 돈을 벌겠다고 처음부터 자기 길을 정해놓고 게임에 몰두하는 아이도 있습니다. 어쩔 수 없이 부모는 아이의 고집을 꺾지 못하고 상황을 지켜보는 경우가 있는데, 학업은 태만하게 하고 멀리하다가 머지않아 게임도 자기 뜻대로 더는 수준이 올라가지 않게 됩니다. 그제야 자기 꿈이라고 했던 프로게이머의 계획을 접고 다시 공부하려 해도 이미 학업 패턴을 놓쳐버리는 때도 있습니다. 그렇다고 게임을 안 한다거나 절제하지도 못하게 됩니다. 이럴 때 아이들은 짜증과 억지를 부리기 시작하며 무기력하고 우울한 모습을 보이기도 합니다.

과연, 어디서부터 잘못된 것일까요?

무엇을 어떻게 고치면 자녀와의 관계가 회복되고 고통스러운 상한 감정으로부터 탈피하고 잃어버린 안정감과 친밀감을 다시 찾게 될 수 있을까요?

자녀의 짜증, 분노, 무기력, 우울감은 왜 오는가?

먼저, 자녀의 짜증, 분노, 무기력, 우울감이 왜 오는지 원인을 살펴보고, 어떤 유형의 부모와 자녀가 이런 상한 감정에 잘 빠지게 되는지 살펴보도록 하겠습니다.

지녀의 부정적인 상한 감정의 원인은 그동안 부모 양육 태도의 결과라는 것입니다.

'사춘기 자녀는 부모의 중간 성적표'라는 말과 같은 맥락의 내용입니다.

아이가 사춘기가 되면서 짜증, 분노, 무기력, 우울감이 반복적으로 지속된다면 그동안 부모는 아이를 짜증 나게 하고, 화나게 하고, 무기력하게 하고, 우울하게 양육한 결과라는 것입니다. 양육이라기보다는 부모 자녀 관계에 있어서 친밀한 정서적 안정을 위한 자녀교육이나 부모훈련을 받지 못했고, 자녀 양육의 원칙과 기준 없이 그때그때 부모의 생각과 감정에 따른 일시적 대처를 했다는 것입니다.

특히, 자녀와의 갈등 상황에서 부모가 좋은 일이 있어서 기분이 좋다거나, 손님이나 지인이 있어서 평소보다 관대하게 대처했을 경우와 이와는 반대로 갈등 상황에서 자녀와의 직접적인 관계가 없는 일에도 부모가 자존심이 상했거나 기분이 좋지 않을 때 평소 관대했던 일들까지 몰아서 지적하고 예민하게 아이의 자존심에 상처를 주게 된다면 자녀의 감정을 무시하고 부모 감정선에 따른 종잡을 수 없는 부모 태도가 아이에게 상한 감정을 갖게 하는 원인이 되는 것입니다.

또한, 부모가 지나친 기대와 욕망으로 아이를 완벽하게 키우기 위해 어려서부터 강요와 지시를 많이 하는 완벽주의형 양육 태도는 역시 아이가 사춘기가 되면 더는 부모의 일방적인 강요와 지시에 따르지 않겠다고 짜증과 반항을 하기도 합니다. 아이가 어렸을 때는 상대적 약자이므로 그 감정을 표현하지 못하고 있다가 사춘기가 되면서 내면에 억눌려 있던 상한 감정이 분출되기 시작하는데 그동안 부모의 부정적 양육 태도가 아이에게 불평과 불만으로 눌려 있다가 더는 참지 못하고 드러나게 되는 것입니다.

이와 반대로, 부모가 너무 허용적으로 아이를 키우게 된다면 아이는 부모를 하인이나 종처럼 생각하고 부려먹는 '왕자병'과 '공주병'에 노출되기도 합니다. 이런 아이들 역시 자기 뜻대로 되지 않거나 자존심이 상하게 되면 짜증, 분노, 무기력, 우울감에 쉽게 빠지게 됩니다. 이런 아이들이 학교생활에서 자기 뜻대로 교우 관계가 되지 않을 경우, 상대적으로 자기가 '왕따'를 당한다고 착각하거나 믿는 아이들도 종종 있습니다.

이처럼 일관적이지 않고 부모 감정에 따른 종잡을 수 없는 양육 태도나 너무 완벽주의형의 양육 태도, 이와 반대로 너무 허용적인 양육 태도는 어려서부터 아이의 생각과 감정을 들어주는 경청의 기술, 공감의 기술, 타협의 기술을 사용하지 못한 부정적인 양육 태도입니다. 이런 양육을 받은 아이들은 사춘기가 되면서 짜증, 분노, 무기력, 우울감이라는 상한 감정에 노출되는 경우가 많게 됩니다.

이런 내용을 잘 이해하지 못하는 부모들은 아이가 사춘기가 되면서 변했다고 생각하는 부모들이 많이 있습니다. 사실은 변한 것이 아니라, 때가 돼서 드러나게 된 것입니다.

그런데, 대부분 부모는 자신의 양육 태도를 완벽주의형이거나 허용형 부모라고 생각하지 않고 있었습니다. 또한, 감정적으로만 대하지도 않았으며, 아이에게 최선을 다해 칭찬을 많이 해주고, 잘 대해 줬는데 왜, 아이가 사춘기가 되면서 자기 멋대로 행동하는지 모르겠다는 부모도 많이 있었습니다. 그런데, 이런 부모의 말을 잘 들어보면 아이와의 심한 갈등 상황에서 말다툼하게 될 때 자녀로부터 심한 모욕감을 느꼈거나 자존심이 상해본 적이 있었다는 말을 합니다. 즉, 아이와 한계상황으로 부딪혔을 때 부모가 자존심을 상했거나, 부모 자녀 모두 심각한 자존심에 상처를 입은 경험이 있다는 것을 알 수 있었습니다.

이처럼 부모 자녀 간의 생각과 마음이 달라 서로 자존심에 상처를 입게 되는 다툼을 많이 하게 되면, 어느 순간부터 부모는 자녀의 자존심을 무시하는 양육 태도를 보이게 됩니다. 이런 양육 태도는 양육이라고 보기보다는 어떤 면에서 '사육'이라는 말에 더 가깝지 않나 생각하게 됩니다. 마치 반려동물을 사육할 때 주인 말을 잘 듣고 예쁘고 귀엽게만 행동한다면 주인에게 만족감을 주듯이, 우리 아이들도 공부 열심히 잘해주고 부모 말을 잘 따라 주는 것이 부모의 만족감을 채워주는 게 아닌지 하는 생각을 하게 됩니다. 이런 양육 태도를 자녀들이 어려서부터 받아오면서 사춘기가 되면 상한 감정과 부정적인 태도를 보이게 됩니다.

지나친 표현입니다만 자녀 대신 오히려 강아지나 고양이를 양육하고 있는 부모들이 있는 것 같습니다.

펫 카페라는 곳을 가본 적이 있습니다. 정말 깜짝 놀랐습니다. 뷔페 음식, 영양제, 각종 생활용품, 다양한 의상 등 정말 호화로운 광경이었습니다. 전용 호텔도 있다는 말을 들었습니다. 요즈음은 정말 애완동물을 사육하는 것이 아니라 양육하는 것 같습니다. 그것도 일방적인 사랑으로 말입니다. 어떨 때는 우리 아이들이 저렇게 사랑받고 있는지 의문이 들 때도 솔직히 있습니다.

우리 아이들을 위한 전용 카페가 있는지 저는 가본 적이 없습니다. 청소년 아이들이 지친 학교생활과 학원 생활에서 잠시 떠나 마음 편히 쉴 수 있는 전용 호텔이 있는지 잘 모르겠습니다. 저는 이런 현상을 비난할 생각이 전혀 없습니다. 그러나 많이 안타까운 것은 우리 아이들은 정말 쉴 곳이나 놀 곳이 있는가 하는 것입니다.

만약, 자녀를 사육하듯이 키우게 되면 아이는 동물처럼 본성만 살아남아 자기의 생각과 감정을 다스릴 수 없게 되고, 자기 본능이 부모에게 어떤 상한 감정으로 분출되는지 이해할 수도, 공감할 수도 없게 됩니다. 본능만 남고 인성은 사라지게 됩니다. 그래서 아이는 학업이란 명목 아래 '밥 먹고 공부만 하는 사육'을 당하는 것처럼 느끼게 됩니다. 정말 안타까운 일입니다.

너무 비약이 심했다면 진심으로 많은 양해를 구합니다.

상담실에서 실제 만나는 부모와 아이들이 부정적인 상한 감정에 빠진 모습을 지켜볼 때면 기본적인 인성을 찾아볼 수 없을 때가 사실 많이 있었습니다. 아무쪼록 위의 내용과 같은 힘든 상황이 발생하지 않기를 간절히 바라며, 이미 상한 감정에 빠져 많이 힘들어진 상태라면 조금이라도 해결의 실마리를 찾으시길 간절히 바랍니다.

'양육'이 아니라 '사육'하면
짜증, 분노, 무기력, 우울감에 빠진다

사춘기 자녀를 '양육'하고 있습니까?, '사육'하고 있습니까?

아이를 양육하는 것인지 사육하는 것인지를 구별해 보려면 자녀의 한계상황과 부모의 한계상황이 충돌하게 될 때, 부모가 사용하는 말이나 태도를 보면 구별할 수 있습니다.

부모가 사용하는 말과 태도가 다분히 공격적이고 아이의 자존심에 상처를 주는 것이라면 그것은 자녀를 양육한다고 볼 수 없습니다. 설령, 아이가 부모의 자존심에 상처를 주고 모욕감을 준다고 할지라도 부모는 자기감정에 따라 동물 사육하듯이 긍정적일 때와 부정적일 때의 말과 태도가 상당한 차이를 보인다면 아이는 더욱 동물적인 본성과 부정적인 태도를 보일 것입니다. 마치, 고양이 앞에 쥐 다루듯이 했던 적도 있을 것이며, 점점 아이가 성장할수록 부모는 호랑이나 사자처럼 강해져야 아이를 훈육할 수 있으리라 생각할 수도 있습니다. 그러나 부모가 아이보다 센 동물처럼 말과 태도를 보이면 아이는 순종하는 것처럼 보이지만 어쩌면 아이는 동물처럼 인성은 사라지고 본성만 남게 될 수 있습니다. 아이가 온순한데 어느 부모가 호랑이처럼 대하겠느냐고 말할 수 있겠으나 아이의 감정 상태와 관계없이 아이를 친절하게 다스릴 수 있는 인격적인 부모가 될 수 있다면 아이는 상한 감정과 부정적 태도로부터 다시 회복될 수 있을 것입니다.

계속 말씀드리겠습니다만, 아이를 잘 다스리고 양육한다는 것은 화를 안 내는 것이 아니라 화를 잘 내는 것입니다. 인격적으로 혼을 낸다는 것입니다.

부모가 아이에게 화를 잘못 내게 되면 아이는 인성이 아니라 본성만 남게 됩니다. 아이가 자존심에 심한 상처를 받게 되면 아이가 짜증, 분노, 무기력, 우울감에 반복적이고 지속적으로 빠지게 됩니다.

사춘기가 되면 아이들은 자기가 양육을 받았는지, 사육을 받았는지 부모에게 양육 받은 결과를 '부모 양육 중간 성적표'로 내보이게 됩니다. 아이의 몸과 마음으로 부모가 알아볼 수 있고 직접 느낄 수 있도록 말과 행동으로 보여주게 됩니다. 아이가 짜증, 분노, 무기력, 우울감에 빠진 부정적인 상한 감정을 보인다면 부모는 자녀를 안타깝지만, 양육이 아니라 사육을 해 온 것일 수 있습니다.

아이에게 부모의 바른 인성이 전달되지 않은 것입니다. 부모의 본성만 아이에게 전달된 것입니다.

자녀는 부모로부터 신체적 돌봄과 심리적 돌봄이 함께 병행되어야 하는 부모 의존적 존재입니다.

그래서 사육이 아닌 양육이 되려면 아이의 신체적 돌봄과 더불어 심리적 돌봄이 반드시 병행되어야 합니다. 이럴 때 아이는 인정감을 느끼게 되고 온전한 돌봄을 받게 됩니다.

'부모의 사랑'은 아이를 긍정적, 적극적, 능동적 태도를 갖게 한다

아이가 부모로부터 친절하고 따뜻한 인격적인 심리적 돌봄을 제대로 받지 못하면 자존감과 자존심에 상처를 입게 되고, 자녀는 동물처럼 본능으로만 자신을 지키려고 짜증, 분노, 무기력, 우울감이라는 상한 감정을 표출하게 됩니다.

이처럼 아이는 부모의 인격적 돌봄을 받지 못하면 부정적인 상한 감정에 빠지는 원인이 됩니다.

사춘기 자녀가 짜증, 분노, 우울, 무기력에 빠지는 또 다른 원인은 부모 역시 자녀를 양육할 '자존감'과 '친밀감'이라는 능력이 부족하다는 것입니다.

　자존감은 자기 자신을 지키고 스스로 존중하는 마음입니다. 사춘기 아이의 자존감은 '부모가 사랑하고 좋아할 때' 안정된 심리상태로 긍정적 태도, 적극적 태도, 능동적 태도를 갖게 합니다.

　그래서 사랑받는 아이가 '1등 진로를 찾는다'는 말처럼 됩니다. 부모의 사랑이 아이를 긍정적, 적극적, 능동적 태도를 가진 아이로 성장시키기 때문에 자신의 '1등 진로'를 찾을 수 있게 되는 것입니다. 그리고 성공하고도 행복한 진짜 '1등 진로'를 가게 되는 것입니다. 그것이 '부모 사랑'의 힘입니다.

　그런데, 이에 반하여 열등감은 다른 사람과 비교하여 뒤떨어졌거나 능력이 없다고 스스로 자기를 비하하는 마음입니다. 사춘기 아이의 열등감은 '부모가 나를 사랑하지 않고, 좋아하지 않을 때' 생기는 불안한 심리상태로 부정적 태도, 소극적 태도, 수동적 태도를 갖게 합니다. 그리고 우울하고 외롭게 됩니다.

　그래서 사랑받지 못한 아이는 '1등 진로'를 찾기보다는 부모의 기대에 부정적, 소극적, 수동적 태도를 가진 아이로 어긋나게 됩니다.

　부모 사랑을 받지 못한 사춘기 아이는 '열등감'과 '자존심'에 상처를 받게 됩니다. 열등감에 빠진 아이는 때때로 무기력과 우울감이 찾아오고, 자존심에 심한 상처를 받은 아이는 때때로 짜증을 내고 분노하게 됩니다. 그리고 지속해서 네 가지 상한 감정이 반복되기도 합니다.

사춘기 아이의 짜증, 분노, 무기력, 우울감은 부모에게 사랑받지 못하고 존중받지 못한 결과입니다.

자존심이 상한 아이는 무슨 일이든 남의 탓을 하게 되며 실제로 피해를 보거나 억울한 일을 당하지 않았어도 항상 '피해의식'과 '패배의식'에 사로잡혀 자기 자신의 문제임에도 '세상에 내 편은 없어', '난 항상 되는 게 없어', '난, 정말 재수가 없어'라는 식으로 문제 상황을 극복할 의지도 노력도 하지 않게 됩니다. 말끝마다 남의 탓만 하는 불평과 불만을 달고 살게 됩니다.

또한, 자존감이 낮은 아이는 누구에게도 사랑받지 못한다는 외로움과 인정이나 지지 대신 거절과 거부를 당한다는 불안감으로 늘 자신의 존재를 부정하게 되고 심한 우울감에 빠지게 됩니다.

이렇듯 자존심이 세고, 자존감이 낮게 되면 짜증, 분노, 무기력, 우울이라는 상한 감정이 반복되는데 상대의 말꼬리를 잡거나, 무시하거나, 신경질적이거나, 아예 심하면 욕을 하는 경우도 자주 발생하게 됩니다. 자기 스스로 문제를 해결하려 하지 않고, 남의 조언도 무시하게 됩니다. 어린아이처럼 무조건 이해만 받고 싶어 하고 자기편만 들어주기를 바랍니다.

자녀와의 갈등이 본격화되기 전, 혹시 부모가 자녀 앞에서 부모 자신의 낮은 자존감과 상처 입은 자존심을 드러내지는 않았습니까?

부모님은 건강한 자존감과 친밀감을 가지고 계십니까?

이제 내 아이의 상한 감정을 보면서 부모 자신의 심리적 안정과 인성 바른 태도를 그동안 아이 앞에서 보여 왔는가에 대한 진지한 부모 성찰의 시간을 먼저 가져야 할 때라고 생각합니다.

그리고 만약, 그 성찰 결과가 부모 스스로 자존감과 친밀감이 없거나 부족하다는 결론에 이른다면, 자녀 양육에 대해 전반적인 점검을 해 봐야 할 때라고 생각합니다.

자존감과 자존심에 상처를 입은 부모라면 아이를 양육이 아닌 사육으로 몰아갈 가능성이 큽니다. 이것은 부모의 문제였다는 것을 너무 늦지 않게 깨닫게 되기를 바랍니다.

부모가 아이에게 자존감 대신 상처 난 자존심과 열등감만 전해 줘서 고통받고 있는 우리 아이들의 내면을 더는 버려두지 않게 되기를 바랍니다.

아이를 고치려다 더 망치지 않게 되기를 바랍니다.

이제는 부모가 먼저 자기 자신의 상처를 고치려고 노력해야 할 때입니다.

부모 스스로 남과의 비교 때문에, 남과의 경쟁으로, 자신의 자존심을 지키려다 황폐하게 무너진 자존감을 다시 세워야 할 때입니다.

부모 마음이 먼저 건강해야 아이 마음의 통증을 치료할 수 있습니다. 그렇지 않으면 자식보다 먼저 더 큰 통증으로 고통스러워하며 그 통증은 아이에게 전이될 수밖에 없을 것입니다.

사춘기 갈등과 대립이 심한 부모 자녀 유형

다음은 어떤 유형의 부모와 자녀가 만나게 되면 심하게 갈등하고 대립하게 되는지 살펴보겠습니다.

먼저 자녀 유형입니다.

갈등과 대립이 심한 부모 자녀 유형
(자녀 유형)

① 아동기 순종적인 태도로 기대를 크게 가졌던 일방적 순종형 아이
② 자기 생각과 감정표현이 약하거나 힘든 조심성이 많은 아이
③ 자기계획이나 뜻이 심하게 무시되거나 좌절된 경험으로 박탈감에 빠진 아이
　　(국제중, 예술중, 예술고, 특목고, 외고, 국제고, 영재고, 명문 자사고 불합격)
④ 잦은 이사나 학군을 찾아 전학을 다녀 안정감을 잃은 긴장 불안형 아이
⑤ 교우나 친척, 친형제 간에 비교를 많이 당해 열등감이 많은 아이
⑥ 어려서 부모가 선생님처럼 간섭하거나 지도를 일방적으로 받은 아이
　　(억압이나 강요를 받은 아이)
⑦ 스마트폰, 게임에 일찍 노출된 중독에 빠진 아이
⑧ 스마트폰 사용이나 게임 시간 규칙이 정해지지 않고 관리받지 않은 방치된 아이

다음은 부모 유형입니다.

갈등과 대립이 심한 부모 자녀 유형
(부모 유형)

① 부모의 청소년 시기, 학구적이거나 모범생 스타일형 부모
② 자기주장이나 표현이 대체로 약하고 자존감보다 불안감이 컸던 부모
③ 미래를 대비하는 높은 학구열, 전문지식에 예민한 지식정보 탐색형 부모
④ 자기 계발에 관심이 많고 전문직 직업에 높은 기대를 한 전문직 선호형 부모
⑤ 교우 관계는 부정적 영향을 받는다고 불안감을 느끼는 대인기피형 부모
⑥ 너무 감정 기복이 심하거나, 순간적인 기분에 빠지는 감정 몰두형 부모
⑦ 너무 이성적이고 현실적인 데 반해 공감 능력이 약한 감정 인색형 부모
⑧ 사회적 문제로 자녀에 대한 염려와 걱정이 상대적으로 큰 불안형 부모

위와 같은 유형의 부모와 자녀가 서로 만나고 양육 받는 자녀에게서 심하게 갈등하고 대립하게 되며 부정적인 상한 감정을 갖게 되는 경우가 많았습니다.

안타깝게도 부정적인 상한 감정에 노출된 아이의 부모들은 대체로 부부 상호 간의 친밀감이 무척 낮거나 아예 적대적인 관계에 있는 부부도 있습니다.

부부가 서로 행복하지 않은 것은 물론이고, 아예 부부간에 인격적이고 친밀한 관계는 포기하고 자녀에 대해 기대만 하고 사는 부모들도 많이 볼 수 있었습니다.

이렇다 보니 아이의 상한 감정을 치유하거나 회복시키는 일은 어쩌면 불가능해 보이기까지 합니다.

사춘기 아이가 어려서부터 부모의 부부싸움을 자주 보고 살았거나 특히 폭언, 폭력 등 위기 가정에서 살아왔다면 사춘기 아이는 짜증, 분노, 무기력, 우울감에 빠질 가능성이 매우 큽니다.

사춘기 아이의 부정적인 상한 감정은 본질에서 부모에게 받고 살아온 상처로 인한 것은 아닌지, 부부간의 불화가 원인은 아닌지를 주의 깊게 살펴봐야 할 것입니다.

이제, 대처방법에 대해 생각해 보겠습니다.

자녀가 아닌 배우자의 자존감을 먼저 회복시켜야 한다

부모의 잘못이든, 자녀의 잘못이든, 누구의 잘못이든 부모 자녀 관계가 부정적이고 불안하고 불편한 관계가 되어버렸다면 무엇보다 부모 스스로 무너진 자기 자존감을 다시 세워야 할 때입니다.

부모가 스스로 자존감이 무너진 상태에서는 자존심만 상하게 되므로 그 상한 자존심은 아이의 상한 감정을 다스릴 수도 치유할 수도 없게 됩니다.

그래서 부모 먼저 스스로 안정과 쉼이 필요합니다.

자식이 망가져 가고 있는데 더 기다릴 수 없는 상황을 이해합니다.

그러나 아무것도 하지 마시고 우선 안정을 취하십시오. 차라리 보지 않고 듣지 마십시오. 지금은 우선 부모의 자존감 회복이 먼저입니다.

결혼 전에는 자기 자신에 대한 자존감이 컸었는데, 결혼과 동시에 배우자로부터 받은 상처와 자녀가 생긴 후 받은 자존심의 상처를 천천히 치료받고 회복해야 합니다. 그것이 내가 살고 배우자가 살고 자녀가 사는 길이 될 것입니다.

부모 자신이 먼저 살아야 다시 자녀와의 관계 회복에 나설 수 있습니다.

부모의 자존감은 어떻게 회복될 수 있을까요?

부모의 원 부모를 찾아가야 할까요?

원 부모로부터 받지 못하고 배우지 못한 자존감을 과연, 누가 채울 수 있을까요?

맞습니다. 배우자가 회복시켜야 합니다.

부부 상호 간에 먼저 회복되어야 합니다.

그래서, 부부 친밀감이 아이의 자존감이 됩니다. 한부모 가정은 더 힘들 수 있습니다. 아이도 역시 더 힘들어 할 수 있습니다.

남편이 아내의 자존감을 다시 회복시키고, 아내가 남편의 자존감을 다시 회복시키는 것입니다. 자존감을 회복시키는 가장 기본적이고도 중요한 것은 배우자의 자존심을 다치지 않도록 말과 행동을 조심하는 것입니다.

부부 상호 간에 누가 먼저라고 할 것 없이 기분 나쁜 말을 사용하지 않도록 주의하는 것입니다. 배우자를 무시하거나 비하하지 않도록 자기의 말과 행동을 반복적이고 지속적으로 조심하는 것입니다.

그리고 나도 모르는 사이에 배우자의 감정을 상하게 하지 않았는지 배우자의 마음을 늘 확인하고 진심으로 사과하는 것입니다.

나는 배우자를 공격하거나 기분 나쁘게 할 생각이나 의도는 전혀 없는데도 배우자는 자존심에 상처를 받을 수 있습니다. 어떤 사실이나 상황에 대한 의견을 이야기했는데도 배우자가 기분이 나쁘고 감정이 상하는 경우가 참 많습니다. 이럴 때가 진심으로 상처받은 배우자의 말과 행동을 존중해줘야 하는 상황입니다. 그 상황을 어떻게 대처해 가느냐가 배우자의 자존감을 회복시키는 아주 중요한 기회가 됩니다.

설령, 내가 좀 억울하고 어처구니가 없는 생각이 들더라도 배우자의 말과 행동을 존중해 줄 때, 배우자의 자존감이 다시 회복됩니다.

이해하기 힘든 상황이겠으나 이런 이해할 수 없는 상황에서 배우자를 존중하며 친절하게 대하는 나의 말과 행동이 배우자의 무너진 자존감을 다시 세우고 상처받은 자존심을 다시 치료할 수 있는 아주 중요한 순간이라는 것을 반드시 기억해야 합니다.

남편은 아내를 존중하는데 아내는 남편을 존중하지 않는다고 생각되면 남편은 스스로 자존감을 지켜야 합니다.

아내는 남편을 존중하는데 남편은 아내를 존중하지 않는다고 생각되면 아내는 스스로 자존감을 지켜야 합니다.

만약, 아내를 존중하는데 존중받지 못하는 남편이라고 생각된다면 남편은 아내의 말을 잘 들어 주십시오. 입은 없다고 생각하고 귀만 열고 경청해 주십시오. 마치 지금 '딸이 말한다.'라고 생각하고 들으십시오. 딸의 말을 함부로 판단하고 상처 주지 않듯이 그런 마음으로 들으십시오. 그것이 남편으로서 자신의 자존감을 지키는 길입니다. 왜냐하면, 대체로 아내들은 잘 들어 주는 남편을 보고 '아내를 사랑한다.'라고 생각하기 때문입니다. 잔소리나 윽박으로 아내에게 자존심을 지키려 하는 행동은 가장 어리석은 태도입니다. 아내가 남편에게 지는 것이 아니라 늙어서 힘이 빠지길 벼른다고 합니다. 정말 슬픈 일입니다.

그리고, 남편을 존중하는데 존중받지 못하는 아내라고 생각된다면 아내는 남편에게 '나는 당신 편입니다'라고 고백하십시오. 그리고 작은 일에도 칭찬과 지지를 아끼지 마십시오. 마치 지금 '아들을 키운다.'라는 생각으로 말입니다. 아들을 키우는 엄마가 함부로 아들을 무시하거나 다른 아이와 비교하지 않듯이 그런 마음으로 남편의 편이 되어 주십시오. 왜냐하면, 대체로 남편들은 아내가 내 편이라고 생각할 때 '남편을 존중한다.'라고 생각하기 때문입니다. 잔소리나 바가지로 남편에게 자존심을 지키려는 행동은 가장 어리석은 태도입니다. 남편이 아내에게 지는 것이 아니라 어리석은 아내라고 포기한 것입니다. 정말 슬픈 일입니다.

남편에게 친절하지 않은 아내가 자녀에게 친절할 수 있을까요?

아내에게 친절하지 않은 남편이 자녀에게 친절할 수 있을까요?

배우자와의 친밀한 관계는 포기하고 아이에게만 기대하고 사는 것은 온전한 관계를 유지할 수 없게 됩니다.

부모가 먼저 자기 자신의 자존감을 회복해야 아이의 자존감을 회복시킬 수 있습니다.

부부가 먼저 배우자의 자존감을 회복시켜야, 아이의 자존감이 회복되는 것입니다.

100번 말하는 것 보다, 한 번 잘 듣는 것이 낫다

사춘기 아이가 어느 날부터 갑자기 짜증을 내고 분노하는 모습을 부모가 보게 되면 적잖이 당황스럽게 됩니다. 그런 모습을 한 번 두 번 보게 되면서 부모는 무슨 말을 어떻게 해야 할까를 고민하게 됩니다. 이러다 말겠지 하는 안도감을 가져 보려 노력하지만, 불안감은 쉽게 가시지 않게 됩니다.

처음에는 부모의 말을 듣는 것 같다가도 다시 원래대로 짜증과 분노가 점점 강해집니다. 아이가 강해질수록 부모는 잔소리가 늘게 되며 어느 때는 같이 짜증을 내고 화를 내기도 합니다. 이런 악순환이 한 달 두 달 지나고 나면 어느새 아이가 변해 있다는 것을 알게 되고 부모는 더욱 당황스럽고 불안해집니다. 어떤 말로도 아이를 잠재울 수 없는 상황이 되었다는 것을 인정하게 되면 아이의 태도는 내 자녀가 아닌 것 같다는 생각을 자주 하게 됩니다.

책의 첫머리부터 사춘기 자녀와의 친밀한 대화법을 계속해서 다

뤄야 할 이유입니다. 부모가 사춘기 자녀와 대화를 이어갈 수 없다면 아이는 어느새 남처럼 되어버립니다. 그리고 어떤 말을 해도 전혀 소용없다는 것을 부모는 인정할 수밖에 없게 됩니다.

아이를 이해할 수도 설득할 수도 없는 상황에 놓이게 됩니다.

아이가 짜증, 분노, 무기력, 우울감이 지속될 때는 아이에게 말을 할 때가 아니라 아이가 무슨 말을 하려는지 계속 들어 주어야 할 때입니다. 무슨 말을 하고 싶어 하는지 들어야 할 때입니다. 어쩌면 아이의 말을 오랜 시간 기다려야 들을 수 있습니다. 부모 말을 듣지 않는다고 나무랄 때가 아닙니다. 아이와 말다툼을 할 때가 아닙니다. 지시나 강요를 하지 말아야 할 때입니다.

부모가 자식에게 무슨 말을 어떻게 해야 아이가 바뀔까를 고민하지 말고 아이의 말을 끝까지 들어 주어야 할 때입니다. 말을 하지 않고 짜증과 억지만 부리는 아이가 힘들더라도 아이의 생각과 마음을 읽어 낼 수 있을 때까지 기다려야 합니다. 그리고 그 생각과 마음을 알게 되면 부모는 아이에게 무엇을 어떻게 말해야 할지 그 다음을 비로소 알 수 있게 됩니다. 그래서 백번 말하는 것보다 한 번 잘 듣고 아이의 생각과 마음을 잘 아는 것이 제일 중요합니다.

아이에게 그 어떤 말도 효과가 없다는 것을 이미 경험한 부모라면 말을 할 때가 아니고 아이가 말을 할 때까지 기다려야 하고, 말을 시작하면 끝까지 듣고 마음을 읽어내야 할 때입니다.

아이의 말꼬리를 잡지 마십시오. 신경질적인 아이의 말꼬리를 잡게 되면 아이는 폭발할 것입니다.

그 순간 오히려 대화의 역기능이 작용하게 됩니다. 판단을 끝까지 절제하고 이야기만 들어 주십시오. 다툼이나 분쟁은 절대로 피하셔야 합니다.

아이가 이미 상한 감정을 넘어 공격적으로 바뀐 상황에서는 어떤 말도 소용이 없게 됩니다.

이제는 밀할 때가 아니라, 귀로만 듣고 마음으로 읽어야 할 때입니다.

아이가 부모에게 잔소리와 질타를 듣다가 부모가 들을 준비를 하고 기다리고 있다는 것을 알게 될 때, 자녀의 어떤 말이든 들으려는 자세가 되었다고 아이가 느끼게 되면, 아이가 먼저 도움을 요청하게 됩니다. 그때까지는 힘들어도 기다려야 합니다.

아이가 부모의 말과 행동이 더는 간섭이나 강요로 여기지 않게 되면 아이는 부모에게 대화를 시도하게 됩니다. 기다리는 동안에도 도움을 요청하거나 너무 힘들다는 구조신호를 보낼 때는 정확히 알아차려서 도움을 주셔야 합니다. 반드시 아이가 먼저 이야기를 걸어오거나 필요한 것을 요구할 것입니다.

이렇게 아이가 먼저 요구하거나 요청할 때가 진정으로 양육의 기회가 온 것입니다. 아이 자신의 필요를 이야기할 때, 부모는 아이에게 최소한의 것을 요구하셔도 됩니다. 다시 말해 세상에 공짜는 없다는 것을 가르쳐 주는 시간입니다.

요구만 하면 다 알아서 해주는 것이 아니라 무엇이든 필요한 것을 얻기 위해서 그만한 최소한의 노력을 해야 한다는 인성과 사회성을 가르치는 것입니다.

자녀가 요구사항을 말할 때가 아이에게 필요한 인성을 가르칠 좋은 기회가 다시 찾아온 것입니다.

예를 들면, 기상 시간 지키기, 자기 방 정리하기, 게임 시간 지키기, 심부름하기, 동생과 놀아주기, 분리수거 하기, 등 일상생활 규칙을 다시 가르치는 것입니다. 아주 사소한 것들이지만 무척 중요한 원칙과 원리를 가르치는 중요한 수단입니다.

아이의 짜증, 분노, 무기력, 우울감이 반복될 때에는 아이의 신체적 건강을 위해 신경을 좀 더 써 주셔야 할 때입니다. 아이 몸의 건강상태도 좋지 않을 수 있습니다. 수면, 식사, 영양, 학업 이외의 활동에서 부모가 아이의 건강과 스트레스 해소를 위해 하나씩 실제적인 도움을 주면서 사춘기 이전의 관계로 조금씩 회복해 가는 게 중요합니다.

물론, 해야 할 것을 하지 않고, 하고 싶은 것만 하는 아이의 부정적 태도 때문에 부모가 인성과 사회성을 가르치기가 힘들어질 수 있습니다.

여기서 중요한 것은 일방적인 아이의 태도는 심리적 상태와 신체적 건강상태와 직결되기 때문에 아직 아이의 심리 건강에 대한 부모의 이해가 부족하므로 아이의 태도를 고치러 급하게 서두르지 말고, 우선은 신체적 건강상태를 돌봐야 한다는 것입니다.

이렇게 여유를 가지고 부모는 자녀의 자존감을 다시 살려야 합니다.

짜증, 분노, 무기력, 우울감은
아이를 좋아하고 사랑할 때 벗어날 수 있다

상한 감정을 넘어 공격적인 아이의 성향과 태도를 바로 잡는다는 것은 전쟁으로 잃어버린 땅을 되찾는 것 이상으로 고단하고 무척 어려운 일입니다.

그리고 단 한 번에 되는 경우는 거의 없으며, 여러 차례 반복해서 이루어져야 할 길고도 지치는 과정이 될 수 있습니다.

자녀의 무너진 자존감을 다시 세우지 않고, 아이의 상한 감정과 부정적인 태도를 바로잡는 것은 불가능에 가깝습니다. 물론, 아이들이 사춘기를 넘어 청년기로 가면서 상대적으로 안정화가 되는 예도 있습니다만, 조건은 부모가 더는 어떤 기대와 간섭도 하지 않아야 한다는 것입니다. 부모로 인하여 무너진 자존감을 타인을 통해 동기부여를 받고 자존감이 아닌 자존심을 다시 세우려는 노력으로 자신의 태도를 바꾸려는 경우도 있습니다.

그러나, 역시 부작용은 있습니다. 그것은 부모님 앞에서는 자신의 태도를 잘 바꾸려 하지 않는다는 것입니다. 밖에서는 그나마 잘한다고는 하는데 집에서는 잘 바뀌지 않는 태도가 여기에 해당합니다.

부모로부터 받지 못한 자존감은 설령, 직장사회에서 잘 적응하는 것 같다가도 자녀가 부모를 떠나 독립하고 가정사회를 이루게 되면 안타깝게도 이런 현상들이 반복적으로 나타나게 되어 자녀 역시도 현재 부모들이 겪고 있는 고통을 또다시 반복해서 배우자와 자녀를 통해 겪게 되는 상황이 발생할 수 있습니다.

따라서, 부모는 자녀의 무너진 자존감을 다시 세우기 위해 필사적으로 노력해야 할 때입니다.

잃어버린 자존감이 노력한다고 즉시 세워지는 것은 아닙니다만 감사하게도 노력하는 부모의 모습을 통해서도 아이들은 다시 자존감을 얻게 됩니다.

왜냐하면, 자존감이란 어느 상태에 이르러야만 채워지는 감정상태가 아니라 어느 순간이라도 진심으로 마음이 통하면 알게 되는 부모 자녀 간의 심리적 상호작용이기 때문입니다.

노력하는 부모를 한번이 아니라 지속해서 지켜보는 아이들은 비교당함으로부터 생긴 열등감이 자신감으로 바뀌게 되며, 무시당했던 자신의 감정을 존중받으므로 자존심이 회복됩니다. 아이에게 친절히 대하는 부모의 태도가 '나를 사랑한다.'라는 자존감으로 바뀌게 됩니다.

이런 과정을 거쳐 아이의 부정적 태도와 상한 감정들은 안개구름 걷히듯 자연스럽게 사라지게 되며, 자존감을 다시 세울 수 있게 됩니다.

무너진 자존감을 다시 세우는 방법은 다시는 아이의 자존심을 상하지 않게 하는 부모의 태도입니다. 아이가 일방적으로 모욕적이거나 억울하지 않도록 부모가 말과 행동을 조심하는 것입니다.

그러나 아이의 짜증, 분노, 무기력, 우울감이 게임중독 증상으로 생긴 경우라면 부모의 자존감 회복 노력과 더불어 신경 정신과적 치료를 반드시 받을 것을 권해드립니다. 게임중독 증상 한 가지만으로도 아이의 감정 상태가 과다 흥분상태가 되어 특별한 갈등 상황에 있지 않고 일상적인 생활 안에서도 짜증과 무기력이 반복될 수 있으므로 반드시 전문치료를 받도록 하는 것이 아이와 부모 모두 빠른 회복을 기대할 방법입니다.

일반적으로 자녀 양육의 필요한 2가지 태도로 권위와 애정을 이야기합니다.

권위 없는 애정은 아이를 공주병, 왕자병으로 기를 수 있습니다.

또한, 애정 없는 권위로만 키운다면 아이를 말 잘 듣는 외로운 아이로 키우게 될 것입니다.

지나친 권위가 강압이나 강요가 되지 않도록 주의해야 합니다.

지나친 애정이 허용이나 방치가 되지 않도록 주의해야 합니다.

그러나 근본적으로 더 중요한 것은 어떤 경우도 자녀를 진심으로 친절하게 대해야 한다는 것입니다.

사랑하는 자녀가 짜증, 분노, 무기력, 우울감이 반복적으로 나타난다면 우리 아이는 지금 심하게 아픈 상황입니다. 그리고 지금 그 통증을 호소하고 있는 것입니다.

부모에게 대드는 것이 아니고, 부모를 일부러 고통스럽게 하는 것이 아닙니다. 아이는 지금 짜증, 분노, 무기력, 우울감이라는 통증으로 부모에게 처절하게 호소하고 있는 것입니다. 내가 지금 많이 아프니 나 좀 치료해 달라는 절규로 보는 것이 맞습니다.

만약, 부모가 이런 아이의 마음속 고통을 들을 수 있다면 아이는 반드시 회복될 것입니다.

그러나 부모가 너만 아픈 게 아니고, 나도 아프다고 오히려 자녀에게 더 큰 고통을 호소하게 되면 어쩌면 사랑하는 아이를 잃게 될 수도 있습니다.

진짜로 죽기야 하겠습니까마는 '심리적 죽음'이라는 우울증을 겪게 될 수도 있습니다. 몸의 상처는 보이기 때문에 치료할 수 있지만, 마음의 상처는 보이지 않습니다. 그래서 치료가 어렵습니다. 특히 내 아이 마음의 상처는 세상 사람 누구에게도 보이지 않습니다.

오직 아이의 부모에게만 보입니다. 그러나, 세상에는 그것을 보지 못해 아이를 고통 속에 버려두는 부모도 있습니다.

자녀가 짜증, 분노, 무기력, 우울감이 지속해서 반복된다면 아이가 강한 것이 아니라 약할 때로 약해진 상태입니다.

매우 위태로운 상황입니다.

세상에는 유명한 상담사나 전문가들이 많습니다.

그런데 주의해야 합니다.

내 아이를 사랑할 수 있는 사람은 진짜 부모뿐입니다.

내 아이를 치료할 수 있는 사람도 진짜 부모뿐입니다.

아이의 오래된 열등감과 상처받은 자존심에서 나오는 짜증, 분노, 무기력, 우울감은 부모의 진심이 아이에게 전달되면 아이는 치유될 수 있습니다.

당신은 진짜 부모입니까?

진짜 부모라면 조건 없이 아이를 좋아하는 것입니다. 자녀의 팬이 되는 것입니다. 팬이란 응원자가 되는 것입니다. 자녀의 응원 대장이 되어 자녀를 승패와 관계없이 좋아해 주는 것입니다. 실력과 관계없이 좋아해 주는 것입니다. 자녀의 가진 모든 것을 구별 없이 좋아하는 것입니다.

그래서 좋은 부모는 자녀와 함께 있는 것 자체가 즐겁고 행복한 부모입니다. 자녀만 보면 해야 할 것, 배워야 할 것, 부족한 것이 먼저 생각나는 부모는 언제나 불행을 달고 사는 부모입니다. 자녀에게 좋은 것을 채우려고 하는 것이 오히려 자녀와 멀어지는 결과를 낳게 되기도 합니다.

아무런 기대나 바람 없이 아이를 좋아하는 팬이 되실 수 있기를 진심으로 바랍니다. 부모가 아이를 좋아하면 아이의 자존감은 높아집니다. 자녀가 우리 부모는 나를 좋아한다고 느끼기 시작할 때, 아이는 짜증, 분노, 무기력, 우울감에서 해방되기 시작합니다.

언제부터 아이를 조건 없이 좋아하기보다 기대와 바람을 채우려 했는지, 아니 사랑하지 않게 되었는지 다시 생각해 봐야 합니다.

좋아할 점이 하나도 없다고 하면 안 됩니다. 이미 자녀를 포기했다는 뜻입니다.

제 눈에 안경이라는 말이 있지 않습니까?

안경을 바꾸십시오. 시력을 조정하십시오. 그 길만이 자녀를 다시 살리는 길입니다. 부모가 먼저 아이를 좋아해야 아이는 자기를 사랑한다고 받아들입니다. 아이를 다시 좋아하게 되기를 진심으로 바랍니다.

우리 집 아이들이 주말에만 볼 수 있는 텔레비전 프로그램이 있습니다. '슈퍼맨이 돌아왔다'라는 아빠들이 아이들과 놀아주는 프로그램입니다.

그 영상에는 많은 아이가 등장합니다. 객관적으로 귀엽고 예쁜 여자아이들도 있고, 이목구비가 뚜렷한 잘생긴 남자아이들도 나옵니다. 그런데 이 프로그램을 볼 때마다 느끼는 점은 분명히 이 아이보다는 저 아이가 더 예쁘고, 더 잘생긴 것 같다는 생각이 드는데도 모든 아이가 다 사랑스러워 보인다는 것입니다. 누가 더 예쁜가, 더 잘생겼는가가 아니라 한결같이 사랑스럽다는 것입니다.

과연, 무엇이 이렇게 예쁘고 잘생겼다는 편견을 깰 수 있었을까요?

그것은 부모의 일방적인 사랑을 받는 모든 아이가 다 사랑스럽다는 것입니다. 예뻐서 사랑스럽기보다는, 잘생겨서 사랑스럽기보다는 사랑받아서 사랑스럽다는 것을 알게 됩니다.

자세히 보아야 예쁘고, 오래 보아야 사랑스럽다

몇 해 전, 나태주 시인을 직접 만나고 시집을 받은 적이 있습니다. 그 시집에 나온 시 중에 풀꽃이라는 시가 있습니다.

짧은 시이지만 긴 여운이 있어 소개해 드릴까 합니다.

제목은 '풀꽃'입니다.

풀꽃

자세히 보아야 예쁘다.

오래 보아야 사랑스럽다.

너도 그렇다.

부모 여러분,

이 시에서 너는 풀꽃이 아닙니다. 바로 여러분의 자녀입니다.

지금부터 여러분의 자녀를 자세히 보고, 오래 보십시오.

자세히 보면, 예쁠 것입니다.

오래 보면, 사랑스러울 것입니다.

자세히 보고, 오래 보면 다시 사랑할 수 있게 될 것입니다.

만약, 부모가 자녀를 자세히 보지 않아, 예쁘게 보지 못한다면 부모는 자녀에게 진심으로 사과해야 합니다.

부모가 자녀를 오래 보지 않아, 사랑스럽지 않다면 부모는 자녀에게 진심으로 사과해야 합니다.

내가 내 아이를 자세히 보지도, 오래 보지 않고 다른 누군가를 다른 어떤 곳을 바라보고 있었다면 자녀에게 진심으로 사과해야 합니다.

그래야 우리 아이들의 자존감이 살아납니다.

상처받은 자존심이 치유됩니다.

자세히 보면 단점이나 부족한 것도 예쁘게 보일 것입니다.

오래 보면 싫어했고 미워했던 것도 사랑스럽게 보일 것입니다.

자녀를 예쁘게 보는 부모가 있다면 아이는 짜증, 분노, 무기력, 우울감에서 벗어날 수 있습니다.

자녀를 사랑스럽게 보는 부모가 있다면 아이는 짜증, 분노, 무기력, 우울감에서 벗어날 수 있습니다.

예쁘고 사랑스러운 아이는 '1등 진로'를 찾을 수 있습니다.

상한 감정과 부정적인 태도가 치유될 때 '1등 진로'를 찾는 원동력을 갖게 될 것입니다.

그렇게 자세히 보고 오래 보는 것이 사랑입니다.

진짜 부모만 할 수 있는 사랑입니다.

그래서 다시 우리 아이를 '사랑' 할 수 있어야 합니다. 부모라면 말입니다.

2장

사춘기 자녀의 진로선택에 관한 10가지 고민

사춘기 자녀의 진로선택에 관한
10가지 고민

하늘에는 비행기가 다니는 항로가 있고, 바다에는 배가 다니는 해로가 있습니다. 하늘이 무한히 넓다 하여 아무 곳이나 날아다닐 수 없고, 바다가 아무리 넓다 해도 배는 해로를 통해 다니게 됩니다.

사람도 역시 마찬가지로 아무 길이나 함부로 다니지 않습니다. 자신에게 잘 맞고 어울릴 만한 길을 찾게 되고 이 길이 정말 안전한가, 만족스러운 결과를 가져다 주는가, 세월이 지나더라도 유지될 수 있을까, 조심스럽게 나아갈 바를 찾고 결정하게 됩니다. 이렇듯 사람이 앞으로 나아갈 길, 즉 자신의 길을 찾는 것이 진로(眞路)입니다.

사춘기 자녀들이 대학을 가기 위해 대학진학의 진로에서부터 자신의 직업을 선택하여 사회인으로 자립하고 부모에게서 독립하여 결혼 후 가정을 이루기까지 그 모든 과정이 진정한 진로입니다.

현재, 학교사회로 시작하여 직장사회와 가정사회로 이루어지는 3단계의 진로과정을 한 단계씩 거치며 사회적 자립인으로 성장하게 됩니다.

사춘기 자녀 부모라면 한결같은 바람이 이와 같은 진로과정을 겪으면서 큰 실수나 어려움 없이 무난하게 자신의 길을 찾아가고 특히, 좋은 사람들과 만남을 통해 좋은 인연을 만들어 가는 것을 기대할 것입니다.

그렇다면 참된 진로는 어떻게 찾는 것일까요? 다른 이가 볼 때 쉽게 자기의 길을 찾아가는 사람도 있고 그와는 반대로 온갖 고생과 역경을 겪고도 자기 길을 찾지 못해 헤매는 사람도 있습니다. 사춘기 자녀 중에는 자신의 흥미와 적성에 맞추어 성공적으로 진학하는 학생이 있는가 하면 그와 반대로 전혀 엉뚱한 진로를 택한 학생도 있습니다. 또한, 졸업 후 자신의 직업과 직장을 잘 선택하는 사람이 있는가 하면 자신이 선택한 그 직업이 자신과 맞지 않아 힘들어하는 경우도 많습니다. 한 번의 선택을 잘하여 그 길을 잘 갔다고 만족하다고 말하는 사람도 있고, 한 번의 선택을 잘못하여 불행한 인생이라고 여기는 사람들도 있습니다. 이렇듯 삶의 전 과정을 통해 관찰해보면 처음부터 자신의 진로를 어떻게 선택하는가는 참으로 중요한 일이 아닐 수 없습니다.

우리는 모두 자신이라는 자동차를 가지고 인생의 목적지를 향해 길을 간다고 가정해 볼 수 있습니다. 이것을 진로선택이라는 과정으로 구분하여 자동차에 비유해 본다면 크게 동력(엔진)이라는 부분과 운전(기술)이라는 부분, 도로(길)라는 부분으로 세 가지로 구분해 볼 수 있습니다. 여기서 동력은 자동차 자체의 엔진의 힘을 말하고, 운전기술은 자동차를 조종하는 운전기술을, 도로는 자동차가 다니는 길을 말합니다.

위의 세 가지 항목 중 어떤 것이 가장 중요하다고 생각하십니까? 물론 위의 세 가지는 모두 필수 요소입니다. 그런데 어떤 목적지에 가려고 할 때, 어떤 항목이 결정적으로 중요하다고 생각하십니까? 라고 질문을 하게 되면, 대체로 자동차는 동력이라는 엔진이 좋아야 한다는 답과 운전기술이 좋아야 한다는 두 가지 답을 가장 많이 듣곤 했습니다.

첫째, 자동차의 동력 즉 엔진이 좋아야 한다는 생각입니다.

예를 들면 이렇습니다. 대형자동차와 소형자동차를 비교해 보면 대형자동차 엔진은 소형과는 비교할 수 없을 만큼 성능이 좋습니다. 자동차 엔진이 좋다는 것은 그 자동차의 속도와 힘을 결정해 줍니다. 그래서 엔진이 좋은 것이 제일 좋을 것이라 답합니다. 물론 맞는 말일 수 있습니다. 그러나 정답은 아닙니다. 가령, 신호대기하고 있는 소형차와 대형차 중 어떤 차가 빨리 출발하겠는가 하고 물어보면 대체로 대형이라고 답합니다. 그러나 사실은 차체 중량이 가벼운 소형자동차가 빨리 출발할 수도 있습니다. 우리가 고속도로나 일반도로를 다녀보면 대형이나 소형이 거의 속도 차이 없이 다니는 것을 볼 수 있습니다. 엔진 동력 크기가 아닌 차량 흐름이 속도를 결정한다는 것을 쉽게 알 수 있습니다. 길이 막힐 경우는 오히려 페달을 밟아야 하는 자전거가 자동차보다 빨리 갈 때도 있습니다.

대체로 동력이라는 엔진이 좋으면 어떤 상황에서도 문제없이 빨리 갈 것으로 생각합니다. 사실 동력이 좋다고 아무 곳에서나 차의 성능대로 빨리 갈 수만은 없습니다. 이것은 능력이 곧 성공의 길을 결정짓는 최우선 순위는 아니라는 것과 같습니다.

좋은 동력이란 좋은 엔진을 가진 자동차와 같습니다. 그러나 그것이 목표 도달에 가장 중요한 요소가 되는 것은 아닙니다. 이와 마찬가지로 좋은 환경과 배경이라면 좋은 성장 동력입니다. 그러나 그것이 제일 중요한 요소는 아닙니다.

둘째, 운전기술이 좋아야 한다는 생각입니다.

운전을 잘해야 빨리 간다는 논리였습니다. 역시 틀린 답은 아닙니다. 그러나 정답은 아닙니다. 카레이서와 같이 능숙하게 운전을 잘하는 실력 있는 운전사와 나이가 70세가 넘은 할머니가 나란히 자동차를 운전한다고 가정해 보겠습니다. 운전 실력에는 차이가 있지만, 평상시 자동차 속도에는 별 차이가 없습니다. 그것은 운전사의 운전기술보다 교통 사정에 따라 자동차 속도가 결정되기 때문입니다.

교통 흐름이 더 중요한 것입니다. 운전할 수 있는 자격과 기본 실력만 있으면 할머니도 할아버지도 다 함께 차량 흐름에 맞추어 자동차를 운전할 수 있습니다. 카레이서는 자신만의 레이싱 트랙에서만 자신의 실력을 과시할 수 있을 뿐입니다. 좋은 성적과 높은 학벌은 틀림없이 좋은 성장 동력입니다. 그러나 여러 가지 자격증을 소지하고 명문 대학 졸업장과 다양한 이력을 가진 구직자라 할지라도 그 진로가 자신과 맞지 않는다면 그의 운전 실력은 잘 발휘되지 못할 것입니다. 기술이 좋고 능력이 많다고 하여도 자신의 진로를 잘 선택하지 못한다면 좋은 기술은 발휘되지 못할 것입니다.

셋째, 거의 답을 하지 않았던 도로입니다.

운전 실력과 기술, 자동차 동력의 중요성에 비해 도로가 중요하다고 답하는 사람은 그리 많지 않았습니다. 길이 중요하다는 것을 다 알고 있지만, 그 중요성을 바르게 인식하지 못했기 때문입니다. 차량 흐름이 좋은 도로를 찾는 것이 자동차 엔진과 운전 실력보다 훨씬 더 중요합니다. 그래서 자동차는 성능이 좀 떨어지는 차량을 사용하더라도 내비게이션은 최신 기종의 높은 성능을 가진 기기를 사용해야 하는 것과 같습니다.

그런데, 문제가 있습니다. 어떤 길이든 뚫려 있는 길이 거의 없다시피 하다는 것입니다. 자동차가 너무 많아졌습니다. 어떤 길이든 혼잡하고 막힌 상태가 되었습니다. 지방도로, 국도, 고속도로 할 것 없이 모든 길이 주차장처럼 막혀 있습니다. 이것이 현실입니다. 자신에게 맞는 직업을 찾는 과정이 쉽지 않은 가운데 직장을 찾고 취업을 하는 전 과정은 젊은 세대에게 큰 고통과 고충을 겪게 하고 있습니다. 그래서 명문대를 나오고 스펙이 좋든 관계없이 모두 전전긍긍하는 어려움에 빠지게 됩니다.

나만의 진로를 찾는 것도 결코 쉬운 일이 아닌데 더군다나 이미 그 길에는 많은 사람으로 가득 차 있습니다. 웬만해서는 진입조차 하기 어려운 실정입니다.

진로라는 삶의 여정을 선택하기에 앞서 니의 길인지 아닌지를 잘 살펴보아야 합니다. 또 내가 선택한 길이 막혀 있지는 않은지 또 그 길이 끊겨 있지는 않은지 반드시 잘 알아보아야 할 것입니다. 설령, 그 길이 많이 막혀 있다 할지라도 자신이 가야 할 길임을 깨달았다면 늦게 가든 천천히 가든 그 길을 갈 때만 우리는 목적을 이루는 삶을 살 수 있게 될 것입니다.

더 나아가 이제는 자신의 길을 만들고 닦으며 새로운 진로를 개척하는 삶을 살아갈 수도 있습니다. 부모 세대에서는 보지도 듣지도 못했던 새로운 길을 사춘기 자녀세대에는 겪게 될 것입니다. 부모의 능력이 어느 정도 도움은 될 수 있으나 자녀의 진로를 대신 닦아 주고 만들어 줄 수는 없습니다. 지켜보는 부모나 이 길을 직접 가야 하는 아이들 모두가 힘들고 어려운 진로 여정이 될 것입니다.

이런 여건의 상황에서 진로선택의 중요함은 늘 강조될 수밖에 없습니다. 그 길이 바로 자녀가 갈 길인지를 결정하는 것이 참으로 중요하고 어렵기 때문입니다. 이런 험난한 상황에서 진로를 찾아가는 나침반 역할을 하는 것이 무엇일까요? 그것은 바른 직업관입니다. 그리고 그 길을 갈 수 있는 원동력은 스펙보다 중요한 자녀 내면에 담겨있는 '자존감'입니다. 어떤 좌절과 실패를 딛고 다시 일어나는 탄력성은 자존감으로부터 나오기 때문입니다. 부모가 자녀에게 줄 수 있는 최고의 선물이 자존감이며, 이것이 진정한 부모의 백그라운드이자 부모 찬스가 될 것입니다.

진로선택에 있어서 바른 직업관이 실력과 능력에 비교하여 우선되어야 하는 중요한 사항입니다. 만약, 자녀의 직업관과 진로설계가 탄탄한 고속도로가 아닌 바닷가의 갯벌처럼 매번 빠질 수밖에 없는 늪과 같다거나 설령, 고속도로라 하더라도 이미 많은 차량으로 더는 진입이 어렵다면 아무리 좋은 인재라도 그 길에 많은 시간을 번민하며 고민과 낭패감을 맛볼 것입니다.

실력 있는 인재들이 자신의 직업진로 앞에서 방황하고 좌절하는 경우가 많습니다. 자신이 가고 있는 그 길이 자신의 길이 아니라고 말하는 경우도 많습니다. 그래서 대학 졸업을 앞둔 예비 직장인들이 자신의 전공을 바꾸는 경우가 허다합니다. 미숙한 진로설계의 결과가 아닐 수 없습니다. 직업관이 명확지 않아 상황에 따라 진로를 여러 번 수정하는 때도 많습니다. 그 이유는 바른 직업관을 세우지 못한 데서 그 원인을 찾을 수 있습니다.

바른 직업관을 찾는 첫 번째 단계는 바로 '나는 어떤 사람인가?'라는 것을 아는 것입니다. 자동차로 바꾸어 말하면 '어떤 용도의 자동차인가?'라는 것을 아는 것에서부터 시작됩니다. 자동차를 차종별로 분류해 보면 승용차, 승합차, 화물차, 특수차로 크게 분류해 볼 수 있으며, 경찰차, 소방차, 구급차, 견인차, 덤프차, 레미콘

차, 관광차 등 사용 용도에 따라 정체성이 서로 다른 차량이 많이 있습니다. 이와 마찬가지로 사람도 각자의 정체성을 먼저 알아본 후, 그 유형에 맞는 진로를 찾는 것이 중요합니다. 한 치 앞을 내다볼 수 없고 변화를 예측할 수 없는 불확실한 현시대에, 미래 유망한 직업을 사전에 찾아내어 위험부담을 감수하고라도 미리 준비하는 것이 현명한 진로 탐색의 한 방법이 될 수 있으나, 이것도 나 자신과 잘 맞아야 유망한 직업으로 자리매김할 수 있는 것입니다. 즉, 어떤 직업을 준비한다고 가정할 때, 되는 길과 가는 길이 모두 내 자녀와 잘 맞아야 합니다. 이 부분에 대해서는 뒷장에서 자세히 살펴보도록 하겠습니다.

사춘기 자녀에게 있어서 바른 직업관을 갖게 하고 생애진로가 무거운 짐이 되지 않도록 준비시키는 것은 무척 중요한 일이 될 것입니다. 자신의 직업을 통해 기쁨과 만족을 누리기 위한 진로설계와 과정을 경험하는 것이 무엇보다 중요합니다.

바른 직업관을 정립하고 재능과 소질을 계발하여 자신의 전문성을 찾아내고 자신에게 맞는 최고의 직업을 설계하여 전문 직업인으로 프로처럼 살아가게 하는 것이 부모의 역할이며 소명이란 생각입니다.

사춘기 자녀가 자신이라는 자동차가 어떤 정체성과 용도를 가지고 있는지 알아야 합니다. 그리고 자신의 엔진이 남과 비교하여 형편없이 작고 왜소한 것 같아도 너무 낙심하지 말아야 합니다. 또한, 남과 비교하여 사회에서 성공할 수 있는 여러 가지 기술이나 실력이 부족하다 하여도 포기하지 말아야 합니다. 오직 자신에게 주어진 나의 길을 찾아 다른 사람들이 생각하지 못하는 나에게 맞는 진로를 발견한다면 바른 진로선택이 될 것입니다. 즉, 남과 비교하다가 아까운 시간만 낭비할 것이 아니라, 내게 주어진 나의 것에 집중하고 나의 것을 계발하는 것이 가장 현명한 진로선택이 될 것입니다.

이제 사춘기 자녀의 진로선택에 있어서 생계수단뿐만 아니라 꿈과 비전을 찾는 직업 사이에서 자녀와 부모가 함께 생각하고 있는 10가지의 고민을 그동안 현장에서 경험한 내용으로 밀도 있게 고찰해 보고자 합니다. 자신의 직업선택을 결정하기까지 바른 직업관을 찾고 자신의 재능과 소질을 잘 선용하여 최고의 직업선택을 할 수 있기를 간절히 바라면서 어떤 고민이 있는지 살펴보도록 하겠습니다.

고민 01

자녀의 꿈과 목표가 분명해야 성공할 수 있다?

우리 사회 어디를 가나 자녀의 꿈과 목표에 관한 관심과 이야기들이 주요 화젯거리가 되곤 합니다. 사춘기 자녀들의 대학과 직업선택에 관한 이야기입니다. 꿈과 목표가 분명해야 성공할 수 있다고 배우고 있고 그렇게 믿고 있는 경우가 많습니다. 특별히 사춘기 자녀들이 모여 있는 학교나 여러 단체 안에서도 꿈과 목표가 있어야 한다고 말합니다.

그래서인지 아이들도 공부를 열심히 해야 할 학생 때에는 꿈이 없어 방황하고, 일을 열심히 해야 할 사회인이 되어서는 학생 때 못한 공부를 다시 해보겠다고 공부에 도전하느냐고 대단히 바쁘게 살고 있습니다.

정말 꿈을 가지고 살아야 성공할 수 있는 것일까요?

진정, 꿈이란 반드시 갖고 살아야 하는 걸까요?

그동안 상담을 해온 많은 학생과 부모들의 공통적인 고민은 이런 것입니다. "나는 어떤 꿈도 목표도 없습니다", "우리 아이는 꿈이 없어 걱정입니다." 어쩌면 대부분 사람이 이렇다 할 꿈과 목표를 가져 본 경험이 없을 수 있습니다. 그렇다면 꿈과 목표는 꼭 찾고 가져야 하는지 의문이 아닐 수 없습니다.

우리 사회의 성공 했다는 대부분의 유명한 인사들은 우리에게 꿈과 목표를 가지고 강인한 의지와 추진력, 백절불굴의 투지를 가지고 도전하라고 이야기합니다. 저 역시도 청소년기에 그런 이야기를 많이 듣고 자라왔지만, 들을 때마다 더욱 좌절했던 경험이 있습니다. 저는 그런 꿈과 목표를 찾을 수 없었으며, 더군다나 어떤 의지도 투지도 없었기 때문입니다. 그런 이야기를 들으면 들을수록 난감한 처지와 환경에 주눅만 더해질 뿐이었습니다. 그런 이야기들은 일상 속에서 헤매다 잠시 환기 정도만 시키는 것뿐이었습니다.

꿈과 목표가 없어서 아주 오랜 시간 고민하며 헤맸던 적이 있습니다. 그리고 저는 그 꿈이 곧 성공의 첫발이자 제일 중요한 요소라고 생각했었습니다. 그러나 이젠 그 이야기를 더는 믿지 않고, 믿을 수도 없게 되었습니다. 왜냐하면, 그동안 많은 사람과의 만남과 경험을 통해 다음과 같은 결론에 도달했기 때문입니다.

그것은 성공이란 내가 미래의 꿈과 목표를 가졌는가 아니면 못 가졌는가가 아니라, 현재 나에게 주어진 여러 가지 환경과 상황 가운데 현실을 인정하고 어려움을 극복하려는 의지와 태도, 노력하는 행동의 결과로 결정되는 때가 많다는 것을 알았기 때문입니다.

설령, 미래의 꿈과 목표가 있다고 하더라도 현재 어떤 환경이나 상황들에 의해 내가 더 많은 영향을 받고 산다는 것과 누구나 의지를 다지고 열심히 노력하는 행동을 한다고 해서 반드시 자신이 원하는 성공을 보장받을 수 없다는 것도 알게 되었습니다. 이 이야기를 잘못 오해를 하면 운명론자처럼 들려질 수 있는 말이 되나 우리의 삶을 냉철히 통찰해 보면 이 말은 진실임을 알 수 있습니다. 이 말의 진의에 오해가 없길 바랍니다.

꿈과 목표를 가지고 열심히 노력하는 행동은 아주 좋은 태도입니다. 그러나 꿈과 목표가 없다고 해서 열심히 노력하지 않는 태도는 결코 바람직하지 못한 것입니다.

따라서, 성공을 보장받을 수 있는 꿈과 목표라는 것은 없으며, 노력한다고 다 성공한다는 보장도 없습니다. 그래서 성공보다 더 중요한 그 무엇인가가 있다는 것을 알아야 합니다. 그것이 곧 사람입니다. 사람 자체가 가장 중요한 그 무엇입니다.

사람들은 무엇이 되었을 때, 성공했다고 표현합니다. 그렇지만 성공했다는 사람 모두가 행복하다고는 말할 수 없습니다. 다시 말해 성공했다고 다 행복할 수는 없지만, 행복한 사람은 성공할 수도 있고, 못 할 수도 있는 것입니다. 어떤 면에서는 행복한 사람으로 살 수 있다면 그것이 진정한 성공이라고 말할 수 있습니다.

사춘기 자녀의 진로는 꿈과 목표를 찾아내고 갖는 것, 그 자체가 성공이라고 할 수 없습니다. 그리고 꿈과 목표를 이루는 성공하는 자녀라도 그 성공이 목표가 되면 불안전한 것입니다. 자녀가 행복한 사람으로 성공할 수 있도록 진로목표를 세우는 것이 가장 좋은 선택일 것입니다.

사춘기 자녀들에게 있어서 꿈과 목표라는 말은 대단히 도전적이고 희망적이기까지 합니다. 그러나 누구에게나 다 통용될 수 있는 말은 아닙니다. 그동안 많은 부모와 자녀들을 만나면서 자신의 꿈과 목표를 분명히 정하거나 확신까지는 아니더라도 하고 싶은 일이 있었던 사람들은 불과 10%도 되지 않았습니다. 그것도 몇 차례씩 자신의 꿈과 목표가 바뀌었다고 말을 했습니다. 그리고 그렇게 꿈이 있다고 말했던 10%마저도 대학진학과 직장에 취업하는 과정에서 변하거나 바뀌는 경우가 대부분이었습니다.

그렇다면 꿈이 있는 사람과 꿈이 없는 사람, 무엇이 다를까요? 꿈이 없다는 사람들이 모두 꿈이 없어서 직업선택을 하지 못했던 것일까요? 그렇지 않습니다. 꿈이 있었던 사람도, 꿈이 없었던 사람도 직업선택에서는 별 차이가 없었습니다. 모두가 어렵고 힘든 과정입니다.

사람의 성격유형에 따라 거시적이든 미시적이든 눈에 보이는 목표를 정해야 몸과 마음이 움직이고 행동하는 사람들의 성격유형이 있습니다. 특히 진취적이고 미래지향적인 사람들은 자기 삶의 계획을 정열적이고 열정적으로 표현하는 것을 좋아하며 또 그런 비전들을 통해 자신이 성장한다고 믿고 있습니다. 물론, 그 말은 사실일 수 있고 좋은 영향력을 갖게 할 수 있습니다. 그러나 이 이야기가 모든 이들에게 통용된다고 생각하는 것은 대단한 오해입니다. 이 말이 절대적인 진리라고 생각한다면 많은 이들에게 꿈과 목표를 찾기 위한 시간과 노력의 낭비를 가져오게 할 것입니다.

특히, 세상 경험이 절대적으로 부족한 사춘기 자녀에게 꿈과 목표를 가지라고 열정적으로 이야기하는 이들이 정말 많습니다. 그리고 그 꿈과 목표를 찾고 품으려 노력하는 아이들이 많이 있습니다. 그러나 그동안 아이들을 만난 경험으로 볼 때 이 이야기를 믿고 꿈과 목표가 없다고 스스로 낙심하고 좌절하는 아이들이 더 많았습니다. 그 부모 역시 내 아이는 꿈이 없다고 불안해했습니다.

어떻게 인생을 20년도 채 살지 않은 아이들이 자신의 꿈과 목표를 온전히 깨달을 수 있겠습니까? 더군다나 하루가 다르게 변화하고 있는 21세기 4차 산업혁명 시대를 사는 현시대에 말입니다. 설령, 어떻게든 자신들의 꿈과 목표를 갖거나 찾았다고 하더라도 그것이 완벽하다고 할 수 있겠습니까? 물론 부모의 헌신과 아이 자신의 노력으로 꿈과 목표를 정하고 열심히 살아가고 있는 자녀들이 있다는 것을 부정해서는 안 됩니다.

어려서부터 세상에 꼭 필요한 사람이 되려는 결심과 많은 사람에게 도움을 주면서도 자신의 꿈과 목표를 이루겠다는 신념을 가진 자녀들이 있습니다.

그러나 지금 말하고자 하는 내용은 자칫 꿈과 목표를 찾거나 갖겠다고 시간을 소비하다 보면 오히려 자신의 야망과 정욕에 사로잡힐 수 있다는 것입니다. 확실하지도 않은 미래의 꿈과 목표를 찾는다는 것보다 하루하루 주어진 일과를 충실히 해나가는 것이 꿈과 목표를 향해 다가가는 길일 것입니다.

어떤 아이들은 학업을 게을리하는 이유가 아직 자신의 꿈을 찾지 못해서 마음이 정해지지 않아 방황하고 있기 때문이라고 말합니다.

또, 어떤 아이들은 어차피 공부해도 직업선택은 다른 것을 할 것인데, 일부러 공부하느라 고생할 필요가 뭐가 있냐고 말합니다.

사춘기 아이나 부모가 불확실한 미래를 막연히 걱정하는 것보다 오늘 하루를 어떻게 살아가는 것이 먼저가 되어야 하는지를 아는 것이 중요합니다. 미래의 꿈과 목표를 고민하는 것이 필요 없다는 말이 아니라, 그만큼 오늘 해야 할 것과 우선해야 할 것에 대한 중요성을 알아야 합니다. 물론, 미래를 예측하고 대비하는 과정은 필요합니다. 그러나 미래를 준비하기 위한 꿈과 비전에 관해서는 뜨거운 마음을 갖고 있으면서도 실상 하루하루 성실하게 살아내는 것은 전혀 준비되지 못한 모습을 많이 보게 됩니다.

자신의 꿈과 목표가 없는 것으로 낙심하지 않기를 바랍니다. 오히려 그 핑계로 하루하루를 소홀히 여기는 것을 반성하고 지금 하루하루를 소중히 여겨야 할 것입니다. 지금 내게 있는 것들을 소중히 여기는 것이 먼저가 되어야 합니다. 진정한 꿈과 목표는 하루하루를 소중히 살아가는 사람만이 찾을 수 있고 만날 수 있는 선물과 같기 때문입니다.

고민 02

어떤 일을 좋아하는지,
무슨 일을 해야 잘할 수 있는지 알아야 한다?

사춘기 자녀들이 대학입시를 앞두고 가장 많이 하는 고민이 바로 이 문제일 것입니다. 자신이 어떤 일을 좋아하는지, 또 앞으로 무슨 일을 해야 잘할 수 있는지 정확히 모르고 있다는 것이 아이들을 초조하게 하며 입시를 준비하는 과정에 방해요소가 됩니다.

이는 사춘기 자녀들뿐만 아니라 대학을 졸업하고 취업을 앞둔 많은 예비 직장인들도 이 문제는 역시 마찬가지의 고민거리입니다. 저 역시 그동안 상담이나 강연을 통해 제일 많이 받은 질문 가운데 하나가 좋아하는 일을 해야 하나요? 아니면, 잘하는 일을 해야 하나요? 라는 질문이었습니다.

우리나라의 학교 학과과정은 자신이 어떤 일을 좋아하는지를 찾아내는 학업과정이 아니라는 생각입니다. 또한, 앞으로 무슨 일을 해야 잘할 수 있는지를 교육받거나 상담할 수 있는 여건이 조성되어 있지 않습니다. 입시진로는 명문대 명문 학과 진학에 과몰입되어 있습니다. 그리고 그 목표로 학입에 전념하는 분위기입니다. 대학을 졸업한 후에도 마찬가지입니다. 대부분의 취업 준비생은 상대적으로 안정되고 보수가 높은 직장에 취업하려는 목표를 가지고 있으며, 자신이 무엇을 좋아하고 잘할 수 있는지에 대한 전문성에 대하여는 별반 관심이 없어 보입니다. 그래서인지 대학전공과 관계없이 안정감 있는 공무원시험에 그렇게 많은 취업 준비생들이 몰리고 도전하고 있는 현실입니다.

그러나 막상 진로선택의 갈림길에 서면 제일 많이 하는 고민이 앞에서 언급한 내용입니다. 지금까지 별로 고민해 오지 않았던 문제를 가지고 현실에 닥쳐서 전공이나 직업을 선택해야 하는 순간에는 이 문제로 많은 고민을 하게 됩니다. 물론 각종 진로 탐색이나 직업 심리검사들을 통해 자신이 무슨 일을 좋아하고 잘할 수 있는지를 찾아내는 방법도 있지만, 이런 상황에도 확신할 수 없어 고민하기는 마찬가지입니다. 만약, 우리 아이들에게도 이런 일이 생긴다면 어떻게 해야 할까요?

물론, 좋아하면서 잘하는 일을 하면 제일 좋겠지만 둘 다 만족할 만한 직업을 찾는다는 것이 결코 쉬운 길이 아니기에 고민이 깊어집니다.

그런데, 중요한 문제가 더 있습니다. 좋아하는 일을 하든, 잘하는 일을 하든, 아니면 좋아하고 잘하는 일을 하게 되더라도 실제로 돈을 버는 직업으로 일을 하게 된다면 전혀 예상치 못한 고충이 따라온다는 것입니다.

즉, 좋아하고 잘하는 일을 해주고 대가를 보상받는 직업으로 일을 하게 된다면 다음과 같은 두 가지 고민에 직면하게 됩니다.

첫째는 그 일을 통해 만나게 되는 여러 분류의 사람입니다. 우선, 직장에서의 상사, 동료, 부하직원뿐 아니라 일과 관련되는 거래처 담당자나 고객들을 만나게 되는데 이런 인간관계를 통해 문제와 갈등이 시작됩니다. 그리고 이런 문제는 스트레스와 불편함, 그리고 불안감마저 들게 합니다.

그리고 두 번째는 나 스스로는 내 일을 잘한다고 생각했고 좋아한다고 생각해서 시작한 일인데, 문제는 남으로부터 내 일을 부정적으로 평가받기 시작한다는 것입니다. 나는 잘한다고 생각했던 일인데 남들이 나보고 못한다고 지적하는 것과 심지어 나보다 더 잘하는 사람을 보게 될 경우가 반드시 발생합니다. 내가 좋아하는 일을 찾든, 내가 잘하는 일을 찾든, 두 가지 모두 해당하는 일을 찾게 되더라도 문제를 만나게 되면 선택에 대해 후회를 하게 되고 이 길이 나에게 맞는 길인지 본질적인 고민과 갈등을 겪게 됩니다.

저는 이와 같은 질문을 받게 되면, 좋아하는 일도 아니고, 잘하는 일도 아닌 '사랑하는 일을 찾으라'라고 답변합니다. 물론, 좋아하고, 잘하고, 사랑할 수 있는 일이라면 최고의 직업선택일 것입니다. 나에게 맞는 가장 좋은 진로는 무엇보다 그 일을 사랑하는 것입니다. 무척 이상적인 답이라고 말할 수 있습니다. 그러나 20년 이상 자녀교육과 진로상담을 해오면서 제가 찾은 답입니다. 그리고 이 책에서 말씀드리려는 핵심이 바로 이 내용입니다.

최고의 진로선택은 '내가 사랑하는 일을 찾아야 한다.'입니다. 사랑하는 일을 찾는 것이 곧 '1등 진로'를 찾는 길입니다.

그래서 사춘기 자녀를 사랑한다는 것이 얼마나 중요한지를 부모들은 알아야 합니다. 사춘기 자녀를 사랑할 때, 내 아이가 사랑할 수 있는 일을 찾을 수 있게 됩니다. 그리고 그것이 가장 중요한 부모의 역할입니다. 사춘기 자녀를 사랑하는 것이 자녀교육의 핵심이며, 최고의 진로교육입니다.

그래서 1장에서 진로에 관한 주제를 먼저 다루지 않고, 사춘기 자녀와 부모의 친밀한 관계 회복에 관한 이야기를 나누었던 까닭입니다.

'사랑받는 아이가 1등 진로를 찾는다'라는 말은 성공해야 행복한 것이 아니라, 사랑받는 아이가 행복하다는 말이며, 그렇게 사랑받는 아이가 자존감을 가지고 '1등 진로'를 찾게 된다는 말입니다. 또한, 1등 진로란 남들과 비교해서 상대적으로 성공했다는 비교평가가 아니라, 내 일을 통해 나 자신과 남을 사랑한다는 것이 무엇인지를 알고, 자기 일에 대한 사랑과 그 일을 통해 만나게 되는 사람을 사랑하는 방법을 알게 되는 '사랑의 사람'이 된다는 의미입니다.

이것은 진로과정의 3단계인 학교사회, 직장사회 그리고 아이가 새롭게 이루게 될 가정사회라는 전 과정에서 사랑받는 존재가 되며, 사랑스러운 사람으로 살아간다는 의미이기도 합니다.

그래서 부모는 자녀를 어떻게 성공시킬까를 고민할 게 아니라, 어떻게 사랑할까를 고민해야 합니다. 그리고 자녀를 사랑하는 능력은 과연 어떻게 생기는 것일까를 끊임없이 묵상해야 합니다.

자신의 직업에 만족한다는 직장인은 50%도 되지 않는다는 통계가 있습니다. 기회만 있으면 이직하고 싶다는 결과입니다. 대체로 직업인을 대상으로 조사해 보면 자신의 직업과 직장을 평균적으로 5회에서 8회 정도 옮긴 것으로 나타납니다. 즉 전직과 이직을 그렇게 많이 합니다. 이 사실은 자신에게 맞는 직업을 찾는 과정이 단순하지 않다는 이야기이기도 합니다.

또한, 자기 자신이 어떤 일을 좋아하는지, 무슨 일을 해야 잘할 수 있는지를 알기까지 여러 가지 과정과 경험들을 통해 깨닫게 된다는 사실입니다.

지금 자녀가 무엇을 좋아하고 잘할 수 있는지를 정확히 판단할 수 없다면 제일 중요한 것은 무엇보다 선택의 기회를 일회적으로 단축해서는 안 됩니다. 예를 들면, 우리나라 고등학교에서는 문과에서 일등을 하면 법대에 지원하고 이과에서 일등을 하면 의대에 지원한다는 말이 있습니다. 요즈음은 아예 유치원에도 의, 치, 한 특별반이 있을 정도라고 합니다. 자녀의 전문성을 전혀 알지 못하는 상태에서 이렇게 획일화된 선택을 하게 된다면 우수한 인재들에게 주어져야 할 미래에 대한 진로선택을 너무 단순화시켜버리는 어리석음을 범할 수 있습니다.

따라서, 자신이 무엇을 좋아하고 잘할 수 있는지 잘 모르는 경향이 있다면 다양한 경험들을 통해 자신의 길을 스스로 선택해 갈 수 있도록 넓은 진로 탐색 과정을 경험할 수 있도록 도와야 합니다. 특히 자녀가 우수한 인재일수록 디욱 신중하게 고려해아 합니다. 만약 자신이 무엇을 좋아하는지 어떤 일을 해야 잘할 수 있지를 정확히 알고 있다면 이제, 그 일을 사랑한다는 것이 무슨 의미인지를 부모를 통해 배울 수 있도록 알려줘야 할 때입니다.

그러나, 이와 반대로 자녀가 스스로 무엇을 좋아하는지, 어떤 일을 해야 잘할 수 있는지를 모르고 있다고 해서 낙심할 이유는 전혀 없습니다. 그것은 지금까지 아이가 학교와 사회로부터 배울 기회를 얻지 못했기 때문입니다.

이제는 획일화된 진로선택이 아니라 아이에게 맞는 좋아하고, 잘할 수 있고, 사랑할 수 있는 일을 찾게 해야 할 때입니다. 학교사회를 마치고 직장사회로 그리고 가정사회에서도 마찬가지로 사랑받고 사랑스러운 인재가 성공할 수 있게 됩니다.

부모가 원하는 직업과 자녀가 하고 싶은 일이 다르다?

사춘기 아이들의 진로 고민 가운데 가장 많은 고민이 바로 이 문제입니다.

'나는 내 부모가 원하는 일을 해야 하는가?' 사춘기 자녀의 진로를 선택하면서 무엇을 어디서부터 어떻게 시작해야 할지 몰라 당황해할 때가 있습니다. 이때 부모가 흔히 하는 행동이 주위의 누군가에게 물어보는 것입니다. 그 결과가 생각하는 기대보다 훨씬 좋을 수도 있지만, 괜히 시간 낭비만 하는 때도 있습니다.

이런 경우는 상대가 고의로 나쁜 정보를 준 것이 아니라 대부분 자녀에 대한 정보가 상대적으로 부족하기 때문입니다. 부모에게 조언해 주는 사람들은 대부분은 자녀의 입시 경험이 있는 부모 친구나 지인들입니다.

아이도 마찬가지입니다. 자신의 진로에 관하여 궁금하거나 고민거리가 생기면 부모에게 직접 이야기하기보다는 대체로 주변 친구나 선배에게 물어봅니다. 이처럼, 부모와 자녀 간의 진로에 관한 직접 대화는 몹시 어려운 것이 사실입니다. 그 이유는 부모가 원하는 직업과 자녀가 하고 싶은 일이 다른 경우가 다반사이기 때문입니다.

그런데, 문제는 이렇게 부모가 원하는 직업과 자녀가 하고 싶은 직업이 다르다 보니 여러 가지 정보와 조언을 받아 보아도 부모와 자녀 간에 갈등과 마찰이 발생하게 되고, 심하면 대화가 단절되거나 심리적인 단절감까지 느끼게 됩니다.

결과적으로 이럴 때 아이의 진로는 오류가 발생하게 되는데 강탈함정에 쉽게 빠집니다. 강탈함정이란 아이가 자신에 대한 진로정체감이 낮을 때, 부모와 자녀 간의 의견 일치도가 낮을 때, 진로에 대한 정보와 합리성이 낮을 때, 자녀의 진로 선택권을 자신이 아닌 부모에게 양도해 주게 됩니다. 그런데, 그 양도된 선택권을 따라 결정한 진로가 자녀에게 잘 맞지 않는 경우가 강탈함정에 빠진 것입니다. 자녀의 진로를 부모가 대신 선택해서 발생한 심각한 문제입니다. 아이가 자라면 자랄수록 부모를 원망하게 되는데, 대부분 부모가 대신 선택한 진로가 강탈함정이 된 경우입니다.

자녀의 진로선택에 관해서 조언과 정보를 얻기 위해 다른 누군가에게 조언을 청하는 것은 전혀 잘못된 일이 아닙니다. 그러나 조언은 조언으로 끝나야 하며 정보습득으로 끝내야 합니다. 진로선택에 대한 책임은 전적으로 자녀 자신이 져야 합니다. 그런데 자녀의 선택권보다 부모의 영향력이 커지게 될 경우, 아이들은 강탈함정에 노출되고 쉽게 빠집니다. 그리고 그 책임은 자녀가 지게 되지만, 만족스럽지 못한 결과에 대한 원망은 모두 부모에게 돌아갑니다.

특히, 고등학교를 졸업하고 대학에 진학할 경우, 전공이나 학교를 선택할 때 나타나는 많은 현상이 바로 이런 강탈함정입니다. 부모의 기대나 선생님의 지도가 학생 본인에게는 얼마든지 강탈함정이 될 수 있다는 것을 잊지 말아야 합니다. 대체로 시간이 얼마 지나지 않아 그때의 선택이 강탈함정이었다는 것을 알게 되고 자신의 진로를 되돌리려는 대학 졸업준비생들이 얼마나 많은지 모릅니다.

이런 강탈함정은 대학진학뿐만 아니라 취업을 준비하는 예비 직장인들에게도 많이 나타나는 현상입니다. 취업이 어렵다 보니 모두 눈높이를 낮추라고 성화입니다. 그러나 반대로 생각해야 합니다. 오히려 눈높이는 높이되 자세를 낮추면 됩니다. 자신이 하고자 하는 일이 있으면 적극적으로 찾아 나서야 합니다. 자신의 흥미에 맞는지 안 맞는지 눈높이를 더욱 높여야 합니다. 그러나 자세, 즉 기업의 외형적 규모나 임금에 관한 자세는 조금 낮추면 됩니다. 외형적 규모 때문에 하고 싶은 전문분야를 바꿀 필요는 전혀 없습니다.

그런데, 오히려 눈높이를 낮춘다고 하면서 강탈함정에 빠지는 경우가 많습니다. 자신은 원하지도 않고 생각도 없는데 막연히 실업의 불안감 때문에 아무 데나 들어가는 경우가 눈높이를 낮추는 것입니다. 이때도 역시 가족 구성원의 권유 때문에 강압적으로 강탈함정에 빠질 수 있습니다. 주변 사람들에 의하여 자신의 전문분야를 정하기도 전에 무엇인가를 빨리 결정해야 한다는 강박관념 때문에 얼마나 많은 사람이 자신의 길을 찾지 못하고 강탈함정에 빠지는지 모릅니다.

작은 회사라면 내가 열심히 키우면 되고, 자신의 전문분야에 대한 능력이 올라가면 연봉은 얼마든지 올라가게 되어있습니다. 물론, 쉬운 일은 아닙니다. 그러나 순간적인 감정이나 강압 때문에 스스로 강탈함정에 빠져 미래를 위해 자신의 전문분야를 놓치면 안 될 것입니다. 자신의 진로선택을 미루다가 주위의 영향력 있는 권위자들 특히, 부모에 의해 자녀의 결정권을 강탈당하는 일이 없어야 할 것입니다.

사춘기 자녀뿐만 아니라 직업을 준비하는 예비 직장인 누구나 한 번쯤 심각하게 고민하게 될 문제입니다. 과연, 나의 진로선택이 부모나 가족에게 인정받고 지지받을 수 있는 결정인가라는 고민입니다. 백번을 생각해도 쉬운 문제는 결코 아닙니다. 그래서 우수한 자녀들이 학업성적과 부모의 뜻을 따라 자신이 원하지도 않는 진로를 선택했다가 남들은 아깝다고 하지만 중간에 그만두거나 아예 흥미를 잃어버리고 다른 길도 못 찾는 경우가 많이 발생합니다.

부모가 원하는 직업과 자녀가 하고 싶은 일이 다를 때, 과연 어떤 선택이 현명한 길일까요?

첫째, 부모의 선택이 강탈함정이 되지 않도록 조심하십시오.

둘째, 부모의 조언은 조언으로, 정보는 정보로 전달하십시오.

셋째, 부모의 선택이 아니라, 자녀가 결정하고 책임지도록 하십시오.

부모가 선택한 진로를 좋아하고 강요하는 것이 아니라, 자녀가 선택한 진로를 좋아하고 지지하는 것이 자녀를 인정하고 사랑하는 부모의 역할입니다.

자녀가 최고의 진로선택을 하지 못하고 부모의 설득이 효과가 없더라도 최종 선택은 자녀 자신이 할 수 있도록 하는 것이 시간이 지나도 부작용이 없는 좋은 방법입니다.

그래서 부모는 자녀의 성공을 위한 진로선택보다, 자녀 자체에 관심을 가지고 자녀의 선택, 그 자체를 기뻐해 줄 수 있는 일에 성공하는 것이 더 큰 성공이 될 것입니다.

그뿐만 아니라 자녀가 매번 성공하지 못한 선택을 반복한다고 할지라도 끝까지 자녀를 기뻐하고 지지할 수 있는 부모의 사랑이 있다면 자녀는 반드시 '1등 진로'를 찾게 된다는 것을 기억하면 좋겠습니다.

간혹, 부모 중에는 자녀를 믿지 못하고 일방적으로 어떤 선택이든 부모가 모든 것을 다 알고 경험했다는 듯, 자녀의 선택을 무시하는 경우가 종종 있습니다. 또, 부모가 지적 호기심과 탐구심이 높아 미래 유망한 직업을 섭렵하고 진로과정까지 연구하여 자녀에게 이대로만 하면 성공한다는 청사진을 제시하는 때도 자주 있습니다.

물론, 부모의 정보와 결정은 잘못되지 않을 것입니다. 그러나 아직 자녀가 그것을 습득하고 선택할 만한 준비가 되지 않았다면, 이런 부모의 모든 노력과 계획들은 오히려 아이에게 짐이 될 뿐이라는 것을 알아야 합니다. 그런데도 아이가 부모의 의견과 결정을 따르겠다고 최종 선택한다면 부모는 다시 한번, 이 결정이 부모로 인한 강탈함정이 되지 않도록 더욱 주의를 기울여야 합니다.

늦게 가고, 더디게 가더라도 아이가 자기 결정권을 가지고 직접 자기 걸음으로 갈 수 있도록 부모가 기다려 줘야 합니다. 그래야 다음에는 아이가 스스로 뛰어서 갈 수 있게 됩니다. 자녀가 사춘기가 되면 더는 부모가 업고 갈 수 없다는 것을 깨달아야 할 때입니다.

부모의 결정이 아이에게 강탈함정이 되지 않도록 주의해야 합니다.

적성에 맞는 직업을 찾으면 만족한다?

자녀의 타고난 성격유형이나 적성을 알기 위한 각종 심리검사와 유용한 진로 탐색 검사들이 많이 개발되어 있습니다. 이런 검사 도구는 자녀에게 맞는 진로와 직업을 선택하기 위해 개발된 도구들입니다.

일반적으로 적성의 사전적 의미는 '어떤 일에 알맞은 성질이나 적응 능력, 또는 그와 같은 소질이나 성격'이라고 말합니다. 따라서 적성에 맞는 직업을 선택한다는 것은 다음 두 가지로 요약해서 구분할 수 있습니다.

첫째, 자신의 적성을 먼저 아는 것입니다.

이것은 자녀가 타고난 성격과 흥미, 가치관과 강점을 먼저 알아보는 것입니다. 자녀의 적성은 개인 개인마다 다른 전문성이라고 말할 수 있습니다. 자기 적성은 자신만의 전문성입니다.

둘째, 직업의 적성을 알아야 합니다.

모든 직업에는 직업 자체가 가지고 있는 고유의 직업적성이란 것이 있습니다. 사람만 개인마다 전문성이 있는 것이 아니라, 직업도 고유의 전문적 성향인 직업 전문성을 가지고 있습니다.

따라서, 적성에 맞는 직업을 선택한다는 것은 자기 적성과 직업별로 가지고 있는 직업적성이 잘 어울릴 수 있는 선택을 한다는 뜻입니다.

예전에는, 학교에서 각종 시험과 대학입시를 준비하느라 적성검사나 진로교육이 심층적으로 이루어지지 못했지만, 최근에는 초등학교 때부터 아이들의 성격유형과 더불어 소질과 재능을 탐색하기 위한 진로 심리검사를 시행하고 있습니다.

일찍부터 대학에서는 취업률을 높이기 위한 취업 전쟁을 치러 왔습니다. 그래서인지 웬만한 검사 도구들을 다 실시하고 있으며, 각종 진로상담과 취업 지원 프로그램을 운영하고 있습니다. 그래서인지 요즘 학생들은 자신의 성격유형과 적성을 누구보다도 잘 알고 있는 것 같습니다. 또, 될 수 있으면 그 적성에 맞는 직업을 선택하려고 노력하고 애쓰고 있습니다.

그러나 과연 적성검사가 만족할 만한 직업을 갖게 할 수 있을까요?

그리고 적성에 맞는 직업을 갖는다고 해서 만족할 수 있을까요?

답은 '아니오'입니다.

적성검사는 자신에 대한 여러 가지 정보들을 찾게 도와줄 수 있습니다. 이것은 아주 유익한 것입니다. 그러나 그 정보들을 기초로 자기의 적성과 어떤 직업이 가진 적성이 서로 맞을 때만 만족감과 성취감이 높아집니다. 그러나 우리에게는 그렇게 완벽하게 따져보고 선택할 정보력도 의지도 부족한 듯합니다.

다행히 열심히 노력하여 자신의 적성과 직업의 적성을 잘 맞추어 조화로운 직업을 선택했다 해도 결과적으로 직업선택 자체로써는 만족할 수 없다는 것을 곧 알게 될 것입니다.

그 이유는 직업사회는 다음의 두 가지 조건이 해결되어야 만족감이 높아질 수 있기 때문입니다.

첫째, 직업사회에서 만나게 될 여러 사람과의 대인관계 능력이 있어야 합니다.

둘째, 업무처리 과정에서 해결되어야 할, 여러 가지 사건과 문제를 풀어가는 문제 해결 능력이 있어야 합니다.

대인관계 능력과 문제 해결 능력은 모든 직업인에게 가장 필요한 과제입니다. 그래서 기업의 인재를 뽑는 채용 과정에서 면접자에게 확인하는 중요한 덕목이 이 두 가지입니다.

직장사회 어디를 가나 대인관계는 매우 중요합니다. 일의 성과에 직접적인 영향을 미치기도 하고, 일의 만족도와도 밀접한 연관성이 있습니다. 직업 자체는 좋은데 그 직업을 통해 만나는 사람들, 고객, 직장동료, 그리고 직장상사, 여러 거래처의 사람들과의 관계에서 만족하지 못한다면 아무리 적성에 맞는 직업을 찾았다 하더라도 만족한 결과를 얻지 못할 것입니다. 오히려 사람을 만날 때마다 심한 긴장감과 스트레스로 불안감과 불만감을 가지게 될 것입니다. 그동안의 모든 수고와 노력이 수포가 되는 경험도 합니다.

따라서 적성에 맞는 직업을 선택하는 과정에서 제일 중요한 것은 무엇보다도 자기 적성에 맞는 직업을 찾는다고 해도 그 자체로 내가 만족할 수 없다는 것을 인정해야 합니다. 조금 놀라운 이야기일 수 있으나 이 말은 사실입니다.

그동안 많은 예비 직업인들이 자신이 만족할 만한 직업을 찾는 과정을 보면서 자신에게 맞추면 맞출수록 어려운 미궁으로 빠져들어 가는 것을 지켜본 경험이 있습니다. 나의 적성에 맞는 직업을 통해 내가 아닌, 남의 만족을 먼저 채울 수 있는 직업을 찾아야 나의 만족을 경험한다는 것을 깨닫게 되었습니다. 이치로 보아 앞과 뒤가 잘 안 맞는 말일 수 있으나 이 말 역시 진실입니다.

직업이란 도구를 통해 나의 만족이 아닌 남의 만족을 먼저 채우고 도우려 할 때, 자기 자신도 더불어 감사하고 만족한 삶을 살 수 있게 되는 것입니다. 그것이 직업을 대하는 바른 직업관이 될 것입니다.

적성에 맞는 직업을 선택한다면 만족할 수 있는 직업인이 될 수 있습니다. 그러나 그것이 지속성을 갖지는 못합니다. 나의 적성과 직업적성이 잘 맞는 직업선택 자체 역시 만족스러운 결과를 가져오지는 못한다는 것을 알아야 합니다. 그리고 직업이란 사람들과의 관계를 어떻게 해나가야 할 것인가의 문제로 다가오게 되는 것도 알아야 합니다. 따라서 자기 적성은 곧 남의 만족을 위한 도구로 먼저 사용될 때, 비로소 자기 적성을 살리는 길이 될 것입니다. 나의 섬김을 통해 타인의 만족을 바라보면서 참다운 만족이 올 것입니다.

적성에 맞는 직업을 찾으면 만족하는 것이 아니라, 남을 먼저 만족시키는 적성을 찾을 때 만족감이 오게 됩니다.

성적만 좋으면 좋은 직업은 저절로 얻을 수 있다?

성적만 좋으면 좋은 직업은 저절로 얻을 수 있다고 믿는 부모들이 지금은 그렇게 많지 않은 것 같습니다. 성적도 좋아야 하지만 직업사회의 변화와 흐름을 잘 파악하고 기회를 잘 붙잡아야 좋은 직업을 가질 수 있다고 생각하는 부모들이 많습니다.

예전 부모 세대는 성적만 좋아도 좋은 직업을 갖는다고 여기며 살 때도 있었습니다. 그러나, 요즘 같은 무한경쟁 사회에서는 높은 성적과 좋은 기회를 모두 잡아야 좋은 직업을 만난다고 생각합니다.

그래서 이 시대를 정보화 사회라고 하는 것 같습니다. 정보를 잘 알아야 좋은 기회를 얻을 수 있습니다.

그러나, 아직도 초등학교, 중고등학교를 지나는 사춘기 자녀에게 학업에 대한 중요성을 강조한다는 의미로 성적이 좋으면 좋은 직업을 얼마든지 선택할 수 있다고 가르치기도 합니다. 학생 때 공부 못하면 이다음에 좋은 직업을 다 놓친다고 말합니다. 어느 정도는 일리가 있는 말이지만 자칫 잘못하다가는 학업성적이 안 좋은 아이들은 직업사회에 진출하기도 전에 학교사회에서 패배의식을 갖게 되기 때문에 이런 논리의 가르침은 전혀 바람직하지 않습니다.

학교사회의 우등생이 직업사회의 엘리트로 성장할 가능성은 예전이나 지금이나 객관적 사실임에는 틀림이 없습니다. 그러나 우리나라 사회가 고학력 시대로 갈수록 대학졸업자 간의 경쟁이 치열해지면서 상위권대학 졸업자의 상대적 경쟁력은 이제 그 의미가 과거와 비교하면 많이 약해진 상황입니다.

그리고 고학력 취업자의 장기 미취업상태가 해를 거듭할수록 장기화하다 보니, 어떤 면에서는 학교 우등생이 사회 열등생이 될 수 있다고까지 비약해서 말하기도 합니다. 공부만 잘해서는 사회에서 성공할 수 없다는 이야기이자, 사회성을 강조하는 말이기도 합니다.

이제, 대학 졸업 후 짧게는 1년, 길게는 3~4년 이상 소위 '백수'라는 장기 미취업상태를 보내야 하는 자녀들이 점점 늘고 있습니다. 과연 이런 아이들이 학교 다닐 때 성적이 안 좋아서 이런 현상이 생기는 것은 아닐 것입니다.

일반적으로 진로를 선택하고 취업하는 전 과정을 정리하면 아래 도표와 같습니다.

일반적인 진로선택 및 취업 과정

진로 01 자신의 꿈과 목표를 찾아 멋진 인생을 살리라 다짐한다.

진로 02 학업성적은 기대만큼 좋지 않지만, 원하는 대학진학은 가능하리라 생각한다.

진로 03 어쩌면 원하는 대학에 갈 수 없을지도 모른다는 불안한 생각이 든다.

진로 04 나는 원하는 대학은 아닐지라도 바라는 전공학과는 진학하리라 기대한다.

진로 05 대학진학이 생각보다 쉬운 일이 아님을 예감한다.

진로 06 대학에서 좋은 성적과 자격증을 따서 취업을 준비하겠다고 계획한다.

진로 07 청년실업이 아무리 어렵다고 해도 나 하나쯤은 예외라고 생각한다.

진로 08 학교를 졸업하고 취업을 준비해도 된다고 생각한다.

진로 09 많은 취업정보에서 나와 맞는 일을 찾아본다.

진로 10 취업이란 생각보다 쉬운 일이 아님을 예감한다.

진로 11 부모와 주변 사람들이 웬만하면 어떤 직장이든 들어가라고 권유한다.

진로 12 나는 나 자신의 소질과 재능을 찾아 활용하리라 각오한다.

진로 13 친구가 취업했다고 알려 왔다.

진로 14 나는 잘 될 수 있고, 성공하리라 다짐한다.

진로 15 지인과 선배를 찾아 조언을 받아 본다.

진로 16 매일 인터넷 취업 정보를 샅샅이 찾아본다.

진로 17 내가 진정 무엇을 원하는지 조용히 생각해 본다.

진로 18 어차피 빨리 될 일이 아니니, 진학과 어학연수를 생각해 본다.

진로 19 그래도 취업을 해야 할 것 같다.

진로 20 원하는 기업에 구직광고를 찾아 이력서를 지원했다.

진로 21 마지막 면접에서 불합격했다.

진로 22 역시 직업인이 된다는 것은 어려운 일이다.

진로 23 아르바이트나 한번 해 볼까 생각해 본다.

진로 24 공무원시험이나 자격증 공부나 해볼까?

진로 25 이런 어려움은 나 혼자만의 문제는 아니라고 위로해 본다.

진로 26 자기 일을 찾아 멋진 인생을 살리라 다짐해 본다.

진로 27 위기는 기회로, 좌절을 딛고 다시 한번 해보자고 생각한다.

진로 28 모든 취업광고는 인터넷에만 잊지 않음을 안다.

진로 29 지인을 찾고 발로 뛰어 나만의 정보를 찾는다.

진로 30 수십 번, 수백 번의 입사지원서를 이메일과 인터넷으로 보냈다.

진로 31 이번에는 왠지 합격할 것 같은 예감이 든다.

진로 32 면접 통보가 왔다. 잠이 오지 않는다.

진로 33 이번엔 내가 왜 그 기업에 필요한 인재인지 반드시 설득하겠다.

진로 34 면접에 합격했다. 출근 일자를 통보받았다.

진로 35 내일 아침이 첫 출근이다.

진로 36 나는 멋지게 일하리라 다짐한다.

사춘기 자녀들이 대학을 진학하고 직장에 취업하기까지의 과정을 도표를 통해 알아보면, 자신에게 맞는 직업을 찾고 직장을 찾아간다는 것이 단순하지 않다는 것을 한눈에 알 수 있습니다. 위 과정을 적어도 한 번 이상은 통과해야 할 것입니다.

　아이가 학업성적이 좋다는 이유만으로 이 모든 과정을 한 번에 잘 통과할 수 있다고 생각할 수 없습니다. 어떤 면에서는 대학입시는 성적 순위대로, 대학 순위에 맞춰 대학진학이 이루어진다고 볼 수 있으나, 직업을 선택하고 직장을 찾고 취업을 준비하는 전 과정에서는 학업성적보다는 대인관계 능력과 문제 해결 능력이 더욱 중요하다고 볼 수 있습니다.

　학업성적이 좋다는 것과 자신의 진로를 찾고 직업을 선택하고 취업을 한다는 것은 이제 구분해야 합니다. 학업성적이 좋다는 것은 학습능력이 뛰어나다는 것인데, 학습능력은 내가 찾아야 할 진로정보나 직업선택에 관한 방법, 구직활동을 포함하지 않고 있습니다. 그것은 마치 내가 해야 할 공부에 진로공부는 포함되어 있지 않다고 말할 수 있습니다.

　진로교육과 학습은 부모가 대신할 수 없음을 도표를 통해 확인해 볼 수 있습니다. 진로과정의 핵심은 내가 찾고, 내가 선택하고 내가 비교해야 할 일이 있습니다. 또한, 한 번에 통과할 수 없는 고난과도 같은 여정입니다. 그리고 무엇보다도 부모나 지인들이 이 직업이 너의 직업이라고 확실한 증거나 확신을 주지 못하기 때문입니다.

물론 예외적인 일들은 얼마든지 있을 수 있습니다. 그러나 현대의 다양한 직업 중에서 내 직업선택은 자신의 선택을 믿고 가야합니다. 그래서 우리는 더욱더 직업선택에 있어서 자신이 책임을 지는 것이 제일 중요한 일이라 할 것입니다.

성적이 좋다고 하여 좋은 직업을 저절로 얻을 수 없습니다. 설령 좋은 직업을 얻었다 해도 그것이 언제까지 지속하리라고 믿기 어렵습니다. 그것을 유지하고 지탱할 수 있는 진짜 실력이 필요합니다. 좋은 직업이란 자신이 찾고, 선택하고 자신이 책임지는 것입니다. 그런 직업을 수행하면서 내 일을 사랑하고, 내가 만나는 사람을 사랑할 수 있을 때, 이런 삶을 살아갈 수 있는 직업이 진정 좋은 직업일 것입니다.

이 일은 단 한 번의 과정으로 끝나지 않으며, 학업성적이 좋았던 아이들에게도 큰 도전이자 어려움입니다. 그리고 무엇보다 해도 안 되는 일이 있다는 것을 인정하게 되면서, 아이들의 방황과 고민이 깊어집니다. 그래서 많은 직업인이 공부가 제일 쉬운 길이라고 말하기도 합니다.

내 아이에게 꼭 맞는 직업은 정해져 있다?

자신의 직업을 천직이라고 여기는 사람들이 있습니다. 다른 말로 표현하면 자신은 이 직업을 위해 태어났다고 믿고 있는 사람들이 있습니다. 그렇다면 이런 사람들은 처음부터 자기와 꼭 맞는 직업을 선택한 것일까요? 그래서 그들은 자신의 직업을 천직이라고 말하는 것일까요?

아이가 태어나고 만 1년이 되면 첫 생일인 돌잔치를 합니다. 가족 친척들과 가까운 지인들을 초대하여 음식과 대화를 나누며 즐거운 시간을 갖습니다. 이때 최고의 하이라이트는 '돌잡이'입니다. 조선왕조실록에 기록이 있는 오래된 전통입니다. 돌잡이를 통해 과연, 이 아이는 어떤 성격을 가지고 태어났을까?, 어떤 일에 흥미를 가지고 태어났을까?, 그리고 재물, 수명 등 어떤 복을 가지고 태어났을까? 여러 가지 관심과 호기심을 가지고 지켜보게 됩니다. 직접 눈으로 보면서 아이의 성향을 확인하는 순간이기도 합니다. 과학적으로 증명할 수는 없지만 오래전 선인들의 지혜를 알 수 있는 꽤 흥미로운 행사임은 틀림없습니다.

요즈음 돌잡이 행사 용품을 일시적으로 대여해 주는 업체들도 있을 만큼 아주 관심도가 높은데, 판사봉, 청진기, 붓, 마패, 복주머니, 돈, 마이크, 명주실, 공, 등 다양한 물건들을 나열합니다. 그중에는 칫솔을 올려놓기도 하는데 치과의사를 상징한다고 하며,

건물주를 상징하는 열쇠를 올려놓는 일도 있습니다.

아이가 혹여라도 부모의 마음에 들지 않는 물건을 집으면, 한 번 더 아이에게 기회를 갖게 하기도 하는데, 최근에는 건물주가 가장 인기가 있다고 합니다.

청소년 진로상담과 자녀교육에 관한 일을 하면서, 이런 돌잔치 행사 하나를 보면서도 '이 아이는 이다음에 성장하면 어떤 직업을 가지게 될까?' 하고 생각할 때가 자주 있습니다. 그리고 돌잡이 행사를 지켜보면서 직업 심리검사를 하게 되면 알게 되는 성격, 흥미, 가치관, 강점에 대해 생각해 보기도 합니다.

어떤 아이든 태어나면 혈액형이 있습니다. 일반적으로 4가지로 구분합니다.

이렇듯 어떤 아이든 태어나면 심리적 지문이라고 이야기하는 자신의 선호유형인 성격을 가지고 태어납니다. 이런 자신만의 성격유형을 개인의 전문성이라고 말할 수 있습니다. 이 아이만이 가지는 고유한 개성입니다.

이렇게 태어나면서부터 가지는 개인의 고유한 전문성을 어떻게 부모가 빨리 알아차리고 그 전문성을 개발하여 강점으로 부각하는가는 정말 중요한 부모의 역할입니다. 그러나, 어떤 성격유형이든 장단점을 포함하고 있습니다. 특히, 자녀가 사춘기가 되면 사춘기 고유의 특징과 성격유형의 단점이 결합하여 엄청난 힘을 가지고 부모와 자녀 모두를 곤경에 처하게 합니다.

자녀의 사춘기를 잘 보내야 하는 가장 큰 이유는 두 가지입니다.

첫째, 태어나면서부터 가지는 자신의 성격 기질상 장점과 강점을 사춘기 이후까지 유지해야 합니다.

둘째, 사춘기 특성과 성격적 단점 때문에 부모 자녀 관계가 단절되거나 분리되지 않도록 친밀한 관계를 유지해야 합니다.

이렇게 사춘기를 잘 보내며 자녀의 개성과 전문성이 단절되지 않고, 직업적 성향으로 이어져야 합니다. 그러나, 한 가지 직업에 특정하여 그 일에만 집착하게 될 경우, 자칫 직업선택의 융통성과 다양성이 결여되어 낭패를 보게 되는 경우도 종종 발생합니다. 대체로 개인의 전문성이 없는 사회적 명성과 인기만을 위주로 일찍부터 낙점하고 준비하다가 중도 포기하는 경우와 결과가 기대에 못 미칠 경우, 자녀들의 충격과 부모의 실망감은 예상보다 크게 됩니다. 개인의 전문성을 잘 활용하여 직업으로 확장하는 일은 한 가지 길이 아니라는 것입니다. 빠르게 변화하는 현시대는 한 가지 전문가적 성향만 가지고는 성공하기 어렵게 되었습니다. 그리고 너무 이른 확고한 직업선택은 그만큼 위험부담이 크다는 것을 잊지 말아야 합니다.

내 아이에게 꼭 맞는 직업은 정해져 있는 것일까요?

자기 자신의 직업을 천직으로 여기고 살아가는 사람들은 직업선택 자체를 자신의 천직으로 결정했다는 말이 아니라, 여러 가지 직업 혹은 한 가지 직업을 오랜 기간 일해 오면서 자신도 모르게 그 일에 임하는 태도가 자신의 직업을 천직으로 여기고 살아가게끔 되었다는 뜻입니다. 또한, 여러 가지 직업 수행을 통해 현시대에 맞는 창의적이고 융통성 있는 나에게 맞는 새로운 직업을 만들었다는 것입니다.

처음에는 자신에게 잘 맞지 않는 직업을 첫 직장에서 일하게 되었고, 그러면서 자신과 잘 맞지 않는 부조화 속에서 다듬어지고 숙련된 것입니다. 이런 과정을 여러 번 반복할 수도 있습니다. 대체로 이런 과정들을 통해 자기에게 맞는 직업을 찾아가고 진문 직업인으로 성장해 가는 것을 보게 됩니다.

그러나 이와는 다르게 자신에게 꼭 맞는 직업을 처음부터 갖게 될 수도 있습니다. 그러나 자신에게 꼭 맞는 직업이라 하여 어려움과 고난이 없는 것은 아닙니다. 오히려 여러 번 직장을 바꾸는 사람들보다 어려움이 더 많을 수 있음을 알아야 합니다.

어떤 일을 하게 되더라도 어려움은 반드시 있다는 것을 아는 것이 지혜입니다. 그리고 그 어려움은 천직을 만나기 위한 준비단계이고, 자신 또한 천직을 수행하기 위한 준비된 사람으로 성장하게 된다는 것을 알아야 합니다.

많은 구직자가 자신과 맞지 않는 직업 때문에 힘들어하는 경우를 보면 안타까울 때가 많습니다. 그런데도 어떤 이들은 그 과정을 반드시 지나야 할 필수과정이라고 여기며 인내하며 계속해서 경험을 쌓아 나갑니다.

그 직장이 나와 안 맞는다고 해서 서둘러 이직이나 전직을 결정하게 되면 오히려 그동안의 수고와 노력이 결실을 보지 못하고 시간만 낭비합니다. 그래서 내게 꼭 맞는 직업은 정해져 있다고 믿고, 단 한 번에 맞는 직업을 찾으려 노력하는 것은 현명하지 못한 결과를 가져오게 됩니다. 설령, 현재의 직업이나 직장이 만족스럽지 못하더라도 일정 기한 매듭을 잘 짓고 또 다른 기회가 오기를 기다리면서 인내하는 것이 더 좋은 기회를 만날 수 있습니다.

지금 어떤 상황과 환경에 처해 있는지, 어떤 선택들이 가능한지를 잘 살피고 선택하는 것이 중요합니다. 몇 달, 혹은 채 2년도 지나지 않고 직장을 옮기려는 사람들이 많습니다. 적어도 정규직으로 일을 시작했다면 2년 이상은 경력을 쌓아야 다른 직장으로 옮기더라도 손해를 보지 않게 됩니다. 그 이유는 다른 직장으로 옮길 경우, 그 직장에서도 얼마 버티지 못한다는 선입견을 품게 할 수 있기 때문입니다.

아이들이 어려서부터 학원에 다니는 경우가 많은데, 얼마 지나지 않아 흥미를 잃고 다른 학원을 알아보거나 친구가 다니는 학원으로 옮기고 싶어 하는 아이들이 있습니다. 사춘기 아이들의 특징이 친구 따라 여기도 가고, 저기도 가고 할 수 있습니다만, 중요한 것은 이렇게 어떤 선택을 하고 나서 일정 기한 꾸준히 지속하지 못한 경우에는 이처럼 직장인이 되어서까지 습관들이 연결될 수 있습니다. 따라서, 이런 경우에는 아이들이 원해서 시작했다면 시작하는 시점은 아이가 정할지라도 끝내는 시점은 부모와 미리 약속된 기간까지 다닐 수 있도록 3개월, 6개월, 1년씩 사전에 기한을 정하는 것이 좋은 방법입니다.

내게 꼭 맞는 직업은 정해져 있지 않습니다. 그러나 나에게 맞는 직업을 찾아야 하는 노력은 지속해서 해야 합니다.

내게 꼭 맞는 직업을 찾는다는 것이 마치 내 직업이 정해져 있는 듯이 그 자리를 찾아 헤매는 행동이 되지 않도록 주의해야 합니다.

직업 상담을 하면서, 내게 맞는 직업을 찾는다는 것과 내가 원하는 조건의 직장을 찾는 것을 혼동하는 경우를 종종 보았습니다. 구직자가 내가 원하는 조건의 직장을 찾는다는 것이 내게 맞는 직업이라고 생각하는 경우가 있는데, 대부분 직업을 자주 바꾸는 경우가 이에 해당합니다. 직업은 직종과 업종의 합성어입니다. 직장은 바꾸되 직업을 바꾸게 되면 직업의 연속성과 전문성이 부족하여 어떤 전문가로도 성장할 수 없게 됩니다.

내게 맞는 직업을 찾는다는 것은 내가 원하는 조건의 직장을 먼저 찾는 것이 아니라, 내게 맞는 직종과 업종의 직업을 먼저 찾는다는 뜻입니다. 나의 전문성과 직업의 전문성이 서로 맞는 직업을 구하는 것입니다. 그리고 그 직업을 수행할 수 있는 직장을 찾는 것입니다. 나의 전문성과 직업의 전문성은 맞는데, 내가 원하는 조건의 직장은 문턱이 높아 취업할 수 없게 된다면 상대적으로 조건이 낮은 기업으로 입사를 해서 경험을 쌓는 것이 바람직한 직업선택입니다.

직업사회에는 이런 특징이 있습니다. 어느 직장이든 들어가서 전문가라는 경력을 쌓게 되면 내가 원하는 조건의 직장으로 옮길 수 있으므로 그때부터는 기업이 나를 면접하는 것이 아니라, 내가 기업을 선택하고 면접을 골라 볼 수 있게 됩니다. 즉, 실력 있는 전문가는 처음 조건에 연연하지 않고 내 직업을 천직으로 만드는 일에 매진하는 것입니다.

내 아이에게 꼭 맞는 직업이 정해진 것이 아니라, 내 아이의 전문성과 직업 전문성이 맞는 일을 선택하고 그 직업에 맞는 바람직한 직업인으로 성장하는 것이 중요합니다. 그래야 그 직업이 내 아이의 천직이 될 수 있습니다.

고민 07

미래에 유망한 직업을 선택해야 한다?

저의 대학전공은 건축과였습니다. 그 이유는 돈을 많이 벌 수 있다는 기대와 희망에서 선택했습니다. 시골에서 자란 저는 돈을 많이 벌고 싶은 욕구가 누구보다도 강했고, 남자다운 직업이라는 생각에서 건축과를 선택하게 되었습니다. 그러나, 지금의 저는 청소년학과 상담을 공부하고 직업상담사의 길을 거쳐, 청소년 진로상담사로 오래전부터 이 일을 천직으로 여기며 일해 왔습니다.

제가 결정적으로 건축이라는 전공을 선택하게 된 계기는 향후 가장 유망한 직업이 무엇인가에 대한 고민에서 얻은 결론이었습니다. 그 당시 컴퓨터 관련 학과에 지원하려고도 했었습니다. 제가 판단하기로는 앞으로 다가오는 시대는 컴퓨터가 제일 유망한 직업군이 될 것이라는 판단에서였습니다. 그러나 제 친구 아버지께서 현직 교감 선생님으로 근무하셨던 분이 계셨었는데 그분께서 건축과가 컴퓨터보다 전망이 더 좋고 유망하다고 강조하셔서 나 자신의 전문성에 대한 고려는 전혀 하지 못하고 순간적으로 전공을 결정하고 대학에 지원했습니다.

이와 같은 일은 지금도 다반사로 일어나고 있습니다. 어떤 직업들이 유망하게 될 것인가를 생각하며 그 유망한 직업들을 가지고 성공하기 위해 앞다투어 나서고들 있는 현실입니다.

그런데 지금도 잊지 않고 있는 이야기가 있습니다. 어느 날 교수님께서 이런 말씀을 하셨습니다. 건축이란 5년 정도의 주기를 가지고 흥하기도 하고 쇠하기도 한다는 것이었습니다. 그 당시를 기준으로 과거 우리나라 건축경기를 분석해 보면 이런 주기로 흘러 왔다는 말씀이었습니다. 따라서, 건축경기는 꾸준히 좋아질 것이며 관련 자격증이 필수라고 했습니다. 그러나 그 말씀도 지금 시대에는 맞지 않는 말씀이 되고 말았습니다. 지금은 건축경기는 물론, 전 분야의 산업 경기를 전혀 예측하기가 어려운 안갯속과 같습니다.

지난 1997년 IMF 외환 경제 위기 상황이 도래되었을 때, 누구도 경제 위기를 예측하지 못했으며 하루아침에 모든 산업 전체가 수렁으로 빠지는 경험을 우리 모두 지켜보았습니다. 지금은 4차 산업혁명 시대라고 합니다. 정보통신 기술의 융합으로 이루어지는 차세대 산업 혁명입니다. 빅 데이터, 인공지능, 로봇공학, 사물인터넷, 드론, 무인 항공기, 무인 자동차, 나노 기술과 같은 새로운 기술 혁신이 주도할 것이라는 예측입니다. 역시 이런 분야가 유망한 직업이라는 말이기도 합니다.

이미 오래전부터 미국, 영국을 비롯한 서구 선진사회에서는 과학 기술 분야의 우수 인재를 확보하기 위해 스템(STEM) 교육을 실시하고 있는데, 이는 Science(과학), Technology(기술), Engineering(공학), Mathematics(수학)의 약자를 합성한 말입니다. 또한, Arts(인문·예술)를 추가하여 STEAM 교육이라 부르기도 합니다.

그러나, IMF 경제 위기를 예측할 수 없었듯이 2020년에 발생한 코로나바이러스 감염증(COVID-19)도 누구도 예측하지 못했습니다. 역시 모든 산업영역뿐만 아니라 전 세계가 공황으로 빠지는 결과를 가져왔습니다. 이른바 4차 산업혁명 시대의 유망한 직종을 미리 알고 준비해 왔던 인재가 있더라도 전혀 예측하지 못한 전 산업 분야의 불황으로 이른바 유망직종이 얼마든지 변화하고 바뀔 수 있다는 것을 경험하고 있습니다. IT 업계가 호황이라고 합니다. 그러나 IT 전문가의 전성기는 과연 얼마나 지속될 수 있을까요? 10년, 5년 이보다 더 짧을 수 있다는 게 전문가들의 의견입니다. 하루가 다르게 변하는 전문기술을 따라잡기에는 IT 분야의 성장과 변화속도가 너무 빠르다는 것입니다.

바람직한 진로를 준비한다는 것은 미래 유망한 직업을 찾고 준비한다는 것과 같은 말이라고 할 수도 있습니다. 그러나, 간과해서는 안 될 중요한 것은 유망한 직업이 '얼마나 지속 가능성이 있는가?' 또, 예측이 빗나갈 경우, '융통성 있게 대처할 수 있는가?'라는 것을 반드시 심사숙고해야 할 것입니다.

실제로 IT 전문분야의 대기업, 중견기업, 벤처기업의 전문인력들이 평균 근속연수가 불과 몇 년을 채우지 못한다는 것을 알게 되었습니다. 그리고 전혀 전문성과 관련 없는 타 업종으로 전직하는 경우와 아예 유통이나 요식업 쪽으로 창업을 하는 경우도 많이 있습니다.

미래에 유망한 직업을 찾는다는 것은 의미 있는 일입니다. 그리고 앞으로 인기 있는 직업들을 찾아 준비하는 것 또한 매우 현명한 일이 될 것입니다. 그러나, 급변하는 현시대에 어느 직업이 쇠퇴하지 않는다고 장담할 수 있겠습니까? 컴퓨터와 정보통신 산업들이 하루가 다르게 발달하면서 직업의 세계에도 많은 변화가 있습니다. 전혀 예측할 수 없었던 새롭게 등장하는 직업들이 있는가 하면 그와는 반대로 어느 날 직업 세계에서 조용히 그 자취를 감추는 직업들이 늘어나고 있습니다.

오늘 정상에 있는 직업이 언제 사라지는 직업으로 전락할지 모릅니다. 얼마 전까지만 하더라도 의대를 졸업하는 의사의 진로를 걱정하는 경우는 보기 드물었습니다. 법대나 법학전문대학원을 졸업한 변호사들의 진로를 걱정하는 경우도 흔하지 않았습니다. 그러나 이제는 이 병원, 저 병원 '페이닥터'라고 하여 아르바이트를 하는 의사들도 꽤 많습니다. 어렵게 병원을 개원하는 의사들도 힘들기는 별반 차이가 없습니다. 한 건물에 몇 개씩 병원이 들어섭니다. 역시 환자를 유치하고 병원을 유지하는 일은 의사가 되는 길보다 어쩌면 더 어려운 경영과 마케팅의 영역이기도 합니다. 변호사들이 개업 후 임대료를 제때 내지 못한다는 소식도 자주 들리곤 합니다. 이제는 무엇이 되느냐보다 어떻게 살아남을 것인가를 고민해야 하는 무한경쟁 시대에 살고 있음을 인정할 수밖에 없는 시대입니다.

미래에 유망한 직업은 따로 정해져 있는 것이 아니라는 생각입니다. 너무 인기나 유행만을 고려하여 자칫 현실적인 가능성과 재정적인 고려를 무시한 직업선택을 하게 된다면, 되는 과정도 너무 지치거나 포기하게 될 수 있으며, 되고 나서도 생존을 위한 지나친 경쟁에서 심한 상처를 받는 경우와 후회하는 일도 생길 것입니다. 특히, 사춘기 때 누구나 한 번쯤 꿈꾸는 연예인이라는 직업이 그 대표적인 사례입니다. 미래를 내다보는 안목은 필요합니다. 그러나, 미래에 유망한 직업에 맞춰 준비하는 것보다 우선되어야 할 것은 현재의 나는 과연 누구인가? 라는 정체성입니다. 자신의 진로 정체감이 중요한 이유는 다가오는 미래의 불확실성을 극복할 유일한 대비책이기 때문입니다.

요즘 대학생 사이에 '문송합니다'라는 말이 있습니다. 이 말은 '문과생이라 죄송하다'라는 말의 준말입니다. 그리 멀지 않은 과거에 이공계는 알아주지 않았던 시절이 있었습니다. 모든 기업의 CEO가 공학도 출신이 아닌, 인문, 상경계열의 전문 CEO로만 채워졌던 시대입니다. 그러나 이제는 엔지니어와 같은 전문공학도 출신의 기술 전문 CEO가 많이 등장하고 있습니다. 현장기술 중심의 산업구조로 재편되고 있는 상황입니다. 언제 어떻게 산업구조가 바뀔지 모르는 상황에서 불확실한 미래의 유망직업에 진로 기준을 맞출 게 아니라, 자신의 진로정체감을 찾는 데서부터 진로의 첫발을 시작해야 할 것입니다.

현재는 유망한 직업이 아니더라도 미래에 유망한 직업이 될 수 있습니다. 설령, 유망한 직업이 아니더라도 한 분야의 전문가로 성장하는 것은 오랜 시간 투자해야 할 일이기에 변하지 않는 자신의 정체성, 즉 전문성을 찾는 일이야말로 진정한 미래의 유망한 직업을 찾는 첫걸음입니다.

고민 08

돈 많이 버는 직업은 따로 있다?

사춘기 아이들과 진로상담을 하면 대다수 아이가 하는 대답이 있습니다.

"너는 어떤 직업을 갖고 싶니?"

"돈 많이 버는 직업이요."

어른이나 아이들이나 돈을 많이 버는 직업을 갖고 싶어 합니다. 이는 당연한 사실입니다. 돈을 많이 번다는 것은 그만큼 편리한 삶을 살아갈 수 있고, 자기가 원하는 삶을 살아가기에 유용합니다.

그런데, 학업을 마치고 취업을 준비하는 예비 직장인을 대상으로 직업 상담을 하게 되면 다음과 같은 대답이 돌아옵니다.

"어떤 직업을 선택하고 싶으십니까?"

"월급도 많이 받고, 편하게 일할 수 있는 직업입니다."

돈도 많이 벌면서, 편하게 일하고 싶은 마음입니다. 다르게 표현하면 편하게 돈을 벌고 싶다는 말이기도 합니다. 어쩌면 모든 직업인의 마음일 것입니다. 직업을 선택하고 일할 직장을 찾을 때 일을 하고 받는 보수가 높으면 높을수록, 일하기가 편안할수록 좋은 직장이라고 인정합니다. 그러나, 편하게 돈을 많이 버는 직업이 없다는 것은 곧 알게 됩니다. 설령, 그런 직업이 존재한다고 해도 내 차지가 되기는 어려울 것입니다.

그래서 어떤 직업을 선택하기 전에 반드시 따져보는 것이 그 직업을 선택했을 때 얼마나 많은 돈을 벌 수 있는가를 먼저 확인해보는 것입니다. 그리고 될 수 있으면 안정적으로 오랫동안 돈을 버는 직업을 찾으려 노력합니다. 이 두 가지를 다 만족할 수 있다면 최상의 선택일 수 있겠으나, 한 가지를 선택해야 한다면 안정적으로 오랫동안 일할 수 있는 직업을 더 선택하려고 할 것입니다.

물론, 직업선택에 있어서 돈을 많이 벌 수 있느냐, 없느냐만 가지고 결정하지는 않습니다. 그러나 막상 자기의 재능을 잘 발휘하고 성취감을 가질 수 있는 직업을 찾으려고 시도하다가도 그 직업이 위 두 가지 조건에 못 미칠 것이라는 판단을 하게 되면 많은 고민과 갈등을 겪게 됩니다.

직업을 선택하고 돈을 버는 과정을 정리해 보면 다음과 같습니다.

직업선택과 돈을 버는 과정

① 내 재능으로 돈을 많이 벌 수 있는 직업은 어떤 것이 있는지 알아본다.
② 그 직업을 통해 돈을 많이 번 경험을 가진 사람을 알아본다.
③ 나도 돈을 많이 벌 수 있다는 기대를 하고 직업을 선택한다.
④ 그 직업을 선택한다고 다 돈을 많이 버는 것은 아니라는 깃을 일게 된다.
⑤ 돈 많이 버는 직업이 정해진 것이 아니라, 돈을 많이 버는 직업인이 따로 있다
　는 것을 알게 된다.

일반적으로 직업선택을 할 때, 쉽게 간과하는 것이 있습니다.

직업은 잘 알면서도 그 직업을 수행하는 직업인에 대해서는 잘 모른다는 것입니다. 모두가 돈을 많이 버는 직업을 선택하면 다 성공한다고 생각합니다. 그러나 얼마 지나지 않아 직업 자체가 돈을 많이 벌게 하는 것이 아니라, 돈을 많이 버는 직업인이 따로 있다는 것을 알게 됩니다.

그래서 직업을 선택한다는 것은 그 직업을 수행하는 '어떤 직업인이 된다는 것'을 선택하는 것으로 생각해야 합니다. 다시 말해 직업 자체보다 그 직업을 수행하는 '내가 되고 싶은 직업인'을 먼저 꿈꿔야 합니다.

요즘 사춘기 아이들의 꿈의 대명사이자, 대세인 '유튜버'로 설명해 보겠습니다. 많은 아이가 유튜버를 하게 되면 돈을 많이 벌 수 있다고 생각합니다. 매일같이 출근할 필요도 없고, 자유롭게 내 시

간을 사용하면서 하고 싶은 일 다 해보면서 돈을 벌 수 있다고 생각합니다. 특히, 재미있게 일할 수 있겠다는 생각입니다. 한마디로 돈 버는 일을 상대적으로 쉽게 생각하는 경향입니다. 그러나 실제로 유튜버가 되었다고 돈을 많이 버는 사람은 극히 일부분이라는 것을 금방 알아차릴 수 있습니다. 유튜버라는 신종 직업이 분명히 많은 돈을 벌 수 있지만, 그렇게 많은 돈을 버는 직업인은 가까운 사람 중에 찾아볼 수 없을 정도로 희박합니다. 즉, 유튜버는 누구나 돈을 많이 버는 직업이 아닙니다.

이런 사례는 많은 분야에서 찾아볼 수 있습니다.

연예인을 꿈꾸는 아이들이 많습니다. 그중에 아이돌 가수를 많이 하고 싶어 합니다. 또한, 요즈음 '뮤지션'을 꿈꾸는 아이들도 많은 것 같습니다. 이렇게 인기가 있는 여러 가지 이유가 있겠으나 아이들이 취미생활로 손쉽게 할 수 있는 것이 음악 듣기이다 보니 음악에 대한 노출이 많고 매스컴을 통해 이 분야에 대한 자연스러운 친밀감이 작용한 결과입니다. 또한, 사춘기의 특성과 아이돌 가수가 가지는 직업적인 매력이 잘 어울리는 영향도 있습니다. 또, 어떤 특별한 이유가 없이도 좋아 보일 수 있습니다.

영어에 관심이 많고 사회적 관심이 많은 아이는 국제연합이라든가 글로벌단체에서 일하고 싶다는 꿈을 가지고 있습니다. 여러 국가를 여행해 볼 기회와 인지도가 높고 직업에 대한 명예가 높은 이유입니다. 물론 이런 아이들은 단순하게 돈을 많이 벌겠다는 의미는 아닙니다.

이렇듯 특정 직업이 돈을 많이 벌게 한다거나 유명해질 수 있다는 단순한 생각으로 오랫동안 실현 가능성이 희박한 꿈에 빠져있거나 헤매게 된다면 학업의 기본기나 사회생활의 기본기인 '성실과 적응'이라는 중요한 진로교육 과정을 자칫 소홀하게 보내는 실수를 범하게 됩니다.

최근 별안간 돈을 많이 벌었다는 직장인의 기사를 접하게 되었습니다. 대부분 주식 대박이나 비트코인이라는 디지털 화폐를 통해 횡재했다는 뉴스입니다.

'벼락 거지'라는 말도 생겨났습니다. 이 말은 자신이 어느 날 쪽박을 차서 벼락 거지가 되었다는 뜻이 아니라, 같은 직장동료가 어느 날 갑자기 대박이 나서 상대적으로 자신이 거지가 된 착각을 일으키게 되어 생겨난 신조어입니다.

우리 사회의 단면이자 어떤 면에서는 그만큼 우리 사회가 현실에 만족하고 살아가기 어렵다는 말이기도 합니다.

언제부턴가 우리 사회에는 직업으로 돈을 많이 벌 수 없다는 부정적인 통념들이 생겼습니다. 그 이유는 내가 받는 보수보다 삶에 필요한 직간접 비용이 너무 빠른 속도로 상승하기 때문입니다. 직장생활 10년 해서는 집 한 채 마련을 못 한다는 절망감 때문입니다. 10년이 아니라 평생 해도 어렵다는 말도 있습니다.

그래서 많은 직장인이 재테크에 관심이 있습니다. 한 직업을 통해 돈을 모으는 일이 그 만큼 힘들어진 사회를 살아가고 있습니다.

많은 부모가 생각하는 것처럼 우리 아이 세대는 과연, 어떤 직장사회가 열릴지 벌써 긴장되고 불안하기까지 합니다.

이미, 어떤 부모들은 초등학교부터 주식을 가르치는 부모가 있다고 합니다. 한 가지 직업만 가지고는 안정된 삶을 살 수 없다는 결론에 이른 부모인 것 같습니다. 또 어떤 부모는 경제교육과 투자이론에 관한 공부를 가르치는 부모도 있다고 합니다.

어느 정도의 부작용을 감안하고 시작한 일이겠지만 지금의 사회적 환경을 생각해 본다면 전혀 뜬금없는 이야기는 아닌 것 같습니다.

이제 더는 어떤 직업이든 돈을 많이 버는 특정 직업은 없는 세대를 살게 되었습니다. 사회 어떤 분야의 전문 직업이든 경쟁이 치열해 졌으며 한 우물만 열심히 판다고 해서 어려운 환경을 극복하는 데는 한계가 있다는 것을 우리 아이들 세대에서 경험해야 한다는 사실이 부모들의 고민을 깊게 합니다.

사춘기 아이들에게 직업을 가지고 돈 버는 일과 자신의 가치를 잃어버리지 않고 돈 많이 버는 사람이 최고라는 사회적 통념이라는 함정에 빠지지 않도록 균형 잡힌 바람직한 직업관을 갖게 하는 것이 그 어느 세대보다 중요한 부모의 역할이 되었습니다.

공부를 시켜야 할까? 기술을 가르쳐야 할까?

"난, 요리사가 될 건데, 왜 공부를 해야 하나요?"

"난, 펫 카페를 할 건데, 왜 공부를 해야 하나요?"

"난, 프로게이머가 될 건데, 왜 공부를 해야 하나요?"

사춘기 아이들 가운데 이미 자신의 직업을 정해놓은 아이들이 많습니다. 그리고 자신은 공부하지 않아도 얼마든지 돈을 벌고, 잘 살 수 있다고 부모에게 말합니다. 그러니 공부는 안 해도 된다는 논리입니다. 이런 말들은 사춘기 부모들을 참으로 난감하게 합니다. 어려서부터 비싼 돈 들여 학원 보내고 공부시켰더니, 이제와서 "공부하기 싫다", "어차피 공부해도 소용없다", "대학갈 학비를 미리 달라"라고 말합니다.

이렇듯 아이들이 공부할 의지가 없다면, 공부를 시키지 말고, 차라리 직업기술을 가르치면 어떨까? 고민하는 부모들이 많습니다. 그리고 실제로 고등학교만 졸업하면 직업훈련을 통해 관련 자격증을 따게 한다거나 직업사회로 진입시키는 경우도 많습니다.

그런데, 문제는 부모는 아이에게 기술을 가르치고 싶은 생각이 없다는 게 문제입니다. 아이도 기술을 배우고 싶어 하고, 부모도 학업보다는 기술을 배우게 하는 게 현명한 판단이라는 생각에 합의가 된다면 갈등 없이 진로를 선택할 수 있겠으나 아이와 부모의 의견이 다를 때, '공부를 시켜야 할까?, 기술을 가르쳐야 할까?' 고민합니다.

요즈음 아이들의 꿈은 5가지 정도로 압축할 수 있습니다.

'유튜버', '프로게이머', '요리사', '펫카페', '뮤지션'이 되겠다는 아이들이 부쩍 늘었습니다. 이런 현상에 대해서는 앞서 말씀드렸듯이 매스컴을 통한 친밀도가 다른 직업에 비해 상대적으로 높아진 이유입니다. 즉, 홍보 효과입니다. 이런 직업을 조금이라도 폄하하거나 비하할 생각은 전혀 없습니다. 단지, 상대적으로 아이들이 쉽게 접근할 수 있는 직업들을 선호하게 된다면 자칫 학생이라는 신분이 이런 직업을 준비하는 데 도움이 안 된다고 생각하고 학업에 소홀할 수 있다는 우려가 듭니다.

저는 개인적으로 고등학생이나 대학생들이 아르바이트하는 것을 보게 될 때 우려하는 바가 있습니다. 이것 역시도 어떤 특정 직업에 대한 편견을 가지고 있다는 뜻이 아님을 먼저 말씀드립니다.

그것은 아이들이 용돈이 필요해서라든지, 또는 뭔가 의미 있는 일을 해보고 싶어서 학업을 병행하면서 돈을 버는 일을 하는 경우가 있는데, 이런 일들은 장점보다는 단점이 더 많다는 생각입니다.

예를 들어, 배달 일을 하는 학생이 있습니다. 집안이 어려워서 학비를 벌기 위해서일 수 있고, 뭔가 자신이 갖고 싶은 물건을 사려고 돈을 벌 수도 있으며, 여러 가지 이유로 아르바이트를 하게 되었을 것입니다. 그런데, 가장 우려되는 점이 있는데, 아이들 마음에 '돈을 버는 일은 마음만 먹으면 쉬운 거구나'라는 생각을 하게 될까 봐 걱정됩니다. 다시 말씀드리면 학생이라는 신분임에도 돈이 필요할 때마다 학업 대신 일을 통해 돈을 벌려고 생각한다면 자신은 돈을 번다고 생각할 수 있으나, 실은 돈을 낭비하고 있는 것입니다. 돈이란 재화는 반드시 화폐만을 이야기하지 않습니다.

첫째, 시간을 낭비합니다.

둘째, 학비를 낭비합니다.

셋째, 열정을 낭비합니다. 그리고, 무엇보다 위험합니다.

자칫 사고가 발생할 수 있습니다. 왜냐하면, 대부분의 단순 아르바이트 일터는 3D((Difficult, Dirty, Dangerous) 업종이기 때문입니다. 또한, 앞으로 정식으로 일해야 할 직장사회에 대한 긍정적인 동기보다 부정적인 시각을 먼저 갖게 될 가능성이 큽니다. 아르바이트 일터는 한결같이 좋은 대우를 받거나 사회적으로 인정받을 수 있는 전문직이 아닙니다. 따라서 심리적 육체적 열정 낭비와 손실이 크게 발생합니다.

이런 말들이 오해가 없길 바랍니다. 누군가는 현재하고 있고, 해야 할 일입니다. 그리고 이 일을 생업으로 하는 분들이 많이 있습니다. 자신에게 주어진 환경과 어려움을 극복하고 최선을 다해 일하시는 분들은 반드시 어떤 일이든 존중되어야 하고 직업으로 귀천을 따지는 게 아님을 다시 한번 말씀드립니다.

다만, 아직 학생이라는 신분이고 경제적인 사정이 그리 나쁘지 않은 가정의 아이들을 대상으로 말씀드리고 싶습니다. 아이들은 이미 학생이라는 신분으로 공부해야 할 시간이 얼마 남지 않았습니다. 학생의 신분이란 기간이 정해져 있습니다. 그렇게 긴 시간이 아닙니다. 자신의 진짜 직업을 갖기까지 고등학생이라면 불과 7년도 안 남았으며, 대학생이라면 4년도 안 남았습니다. 학비도 이미 납부된 경우라면 자칫, 이미 비싼 등록금은 냈는데 다른 곳에서 그 돈을 벌어보겠다고 하는 것은 현명한 생각이 아니라는 판단입니다. 특히, 휴학하고 아르바이트를 하므로 학비는 낭비되지 않는다고 생각할 수 있는데, 막상 취업할 시즌에 가장 불리한 요소가 남들보다 무의미하게 보낸 시간이 가장 큰 단점이 된다는 사실을 모르고 있습니다.

그래서 함부로 특정한 사유나 동기 없이 휴학하면 안 됩니다. 무엇보다 학업 열정을 낭비하게 됩니다. 또, 이런 일을 하게 되면 신체적으로 힘들고 고생만 할 수 있습니다. 이런 고생을 통해 학업 동기를 되찾고 더 열심히 학업에 매진하는 긍정적인 효과도 있겠으나, 대체로 몸이 고생하게 되면, 스트레스와 후유증으로 그만큼 소비하지 않아도 될 비용으로 지출이 커지게 됩니다. 월급이라도 받게 되는 날이면 친구들에게도 지출이 일어나고, 자신에게도 위로하고 싶은 마음에 지출이 발생합니다. 그래서 아르바이트로 돈을 모으는 것이 얼마나 힘든지는 웬만한 유경험자는 다 알 수 있습니다.

공부를 시켜야 할까?, 기술을 가르쳐야 할까?

이 고민은 학교를 계속 다니게 할까? 아니면 직장을 보내야 할까? 고민하는 것과 같은 말일 수 있습니다. 이제 우리나라는 고등학교까지 준 의무교육 시대가 되었습니다. 큰 교육비 지출 없이도 고등학교 과정까지는 누구나 다닐 수 있는 교육환경이 국가로부터 제공됩니다. 대학진학을 계획하지 않고, 직장사회로 바로 진입하는 것이 어떤 면에서는 바른 진로선택이 될 수 있습니다. 남들보다 전문기술을 일찍부터 배우고 더 역량을 끌어올리면 분명 좋은 결과를 얻을 수 있습니다.

그러나 꼭 기억해야 힐 것은 어떤 직업이 가지고 있는 직업 자체의 위험성보다는 직업을 수행하는 직장이라는 현장의 위험성이 크다는 것입니다. 그리고 상대적으로 일탈이나 탈선의 위험부담도 큽니다. 그만큼 아직 사회인으로의 기본 소양이나 경험을 쌓을 시간이 많이 부족하게 됩니다.

위의 언급한 직업군들은 사실 마음만 먹으면 언제든지 도전해 볼 수 있는 직업들입니다. 그래서 진로상담을 할 때, 기준으로 삼는 것이 있는데 지금 학업을 그만두고 기술을 배우거나 직장사회로 나가려는 아이들이 있으면 "이 기술이나 경험을 지금 아니면 못한다는 판단이라면 지금 도전해도 좋다"라고 이야기합니다. 그러나, 아이가 성인이 되면 언제든지 시도해 볼 수 있는 일을 지금 학생이라는 신분을 내려놓고 하려는 이유가 공부하기 싫다는 것이라면 오히려 학생 신분을 포기하지 말고 공부를 좀 여유를 가지고 할 수 있도록 권면합니다.

그만큼 신분이 중요합니다. 아이가 학생 신분을 포기하고 선뜻 자기가 하고 싶은 일을 시작하게 되면 다시 학교사회로 돌아오기가 보통 어려운 일이 아닙니다. 그 이유는 자기 또래의 아이들은 이미 사라져 버렸기 때문입니다.

아이가 어쩔 수 없는 가정환경으로 일찍 직장사회로 나가야 하는 경우가 있습니다. 그런 경우가 아니라면 가능한 학교사회를 조금 더 오래 경험하는 것이 우리나라 교육환경에서는 바람직한 진로선택입니다.

그 이유는 우리나라 중고등학교는 아직 입시기관의 역할만 수행한다는 인상을 지울 수 없기 때문입니다. 그래서 최소한 대학교육의 과정을 통해 자율적인 학과선택과 창의적이고 융통성 있는 학습 태도를 길러 직장인으로서 최소한의 덕목인 문제 해결 능력과 대인관계 능력을 기를 기회를 얻는 것이 좋은 진로를 찾는데 더 효과적입니다.

고민 10

해야 할 일을 할까? 하고 싶은 일을 할까?

사춘기 자녀와 부모가 겪는 갈등은 대부분 해야 할 일과 하고 싶은 일의 우선순위 문제에서 발생합니다. 해야 할 일과 하고 싶은 일의 내용이 같은 것이라면 갈등할 이유가 없겠으나, 아이와 부모의 입장과 역할에서 차이가 있다 보니 항상 이 두 문제는 갈등을 불러옵니다.

부모는 아이가 해야 할 일을 다 마친 후에, 아이가 하고 싶은 일을 하기를 원합니다. 그러나, 사춘기 아이는 자신이 하고 싶은 일을 먼저 하고, 해야 할 일을 하려고 합니다. 아이가 아동기 때는 상대적으로 힘이 약하고 부모의 의견에 따를 수밖에 없는 처지였지만, 아이가 자라서 사춘기가 되면 이제는 자기 생각과 뜻을 먼저 행하려 합니다. 이처럼 자기 생각과 뜻대로 먼저 행하려고 하는 것은 사춘기 아이들의 강한 특성입니다.

사춘기 아이들은 학생 신분이다 보니 대체로 학업과 관련된 일들이 '해야 할 일'에 해당합니다. 그리고 '하고 싶은 일'은 학업과 관련 없는 일들이 이에 해당합니다. 그렇다 보니 아이들이 학업을 하지 않는 시간의 모든 일은 부모 자녀 간의 갈등을 일으키는 원인이 됩니다.

그래서 사춘기 아이들이 자신이 하고 싶은 일을 하지 못하게 부모들이 간섭하거나 제지할 경우, 하고 싶지 않은 학업을 하라는 지시나 강요를 자주 받다 보면 표정이 '뚱'하는 불만으로 가득 찬 얼굴이 됩니다.

사춘기 아이들도 학업에 대한 중요성과 높은 학업성과를 내는 것이 대단히 중요하다는 것을 잘 알고 있습니다. 비록 시험을 얼마 앞두고 최선을 다하지 못했다 하더라도 좋은 성적을 기대하는 것이 아이들의 본심입니다. 자신도 열심히 해서 좋은 성적을 얻고 싶은 마음은 부모 못지않게 모든 아이의 마음에 있는 진심입니다.

그러나 다양한 이유에서 공부가 싫어지거나 아예 포기하게 되는 경우가 생깁니다. 그런 이유 중에 제일 큰 원인은 부모의 지나친 간섭과 지시가 공부에 대한 인식을 부정적으로 만들었으며, 하기 싫은 것을 억지로 하는 습관이 더욱 공부를 싫어하게 되는 계기가 된 것입니다.

그 결과 사춘기가 되면서 해야 할 공부가 하기 싫어졌고, 아예 공부 자체도 싫어진 것입니다. 부모는 아이가 공부는 안 하더라도 공부 자체를 싫어하게는 만들지 말아야 하는데, 공부가 싫어지고 이제부터는 하고 싶은 일을 해야겠다고 결심하게 됩니다. 이때부터가 본격적인 부모들이 말하는 지독한 사춘기 증세가 나타납니다.

이 가운데 스마트폰과 컴퓨터 사용이 가장 큰 갈등 원인입니다. 그 외에 늦잠, 머리 모양, 옷, 화장품, 담배, 술 등 다양한 원인 소재가 있습니다.

그러나 이런 원인의 갈등과 문제들은 사춘기를 지나게 되면 대부분 문제가 없어지거나 신경을 쓰지 않게 됩니다. 아이들이 성인이 되기 때문입니다. 아이들이 사춘기가 지나면 이런 문제들은 자연스럽게 본질이 아니었다는 것을 부모나 자녀 모두 알게 됩니다.

진짜, 본질적인 문제는 부모, 자녀 간의 친밀한 관계유지와 아이의 진로 준비과정에서 얼마나 내실 있는 시간을 가졌느냐는 것을 알게 됩니다.

사춘기 자녀들의 학창시절이 학업을 위한 수단으로만 쓰이지 않도록 해야 할 이유입니다. 학업을 삶의 목표인 것처럼 부모나 아이가 인식하게 되면 학업의 결과가 삶의 성패로 이어진다고 여기게 됩니다. 이런 관념이 자녀의 진로선택과 진로과정에서 가장 부정적인 영향을 미치는 결과를 가져옵니다. 학업 목표는 반드시 있어야 하지만 그것이 삶의 목표로 동일시하지 않도록 주의해야 합니다.

사춘기 아이들이 해야 할 일과 하고 싶은 일 사이에서 고민하고 갈등하고 부모와 대립하면서 시간을 보내게 됩니다. 이런 고민과 갈등은 모든 가정에서 일어나고 있으며 겪고 있는 현실적인 문제입니다. 그러나 이런 문제보다 더 본질적인 것을 놓치지 않기 위해서는 아이가 해야 할 일과 하고 싶은 일 사이에서 갈등하거나 방황할 때, 부모가 길잡이가 되어 주어야 합니다.

학업은 부모나 자녀에게 있어서 모두 긍정적인 욕구가 될 수 있습니다. 즉, 부모도 학업을 긍정적으로 보고 있고 자녀도 학업을 긍정적으로 보게 될 때, 서로 갈등을 빚지 않게 됩니다. 그러나, 아이가 게임이나 스마트폰 사용을 약속 시간 이상으로 하게 되면, 이때 부모는 아이의 욕구를 제지하려는 부정욕구를 가지게 되고, 아이는 부모의 뜻을 따르고 싶지 않은 또 다른 부정욕구를 품게 됩니다. 이렇게 아이와 부모의 욕구가 서로 부정적으로 충돌하게 될 때가 본격적인 갈등의 시작입니다. 부모는 아이의 욕구를 부정하고, 아이는 부모의 욕구를 부정할 때, 부모의 부정욕구와 자녀의 부정욕구가 거리가 멀면 멀수록 부모와 아이의 심리적 거리는 더 멀게 됩니다. 그리고 부모는 부모대로, 아이는 아이대로 자신의 기분을 상하지 않기 위한 자존심 대결에 들어갑니다. 즉, 자신의 감정을 인정받기 위해서 부모 자녀 간에 누가 더 옳은가를 따지는 우기기 힘 대결로 번지게 됩니다.

그래서 평상시 부모가 아무리 칭찬을 많이 하고 잘해주었다 할지라도 자녀의 부정욕구를 잘 처리하지 못하게 되면 그런 모든 노력과 배려가 아무 소용과 효과 없이 물거품으로 돌아가게 됩니다.

자녀의 사춘기는 부모와 자녀 간에 부정욕구와 부정욕구의 충돌 시기이며, 자존심과 자존심의 대립 시기입니다.

이렇게 사춘기를 부모와 아이가 보내는 가운데, 진로선택이라는 학교사회에서 직장사회로 진입하기 위한 중요한 시기가 도래됩니다. 이때, 부모는 직업의 안정성을 많이 보게 되고, 자녀는 직업의 흥미와 유행을 많이 따지게 됩니다.

부모는 직업을 '안정적인 삶을 위하여 해야 할 일'로 보는 경향이 있다면, 아이는 직업을 '흥미와 유행을 따라 하고 싶은 일'이라고 보는 경향이 있습니다. 자녀의 사춘기를 잘 보내야 하는 진짜 이유가 바로 여기에 있습니다.

자녀의 사춘기를 보내면서 부모 자녀 간의 친밀한 관계를 유지하고 아이의 진로 준비과정에서 얼마나 내실 있는 시간을 가졌느냐는 말은 바로 이렇게 부모의 직업관과 자녀의 직업관이 서로 다를 때, 어떻게 의견과 갈등을 조율하고 진로선택을 하게 되는지 준비과정에서 참모습이 나타나게 됩니다.

직업은 '해야 할 일'과 '하고 싶은 일'의 조화가 이루어질 때, 가장 좋은 선택입니다.

그러나, 부모가 원하는 직업이 자녀는 하고 싶지 않고 해야 할 일이 될 때, 그 직업은 아이에게 '무거운 짐'이 됩니다.

또한, 자녀가 하고 싶은 일이 부모가 원하는 직업이 아닐 때, 그 직업은 '헛수고'가 됩니다.

자녀가 사춘기를 보내며 장차 해야 할 일과 하고 싶은 일 가운데 방황하지 않도록 부모의 역할을 살펴봐야 하겠습니다.

지금 부모와 자녀 사이에 해야 힐 일과, 하고 싶은 일이 지속해서 충돌이 일어난다면, 이런 갈등이 진로선택 과정으로 이어지지 않도록 미리 지혜로운 해법을 찾을 수 있어야 합니다.

그 해법은 다름 아닌 부모가 아이의 미래를 위해 '해야 할 일'을 부정적으로 불친절하지 않게 아이에게 전달하는 것입니다. 억지로 강요하지 않는 것입니다. 만약, 아이가 부모의 말과 행동을 부정적이고 불친절하게 느끼고 있다면, 부모의 모든 관심과 열정적인 태도는 '무거운 짐'과 '헛수고'라는 물거품으로 후회하게 될 수 있습니다.

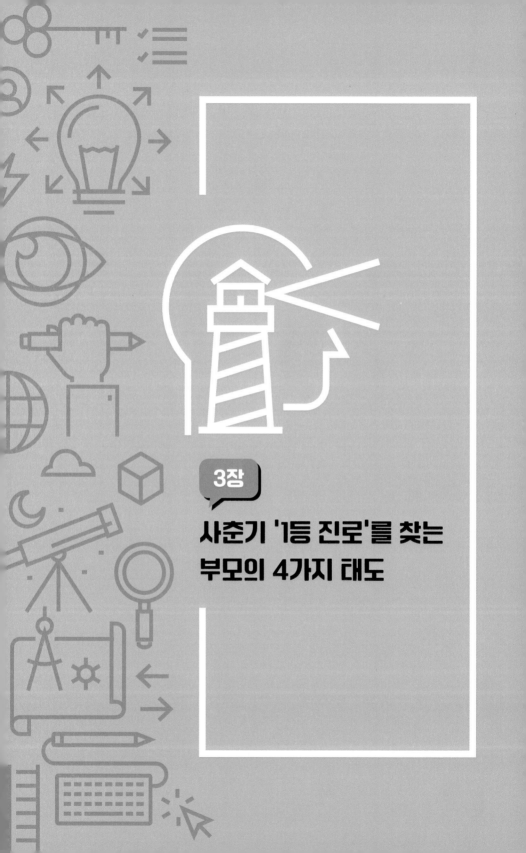

3장

사춘기 '1등 진로'를 찾는 부모의 4가지 태도

학교 가기 싫은 아이,
공부하기 싫은 아이

자녀가 사춘기가 되면 하는 말과 행동이 예전 아동기 때와 매우 달라집니다. 하루하루 달라지는 신체의 변화처럼 아이들의 태도도 하루하루 달라집니다. 사춘기 아이의 신체는 성인 같아 보이지만, 심리 정서적으로는 아직 아동기라고 보는 편이 아이를 이해하기에 더 효과적일 수 있습니다.

부모는 보이는 아이와 내면에 보이지 않는 아이가 서로 많은 차이가 난다는 것을 알게 되기까지 많은 시행착오를 겪습니다. 아이가 부모를 대할 때 가끔은 의젓한 모습과 철이 들어 보일 때도 있어, 아이에게 성인 수준의 생각과 책임감을 기대하지만, 아이들은 외모만 성인처럼 보이지 내면은 오히려 말 잘 안 듣는 키 큰 아이라는 것을 금방 알게 됩니다.

따라서, 아이가 사춘기가 되면 어느 정도의 부정적인 감정의 상태는 오히려 정상일 수 있다고 생각해야 합니다.

그러나, 사춘기 자녀가 학교 가기 싫어하거나 공부하기 싫어하는 상태가 일정 기간 지속된다면 이는 현실 부적응으로 진로발달 과정에 적잖은 문제가 되기도 합니다.

학교 가기가 싫다는 것과 실제 학교에 가지 않은 것은 본질적인 차이가 있습니다. 게임을 많이 하고 늦잠을 자면서도 학교에 가는 학생과 아예 학교에 가지 않는 학생은 많은 차이가 있습니다. 마치, 일이 하기 싫고 힘들어도 직장에 나가는 것과 아예 직장을 나가지 않는 것이 본질에서 차이가 있는 것처럼 말입니다. 공부하기 싫어하는 학생과 일하기 싫어하는 직장인은 누구나 상식적인 차원에서 이해할 수 있고 수용할 수 있습니다. 그러나 학교에 가지 않거나 직장에 가지 않는다는 것은 특별한 이유가 있지 않은 한 이해하거나 수용하기 어렵습니다.

여러분 가정의 아이들은 학교 가기 싫다거나, 공부하기 싫다고 하지는 않습니까? 아니면, 이미 등교를 거부하고 있지는 않습니까?

사춘기, 학교 가기 싫고 공부하기 싫은 이유 20가지

이번 장에서는 사춘기에 학교 가기 싫은 아이, 공부하기 싫은 아이의 진짜 이유와 해결방안에 관해 생각해 보겠습니다. 먼저, 아이들이 학교 가기 싫고 공부하기 싫은 이유입니다.

이유 01 특별한 이유 없이, 그냥 학교에 가기 싫다.

이유 02 자유롭지 못하고 딱딱하고 획일화된 학교의 규정과 분위기가 싫다.

이유 03 학교가 내 삶에 도움이 안 되고 무의미하다. 학원으로 다 커버할 수 있다.

이유 04 다니는 학교의 전통이나 대학합격 실적이 나빠서 소문이 안 좋다.

이유 05 선생님들의 강의 수준이 마음에 안 들고, 특별히 보기 싫은 선생님도 있다.

이유 06 부모 직장, 학군을 찾아 전학을 다니다 보니 낯선 환경이 불안하다.

이유 07 어차피 아무리 공부해도 상위권이나 인서울 대학은 못 들어갈 것 같다.

이유 08 또래 무리에 들어가지 못해 왕따, 은따 또는 차별을 당하고 있다.

이유 09 내 성적으로는 부모의 기대에 못 미친다. 기대에 부응할 힘도 없다.

이유 10 내가 바라던 중, 고등학교에 불합격해서 더 이상 공부할 의욕이 없다.

이유 11 아무리 공부해도 내 형제자매처럼 잘할 수 없다.

이유 12 선행학습으로 이미 배운 내용을 다시 학교에서 가르쳐서 시간 낭비 같다.

이유 13 코로나 19로 인한 불규칙한 온·오프라인 등교가 오히려 불편하고 지친다.

이유 14 온라인 학습이 재미없고 지루하다.

이유 15 스마트폰, 게임을 많이 하게 되고, 아침에 일어나서 학교 가기가 너무 피곤하다.

이유 16 원인 모를 두통, 배앓이, 가슴 답답함, 불면증에 시달린다.

이유 17 시험 기간이나 수행평가 때가 오면 너무 불안하고 초조하다.

이유 18 학교가 아닌 다른 장소에서 친구와 함께 있는 게 더 좋다.

이유 19 내가 관심 있고 좋아하며, 하고 싶은 일를 하고 싶다.

이유 20 학교 이외에 다른 진로를 찾아서 가고 싶다.

위 내용처럼 20가지 학교 가기 싫은 이유를 살펴봤습니다. 이처럼 학교 가기 싫은 이유를 드러나는 현상적 이유라고 봤을 때, 조금 더 본질적인 원인 4가지를 더 찾을 수 있습니다. 위와 같은 현상적 이유와 본질적인 원인이 복합적으로 작용할 때, 아이들은 어떤 경우에는 이유 없이 학교에 가기 싫어하고 또, 어떤 경우에는 복잡하고 다양한 이유로 학교에 가기 싫어합니다.

학교 가기 싫고, 공부하기 싫은 이유를 다시 정리하면 다음과 같습니다.

학교생활이 자유가 없고 재미가 없으며, 도움이 안 되고 무의미하다는 것입니다. 즉, 학교 문화와 학교생활에 대한 불만으로 학교 가기 싫고, 공부하기 싫다는 것입니다. 이처럼 학교환경이나 학교 이미지를 바꾼다는 것은 불가능합니다. 그래서 단순히 학교가 마음에 안 들고 싫어서 다른 학교로 옮길 경우, 안정감 있게 학교를 다시 다닐 수 있게 되는 예도 있습니다. 그러나 이때 학교 가기 싫은 이유가 학교에 대한 불만뿐이 아니라 다음 말씀드릴 4가지 본질적인 원인이 복합적으로 작용한다면 단순히 학교를 옮기는 선에서 해결되지 않을 수 있습니다.

학교 가기 싫고 공부하기 싫은 본질적 원인 4가지

사춘기, 학교 가기 싫고 공부하기 싫은 본질적 원인 4가지입니다.

첫째, 사춘기 특성이 학교 가기 싫고 공부하기 싫어집니다.

사춘기에는 성호르몬의 변화와 뇌 기능의 불균형으로 인하여 사춘기 아이들은 새로운 단편적 지식에 몰입하고 편향된 사고방식으로 자기주장을 강하게 합니다. 그래서 종합적이고 합리적인 사고와 판단을 하지 못하게 됩니다. 또한, 민감하고 흥분을 잘하며 감정 기복이 심하여 불안정한 감정 상태를 보입니다. 생리적 현상으로 과다수면, 폭식, 자극적이고 충동적인 행동을 하게 됩니다. 이런 현상은 뇌의 호르몬 변화와 뇌 기능의 불균형으로 인한 것인데 사춘기 아이들의 여러 가지 환경변화와 맞물려 학교 문화나 생활보다는 자유로운 생활을 더 선호하게 됩니다. 일단, 자유롭고 재미있는 놀 거리에 빠지게 되면 학교 가기를 싫어하고 심하면 등교 거부를 하게 됩니다.

이처럼, 사춘기 성호르몬 분비와 뇌 기능 불균형은 아이들의 충동적, 돌발적, 자극적인 행동을 유발하게 하며, 중독성향이 강하게 나타나는 시기이므로 음주, 흡연, 게임, 스마트폰 과다사용을 절제하거나 제재를 해야 합니다.

둘째, 성격 기질적인 성향으로 학교 가기 싫고 공부하기 싫어집니다.

아이들은 성격 기질적인 이유로 학교 가기 싫어집니다. 아이들 가운데, 낯선 환경이나 새로운 사람을 만났을 때 불안감을 특히 많이 느끼는 성향이 있습니다. 친구 사귀기가 상대적으로 힘든 성향의 아이인데, 편안하지 않고 불안정할 때 학교 가기를 싫어하거나 아예 등교를 거부할 수 있습니다. 즉, 안정적인 생활환경이 안될 때 불안감을 많이 느끼는 경우, 등교를 거부합니다. 아동기 때 많이 나타나는 현상인데, 사춘기 아이들 가운데에도 종종 나타납니다. 이런 경우라면 낯선 환경과 새로운 사람에게 적응하기까지 시간적인 여유가 필요합니다. 친구 사귀기를 절대 서두르지 말고 충분한 탐색과 관찰할 수 있는 시간이 필요합니다. 만약, 아이가 등교를 거부한다면 무엇보다 학교 선생님에게 아이의 성향에 관한 충분한 설명과 이해를 구해야 하며, 학급 교우를 사귀기 전, 사전에 어떤 학생과 어울리면 편안해 할지 선생님께 조언을 받는 것이 좋은 방법입니다. 즉, 선생님께 보호받는다는 인식이 아이에게 안정감을 들게 합니다.

다음은 교우 관계를 중요시 여기며 어디서나 인정받고 특별한 존재감을 느끼고 싶어 하는 성향이 있습니다. 평상시 이상적인 생각과 관계를 통해 흥미를 찾고 의미를 부여합니다. 이런 성향은 주기적으로 선생님이나 교우에 관한 불평과 불만을 호소하기도 하는데 이때, 아이의 생각과 감정에 공감하는 대화법이 아주 효과적입니다. 즉, 주기적으로 잘 들어만 줘도 스트레스를 풀어 줄 수 있습니다. 또한, 아이가 등교를 거부한다면 교사나 교우와의 정서적 교류가 좋은 영향력을 갖게 합니다. 아이가 좋아하는 사람 한 사람만 있어도 답답한 학교환경을 극복하는 힘이 됩니다.

다음은 자기 계발과 성취를 중요시 여기며 도전적으로 임하는 진취적인 성향입니다. 대인관계를 중요시하는 성향과는 다르게 과업의 성취를 중요시하는 성향입니다. 이런 아이는 학교생활에서 발전성과 생동감을 못 찾게 되면 학교 가기가 싫어집니다. 현재 학교에 다녀서는 장래성이 없다고 다른 학교로 전학을 희망하거나 아예 다른 길을 찾겠다는 실행력이 강한 성향입니다. 한번 결정하면 자기 뜻대로 자기 길을 찾으려는 아이입니다. 부모의 설득이 별 효력이 없고 공교육이 아닌 대안 교육이나 유학의 길을 찾는 경우가 많습니다. 이런 성향의 아이는 진로전문가와의 상담을 통해 아이에게 맞는 진로설계가 합리적이고 현실성이 높아지면 좋은 성과를 낼 기회이기도 합니다. 아이가 인정할 수 있는 진로설계가 가능하다면 몇 개월 정도는 잘 참고 학교에 다닐 수 있습니다.

다음은 규칙적이고 반복적인 생활에 자유와 흥미를 못 느끼는 성향이 있습니다. 틀에 박힌 생활과 자유롭지 못한 학교환경이 생기가 없고 자유를 구속당한다는 답답함을 많이 호소할 수 있습니다. 무계획, 즉흥적, 게으르기 쉬운 규칙적인 생활이 어려운 성향입니다. 학교생활뿐 아니라 가정생활에서 게으름, 무계획, 나태함으로 무너진 생활방식 때문에 적응하지 못하고 현실 부적응증세를 보이는 성향의 아이입니다. 성격 기질상 귀차니즘이 강하고 움직이기를 싫어하는 성향의 아이들이 있습니다. 이런 아이들 가운데 승부욕이 강하고 도구를 잘 다루며 손재주가 좋은 아이들이 있는데 게임중독에 노출되면 치유가 어려운 성향입니다. 그러나, 한번 한다는 마음을 먹고 교육과 훈련을 잘만 받는다면 쉽게 포기하지 않는 끈기를 가진 장점이 있습니다.

이처럼, 성격 기질적인 성향으로 학교 가기 싫어할 수 있습니다. 더군다나 성격 기질적인 성향과 다양한 이유의 불만과 불평이 조합되면 아이는 학교 가기를 더욱 싫어하게 되고 등교 거부까지 할 수 있습니다.

셋째, 사춘기 부모의 양육 태도가 학교 가기 싫고 공부하기 싫어집니다.

위에서 여러 가지 이유를 설명했듯이 아이들이 학교 가기 싫어하는 태도는 지극히 자연스러운 감정입니다. 마음이 힘들고 불편하므로 학교 가기 싫다고 표현한 것입니다. 따라서, 불편하고 불만스럽고 고통스러운 감정들을 인정하고 받아들이게 되면 다시, 아이는 마음의 힘을 얻게 됩니다. 힘든 원인은 그대로 있을 수 있으나 학교에 다닐 힘은 다시 얻게 됩니다. 이 힘은 부모 역할로 자녀와 긍정적인 상호작용을 하게 될 때 생기는 원동력입니다.

그러나, 부모와 자녀의 부정적 상호작용에 빠지기 쉬운 양육 태도를 지속해서 보이게 된다면 아이들은 스트레스를 견디지 못하고 학교에 다니며 공부를 할 수 있는 원초적인 힘을 잃게 됩니다.

사춘기, 학교 가기 싫고 공부하기 싫은 부모의 양육 태도 4가지입니다.

사춘기, 학교 가기 싫고 공부하기 싫은 부모의 양육 태도 4가지

① 자신감이 부족한 과잉보호 양육 태도
② 융통성이 부족한 완벽주의 양육 태도
③ 친밀성이 부족한 성취지향 양육 태도
④ 공감력이 부족한 권위주의 양육 태도

위와 같은 부모의 양육 태도는 사춘기 아이가 학교 가기를 싫고 공부하기 싫어할 수 있습니다. 이와 관련된 부모의 4가지 양육 태

도는 다음 장인 '사춘기 부모의 불안, 집착, 불신, 회의감 다스리기'에서 자세히 설명하겠습니다.

사춘기 아이들의 가장 큰 고민 두 가지가 있습니다. 이때가 부모의 양육 태도가 결정적인 역할을 할 때입니다.

한 가지는 대인관계 문제입니다. 사춘기는 인간관계가 가장 민감하고 어려운 시기입니다. 친구에게 무시당하거나 창피를 당하는 경우가 가장 힘듭니다. 그래서 위축되기도 하고 회피하기도 합니다. 요즘처럼 학교에 자주 안 가게 되는 때는 교우와의 관계보다 부모와의 관계가 힘들어지고 심각해집니다. 부모로부터 무시를 당하거나 자존심이 상하게 되는 상황을 자주 겪게 되면, 이때 학교 가기 싫어하게 됩니다.

그리고, 나머지는 가고 싶은 대학이나 하고 싶은 직업의 목표가 있는데 상대적으로 받쳐주지 않는 학업성적이 큰 고민입니다. 학년이 올라갈수록 압박을 받고, 고민하게 되는 데 이때가 학교 가기 싫어지는 때입니다. 왜냐하면, 길이 안 보이고 방법이 없기 때문입니다. 더군다나 주변의 가족들이 기대하고 있거나 형제자매 중에 진학에 성공한 사례가 있다면 비교의식이 피해의식으로 바뀌기 때문입니다.

이렇게, 아이가 대인 관계문제로 힘들어할 때나 진로와 성적문제로 힘들어할 때는 특히, 부모의 부정적인 양육 태도가 아이들을 학교 가기 싫고 공부하기 싫게 만드는 근본적인 원인이 됩니다.

넷째, 사춘기 우울증으로 학교 가기 싫고 공부하기 싫어집니다.

아이들이 학교 가기 싫다는 말을 하게 되면 부모는 무작정 아이의 마음을 돌려 다시 학교에 다니게 하고 싶어 합니다. 당연한 마음입니다.

그러나 아이가 학교에 가기 싫다고 말을 하고, 실제로 등교를 거부하게 된다면 단순히 마음을 돌이키는 것은 무척 어려운 일입니다.

왜냐하면, 사춘기 우울증 때문입니다. 사춘기 우울증을 대표적으로 가면성 우울증이라고도 합니다. 가면성 우울증의 특징은 겉으로는 웃고 있고 잘 지내는 것처럼 보이지만 마음속으로는 항상 불안, 짜증, 화, 우울감으로 상한 감정의 상태로 지속하게 됩니다. 일정 기간이 지나서 스트레스와 고통이 심한 경우가 되면 우울증이 많이 진행된 경우가 많습니다. 그래서 일단 우울증 아이가 학교 가기 싫다고 이야기하거나, 등교 거부 현상이 나타나면 회복하기가 매우 힘들거나 오래 걸리기도 합니다.

아이가 학교에 다니기 싫다고 말하는 진짜 이유가 사춘기 우울증인지 확인해야 합니다. 일반적으로 소아 청소년 우울증이라고 하는데, 우울감과는 다르게 짜증이나 화를 자주 내고 무기력과 감정 기복이 심하다면 조심스럽게 사춘기 우울증인지 알아봐야 합니다.

사춘기 우울증은 단순히 학교 다니는 것이 싫은 게 아니라, 사는 것 자체가 부정적일 수 있기에 위험할 수 있습니다. 그리고 위에서 말씀드린 다양한 이유에서 우울감으로 시작된 증상이 우울증으로 전이 되지 않도록 부모의 각별한 주의가 필요합니다.

소아 정신과 상담을 통해 우울증이라는 소견을 받으면 적극적인 치료가 필요합니다. 제가 만나는 아이 중에 대인기피증, 불안증, 등교 거부, 게임중독, 스마트폰 중독, 우울증으로 힘들어하는 아이들이 있는데 자해와 같은 위험한 행동을 하는 아이들이 전염병처럼 늘고 있는 상황입니다.

그런데, 문제는 우울 증상으로 힘든 아이에게 소아 정신과나 상담실을 가자고 하면 대부분 가지 않으려고 합니다. 왜냐하면, 자포자기 현상과 종잡을 수 없는 감정의 기복 때문입니다. 긍정적으로 해결하려는 의지가 생기다가도 갑자기 기분이 나빠져서 약속을 취소하기도 합니다. 또한, 창피해하고 자존심에 상처를 입기도 합니다. 자신의 잘못에 대한 책망이나 체벌로 상담을 받을 수 있다는 불안감이 생기기도 합니다. 즉, 자신이 뭔가 손해 본다거나 억울한 느낌마저 들기도 합니다.

따라서, 이때는 여유를 가지고 아이의 감정에 귀를 기울이고 힘들어하는 것들에 대해 잘 듣고 기록해야 합니다. 즉, 1차 상담을 부모가 해야 한다는 뜻입니다. 상담의 기본이 친밀감을 가지고 고민하는 내용을 잘 들어주는 것입니다. 그리고 들으면서 문제의 핵심을 정리하는 것입니다. 아이들은 이때 자기 문제를 들어주고, 핵심을 잘 집어내는 부모에게 다시 신뢰가 회복됩니다. 그런 다음 부모는 전문가에게 직접 도움을 받는 게 좋겠다고 아이에게 동의를 구하는 순서로 진행하면 됩니다.

그러나 이와는 반대로 우울증이 아닐 때도 있는데, 코로나 19와 같은 외부적 요인에 따라 아이의 생활습관이 무너지는 경우입니다.

이때는 화를 내는 것이 아니라 혼을 내야 할 때입니다. 단호하고 엄중하게 아이와 대화를 해야 합니다. 만약, 어떤 이유도 아닌 귀차니즘과 무너진 생활습관 때문이라면 단호하게 제재를 해야 합니다. 아이와 사전에 약속하고 용돈이나 인터넷 사용을 전면 금지하는 빙법도 유효할 수 있습니다. 사춘기 아이 가운데는 본능적인 나태함과 귀차니즘에 빠져 아이들의 진로를 스스로 망치는 예도 있습니다. 대체로 과잉 보호형 부모나 예전에는 완벽주의형 부모였다가 부정적 상호작용으로 아이와의 관계가 아예 단절될까 봐 두려운 나머지, 현재는 이러지도 저러지도 못하는 부모들과 아이들 가운데 나타나는 증상이기도 합니다.

그러나 무엇보다 중요한 것은 처음부터 이유 없이 생활습관이 무너지지는 않습니다. 그리고 등교 거부를 하지 않습니다. 그만한 이유가 있습니다. 아이와 부모는 잘 모르지만, 위의 열거한 여러 가지 원인 가운데 있을 수 있습니다. 그리고 또 다른 이유가 분명히 있습니다.

학교 가기 싫고, 공부하기 싫어하는 아이의 부모 역할

어느 날 갑자기 아이가 학교 가기 싫다고 한다면 부모는 무척 놀라고 당황스럽습니다. 그리고, 어떻게 해야 마음을 돌려 다시 학교를 보낼 수 있을까를 고민합니다. 그래도 여유를 가지고 차분히 대처해야 합니다.

첫째, 학교 가기 싫은 감정을 충분히 인정하고 공감해 주어야 합니다. 부모나 아이 모두 절대적인 안정이 필요합니다. 아이의 감정을 잘 받아주는 것과 부모가 먼저 흥분하지 않도록 해야 합니다. 섣부른 설득이나 해결책을 서둘러서 찾으려고 하면 오히려 관계만 힘들어질 수 있습니다.

둘째, 감정 상태뿐만 아니라, 신체 증상도 물어보고 확인해야 합니다. 고립감과 우울감이 심해서 신체 증상이 나타난다면, 우울증일 수 있으니 전문가의 치료를 받도록 권해야 합니다.

셋째, 학교 가기 싫은 감정은 자기를 보호하기 위한 방어체계라는 것을 인정해야 합니다. 그러나 불안증이나 우울증이 아닌 단순히 자기관리에 게으르거나 나태한 정신상태라면 책임감 없이 회피하는 것으로 볼 수 있습니다. 이때는 생활계획과 바른 태도를 잡기 위한 약속을 정하고 지키게 해야 합니다. 다만, 나태하고 게으른 것이 부모의 부정적 양육 태도로 인한 반발심이라면 아이의 변화보다 부모의 변화가 선행되어야 부작용 없는 아이의 성장을 기대할 수 있습니다.

넷째, 아이들이 좋아할 만한 일을 찾아 아이와 함께할 수 있는 시간을 가지면 아이에게 도움이 됩니다. 축구장, 농구장, 등산, 여행, 회식, 콘서트, 때로는 PC방에도 함께 가는 게 효과를 볼 수 있습니다. 때로는 아이의 부정적인 욕구나 요구마저도 인정해준다면 아이의 자존감이 올라갈 수 있습니다.

다섯째, 어느 정도 아이의 피로감이나 회복을 위해 조퇴나 결석을 인정하는 것도 좋은 방법이 될 수 있습니다. 학교 가는 것보다, 공부하는 것보다, 아이 자체가 더 소중하다는 것을 부모가 인정하게 될 때 회복이 시작됩니다. 진짜 아이가 힘들어서 쉬고 싶은 날이 있을 수 있습니다. 아예, 학업을 포기한다거나 학교 자퇴를 생각하는 게 아닐 때는 아이의 고충을 이해해 줄 필요가 있습니다. 정작 문제는 일방적인 부모의 태도입니다. 죽어도 학교에는 가야 한다는 강압적인 태도는 오히려 장기결석이나 가출로 이어질 수 있으므로 주의해야 합니다.

아이가 학교 가기 싫다면,
자녀와의 관계를 회복하고 존경받을 기회다

직장인이 일이 힘들고 직장에 가기 싫어한다면, 일이 많고 어려운 일이라서 보다는 인정과 지지를 못 받기 때문일 수 있습니다. 학생이 공부하기 싫고, 학교 가기 싫어한다면 공부가 힘들고 어려워서라기 보다는 부모에게 인정과 격려를 못 받기 때문일 수 있습니다.

그래서 지금 아이가 공부하기 싫고, 학교 가기 싫어 등교를 거부한다면, 힘들었던 시간만큼 아파하고 고통스러웠다는 것을 인정해 주고 기다려 줘야 합니다. 오히려 빠른 해결과 등교를 강요하게 되면, 아프고 지친 마음을 더 힘들게 할 수 있습니다.

아이가 학교 가기 싫은 본질적 원인으로 사춘기 특성과 성격과 기질, 부모의 양육 태도와 사춘기 우울증 이렇게 4가지 원인을 살펴봤습니다.

아이가 학교 가기 싫은 본질적인 4가지 원인은 모두 부모의 역할과 밀접한 관계가 있습니다. 부모는 아이의 보호자입니다. 부모가 보호자 역할을 어떻게 하느냐에 따라 아이는 4가지 원인을 잘 적응하고 때로는 버티면서 사춘기를 잘 극복할 수 있게 됩니다.

그러나, 만약 아이가 부정적 상한 감정에 노출이 되고 학교 가기를 싫어한다면, 이때가 자녀와의 관계를 회복하고 부모로서 아이에게 존경받을 새로운 기회가 됩니다. 아이가 버틸 수 있는 한계를 넘어섰다면, 아이가 힘들어하는 진짜 이유는 부모의 변화와 성숙의 시간이 필요하다는 뜻이기도 합니다.

그래서 부모의 변화와 성숙 없이는 아이의 치유와 성장을 기대할 수 없습니다.

부모로서 최고의 성공은 아이에게 존경을 받는 것입니다. 지금, 아이가 학교 가기 싫고 공부하기 싫어한다면, 지금이 바로 아이에게 존경빋는 부모가 될 좋은 기회입니다. 그리고 얼마든지 아이와 행복하게 살아갈 시간은 많이 남아있습니다.

공부하기 싫은 아이,
프로처럼 공부시키기

진로의 3단계 과정은 학교사회, 직장사회, 가정사회로 이어지는 생애진로가 있습니다. 엄밀히 말하면 가정사회, 학교사회, 직장사회, 가정사회로 이어지는 4단계 과정입니다.

부모와 함께 사는 가정사회에서 시작되는 진로는 아이들이 학교를 졸업하고, 직업을 가지고 결혼하여 부모로부터 독립된 새로운 가정사회로 이어지는데 가정사회로부터 시작되는 진로 여정은 또 하나의 가정사회로 마무리가 됩니다. 진로의 첫 단계인 원 가정사회를 잘 보내야 하는 이유가 진로의 마무리 단계인 가정생활에 그대로 영향을 미치기 때문입니다.

부모에게 좋은 영향을 받고 성장한 아이가 학교사회와 직장사회에서도 좋은 영향력을 보이며, 자신의 새로운 가정을 이룰 때 그 영향력은 그대로 좋은 배우자 역할과 부모 역할로 이어지게 됩니다.

아이들이 부모와 함께 사는 동안 첫 가정사회에서 생활하게 되는데, 이때는 본업이 학업입니다. 학교사회에서 학생의 신분으로 학업에 임하게 됩니다. 학생은 '학업이라는 일'을 가지게 되며 아마추어 직업인이 됩니다. 돈을 벌지 않지만, 분명히 공부라는 일을 하는 직업인입니다.

공부는 학업이라는 일이다

그런데, 이때 학업이라는 일을 잘하는 아이가 있는가 하면, 이와 반대로 학업이라는 일을 제대로 해내지 못하는 아이도 있습니다.

그렇다면, 왜 학업이라는 일을 제대로 하지 못할까요?

사춘기 자녀들이 공부하기 싫은 진짜 이유는 무엇일까요?

전 장에서 학교 가기 싫고 공부하기 싫은 이유 20가지를 살펴봤습니다. 그리고 이 내용을 크게 3가지로 다시 정리해 볼 수 있습니다.

첫째, 공부가 적성에 맞지 않고 학교생활이 의미가 없다.

둘째, 부모의 "공부하라"라는 잔소리에 공부가 싫어졌다.

셋째, 우리나라 학교 문화와 시스템이 마음에 안 든다.

이런 이유로 아이들은 공부가 하기 싫다고 말합니다. 아예, 공부 자체가 싫다고 말합니다.

학교사회 부적응은 직업사회로 이어질 수 있다

그런데 이야기를 듣다 보면 다음과 같은 고민이 생깁니다.

첫째, 공부가 적성에 맞지 않고 학교생활이 의미가 없다는 것은 마치, 이렇게 공부가 적성에 맞지 않아 공부하기 싫다고 말하는 학습 부적응 아이들은 이다음 자신에게 맞는 직업을 찾지 못하고 어떤 직업도 마음에 안 든다고 방황하는 것처럼 들리기도 합니다. 또한, 학교생활에 부적응한 아이들은 직장생활에 적응하지 못하는 아이일 수도 있겠다는 생각을 하게 됩니다. 물론, 지나친 걱정일 수 있습니다. 학교사회에서 자연스럽게 이어지는 직장사회는 어떤 면에서는 학교사회보다 적응하기가 한층 더 어렵습니다. 그리고 반드시 그런 것은 아니지만 학교사회에서 우수한 성적과 원만한 학교생활을 했던 아이가 연이어 직장생활에서도 우수한 실적과 직장생활로 이어지는 안정된 진로과정을 보이기도 합니다.

학업에 적응하기 어려운 아이들은 국, 영, 수 학습이 어렵고, 학업 자체가 자신에게 잘 맞지 않는다고 말하며, 자신의 진로에 별 도움이 안 된다고 말합니다.

이런 말들은 학습이란 기술이 내 적성에 맞지 않고, 빨리 다른 기술을 배우고 싶다는 소리로 들립니다. 그리고 또한 아직 자신이 좋아하는 전공기술을 찾지 못했다고도 여기게 됩니다.

둘째, 부모의 "공부하라"라는 잔소리에 공부가 싫어졌다는 말은 선생님이나 부모같이 공부하라는 사람이 싫다는 말이기도 합니다.

즉, 공부 자체도 싫지만, 부모도 싫어진 것입니다. 자기가 하기 싫은 일을 시키는 사람은 싫어진 것입니다. 이 말 역시 이다음 직장생활을 하게 될 때, 자신의 직장동료들이 싫다고 하는 것처럼 들립니다. 자신에게 일을 시키는 상사나 동료들이 정말 싫다는 것입니다. 왜, 내게 강제로 일을 시키는지 정말 싫다고 생각합니다.

아이에게 무슨 일을 시키는 사람은 모두 다 싫을 수 있습니다. 대인관계의 갈등이 충분히 우려가 되는 상황입니다. 안타깝게도 직장생활에서 제일 어려운 점이 바로 직장 내 대인관계 갈등입니다. 직장에서 만나는 모든 사람과의 부조화가 대인관계 문제가 됩니다. 그래서 직장인의 이직 사유 중 제일 많은 원인이 직장 내에서의 대인관계 갈등이 차지합니다.

셋째, 우리나라 학교 문화와 시스템이 마음에 안 든다는 말은 직장문화가 싫다는 말로 들립니다. 직장생활에 적응을 못 하거나 어렵겠다는 걱정과 함께 더 심한 학생의 경우는 현재 가정문화도 싫어하는 학생들이 무척 많았습니다.

학교사회는 특별한 문제가 없는 한 퇴학을 시키지 않습니다. 그러나 직장사회는 다릅니다. 문제가 있는 직장인을 강제로 퇴출하거나 퇴직시킵니다. 즉, 직장에서 쫓아냅니다. 이것이 아마추어와 프로의 가장 큰 차이점입니다. 학생이라는 신분은 아마추어입니다. 그러나 직장인은 프로입니다.

학교는 공부하는 곳입니다. 공부하지 않거나 성적이 나쁘다고 학생을 강제로 퇴학시키거나 자퇴시키지 않습니다. 그러나 직장은 다릅니다. 반대입니다. 일의 실적이 안 좋으면 내쫓습니다. 일 못하는 사람이나 일하기 싫은 사람은 직장에 두지 않습니다. 프로는 반드시 그 결과에 대한 책임을 따지고, 성과에 대해 보상을 해줍니다.

아이들이 공부하기 싫은 이유와 학교생활 부적응에 관한 이야기는 아이들의 미래와 진로선택에까지 영향을 미칩니다. 부모는 아이들의 학업성적과 학교생활에 대한 걱정이 직업과 직장생활에 대한 염려로 자연스럽게 연결됩니다.

부모가 아이들을 학교에 보내고 기대하는 것은 자녀가 1등 하는 것이 아니라 아이가 스스로 자신에게 최선을 다하는 태도입니다. 그 결과가 1등도 할 수 있고, 그렇지 않을 수 있는 것입니다. 자신의 본능을 잘 다스리고 성장해 가는 것을 기대하는 것이 부모의 본심입니다. 때때로 아이 스스로 능력의 한계를 극복해 보려는 태도는 부모로서 자녀의 열심을 보고 감동과 보람을 찾게 됩니다. 즉, 1등을 목표로 학업을 시키는 것이 아니라, 모두가 어렵고 힘들다고 하는 학업에 최선을 다해 노력하는 태도를 기대하며 학교에 보냅니다.

이와 마찬가지로 직업을 가지고 직장생활을 하는 자녀에게 부모가 기대하는 것은 반드시 높은 연봉과 인기 있고 명성 있는 직업선택만은 아닙니다.

자녀가 생존을 위한 직장이라는 무한경쟁 사회에서 포기하지 않고 한계를 극복해 보려는 태도와 부모에게서 독립해 자신의 삶을 온전히 살아가는 것을 지켜보는 게 부모의 마음입니다.

직업의 목적은 부모에게서 독립하고 자립하는 수단을 갖는 것입니다. 직업의 목적에는 여러 가지가 있겠으나 직업을 가졌다 하더라도 부모에게서 독립하지 못하고 자립하지 못한다면 진정한 직업의 목적을 이루었다고 말할 수 없습니다.

현시대에 직업을 가지고 직장생활은 하고 있으나, 원 가족의 부모에서 독립하지 못하고 자립하지 못해서 이른바 캥거루 족으로 살아가는 자녀들이 많다는 안타까운 뉴스를 듣습니다. 아이들이 어려서는 소위 '헬리콥터 맘'의 그늘에서 살다가 다 성장해서 자립인으로 살아야 할 나이에도 '캥거루 맘'의 품에 살고 있다면 아직 진로발달과정에서 미성숙한 자녀로밖에 볼 수 없습니다.

자녀 스스로는 뛰지 못하고, 날지 못하는 아마추어의 인생을 살 수밖에 없습니다.

공부도 프로처럼 하라

학생은 학업의 성과와 관계없이 학생 신분을 유지할 수 있는 아마추어입니다. 그러나 이와 반대로 직장인은 일의 성과에 따라 직장인의 신분을 유지할 수도 있고, 잃을 수도 있습니다.

사춘기 자녀들이 학교사회를 마치고 직장사회로 진입하게 되면, 그 순간부터 아마추어에서 프로의 신분으로 바뀌게 됩니다. 학교사회에서 아마추어로만 살았던 자녀들은 직장사회에 입문하자마자 바뀌는 신분과 환경으로 많은 어려움과 시행착오를 겪게 됩니다. 그 가운데 가장 큰 어려움은 자신에게 주어진 과업을 반드시 실행해야 한다는 부담감입니다. 그것도 거의 완벽에 가깝게 처리해야 합니다. 그래야 기업으로부터 급여라는 보상을 받을 수 있게 됩니다.

아이들이 공부를 프로처럼 해야 하는 이유가 여기에 있습니다.

학교사회에서 프로정신을 배우지 못하고 직장사회로 옮겨가게 된다면 학업성적과 무관하게 직장사회에서는 실패와 좌절을 경험하게 됩니다.

학교사회에서 학업을 열심히 해야 하는 가장 큰 이유는 1등을 하기 위한 것이 아니라, 바로 '프로처럼 공부한다.'라는 프로정신을 배우기 위해서입니다.

어떤 경우에는 전교 1등 하는 자녀의 부모가 대단히 만족하거나 기뻐하지 않는 것처럼 보이기도 합니다. 왜냐하면, 전교 1등을 유지하기 위해 학생이나 부모 모두 긴장을 풀지 못하고 최종 목표인 원하는 대학에 진학하기 위해서 늘 불안하기 때문입니다. 그러나 대학진학보다 더 중요한 최종 목표는 프로처럼 일할 수 있는 직업인일 것입니다.

전교 1등이라는 목표를 가지고 학업에 임하는 것이 필요 없다는 것이 아니라, 자신의 한계를 극복하려는 의지를 갖고 공부도 프로처럼 하는 자녀가 되어야 하겠습니다. 그래야, 이다음 직업을 가지고 직장에 가더라도 프로처럼 일할 수 있게 됩니다. 그렇다면, 공부를 프로처럼 한다는 것은 어떤 의미인지 살펴보겠습니다.

우선, 아마추어 선수와 프로선수의 특징을 비교해 살펴보겠습니다.

아마추어 선수는 아래와 같은 특징이 있습니다.

첫째, 아마추어는 자신의 기대와 만족을 위해 운동을 합니다.

아마추어는 운동이 즐겁고 재미있어서 합니다. 자신의 만족을 위한 수단입니다. 자신의 건강이나 동료들과의 친목을 위해서 운동을 합니다. 그래서 아마추어는 자신의 기대와 만족을 위해 운동을 합니다.

둘째, 아마추어는 조건과 환경이 안 좋으면 운동을 하지 않습니다.

아마추어는 운동할 조건이 맞지 않거나 날씨가 안 좋으면 운동을 하지 않습니다. 비나 눈이 내리는 날, 춥고 더운 날에는 대부분 운동을 하지 않습니다. 특히, 몸이 아프거나 힘들면 운동을 하지 않습니다. 운동을 무리하거나 피곤할 때까지 하지 않습니다.

셋째, 아마추어는 돈을 벌려고 운동을 하지 않습니다.

아마추어는 돈을 벌기 위한 수단으로 운동을 하지 않습니다. 오히려 운동하기 위해 돈을 지급해야 하는 경우가 많습니다. 돈을 내야 운동할 수 있는 장소를 임대할 수 있습니다. 돈을 내야 운동할 수 있는 단체에 가입할 수 있습니다. 자신의 즐거움을 위해 돈을 지급하고 자신의 만족을 얻습니다.

넷째, 아마추어는 기분 나쁘거나 마음이 상하면 운동을 안 합니다.

아마추어는 경기 중 욕을 먹거나 억울한 일이 생기고 동료선수가 마음에 안 들면 함께 경기를 안 합니다. 자신의 감정이 상한 상태에서는 대체로 운동을 하려고 하지 않습니다. 운동보다 자신의 감정을 따르게 됩니다.

그러나, 이와 반대로 프로의 특징은 다릅니다.

첫째, 프로는 자신이 아니라 타인 기대와 만족을 위해서 운동을 합니다.

아마추어가 자신의 기대와 만족을 위해 운동을 한다면 프로는 남의 기대와 만족을 위해 운동합니다. 자신의 즐거움보다 남의 즐거움을 더 중요하게 여기며 운동을 합니다. 그래서 프로는 자신의 만족보다 남의 만족을 먼저 채웁니다.

둘째, 프로는 조건과 환경이 안 좋더라도 운동을 합니다.

프로는 어떤 열악한 조건에서도 운동합니다. 날씨나 기후와 관계없이 운동합니다. 경기가 열리는 날이면 언제든 경기에 임하게 됩니다. 특히, 몸이 아프거나 상태가 좋지 않더라도 웬만한 고통은 참아가며 운동을 합니다.

셋째, 프로는 돈을 벌기 위해 운동을 합니다.

프로는 돈을 벌기 위한 수단으로 운동을 합니다. 돈을 많이 버는 프로선수들은 대체로 인기가 높습니다. 그만큼 돈을 많이 버는 프로선수가 운동을 잘하는 선수입니다. 운동을 잘하는 선수를 관중들은 좋아합니다. 관중의 즐거움을 위해 운동을 더욱 열심히 하다 보면 돈을 많이 벌 수 있습니다.

넷째, 프로는 기분이 나쁘거나 마음이 상해도 운동을 합니다.

프로는 경기 중 욕을 먹어도, 억울해도, 동료선수가 마음에 안 들어도 함께 운동합니다. 경기 결과나 실적이 안 좋아도 운동을 해야 합니다. 또한, 연봉이 적어도 운동을 합니다. 내 감정보다 자신과 가족의 생존을 위해 운동을 합니다. 몸 상태가 너무 안 좋아 슬럼프가 와서 더는 운동을 할 수 없는 상황에 부딪혀도 경기장에 등장해야 합니다.

어떤 경우에는 포지션을 바꿔서라도 운동을 합니다. 야구의 이승엽 선수나 추신수 선수처럼 처음에 잘 맞지 않던 투수의 자리에서 타자의 자리로 전환해서 대성공을 거두는 일도 있습니다.

이처럼 아마추어와 프로는 엄청난 차이가 있습니다.

운동하는 선수가 아마추어가 있고, 프로가 있듯이 공부하는 학생도 마찬가지입니다. 공부도 운동처럼 해야 하며, 학생은 프로선수가 돼야 합니다.

공부를 프로처럼 하는 아이의 3가지 특징

운동을 프로선수처럼, 공부를 프로학생처럼 하는 아이의 3가지 특징입니다.

첫째, 프로학생은 공부가 적성에 맞지 않고, 학교생활이 의미가 없다고 하더라도 매일 학교에 가는 것입니다.

프로선수는 경기실적이 안 좋아도 매일 경기에 등판해야 합니다. 그래야 기회가 올 수 있습니다. 이처럼 공부가 적성에 맞지 않고, 학업성적이 기대에 못 미치더라도 학교를 졸업해야 그다음 기회가 오게 됩니다. 당장은 학습기술이 적성에 맞지 않는다고 해도 머지않아 경영이라는 전공이 맞을 때가 있을 것이며, 컴퓨터라는 전공이 맞을 때가 있을 것입니다. 자신의 적성에 맞는 전공으로 바꿀 수 있는 날이 반드시 올 것입니다.

그래서 프로처럼 학교라는 경기장에 매일 등판해야 합니다. 그래야, 때가 되면 기회가 올 수 있습니다. 그동안 사춘기 아이들이 자의든, 타의든 졸업을 하지 못하고 학교사회를 떠나서 자신만의 진로를 찾겠다는 아이들을 자주 보게 되었습니다. 그리고 아이 중에는 다시 학교사회로 돌아오지 못하고 자신의 진로를 찾지 못해 오랜 시간 방황하다 끝내 사회 부적응자로 힘들어하는 경우도 보았습니다. 학교사회를 떠나 자신만의 진로를 찾기 위해서는 많은 정보와 준비를 사전에 알아보고 충분히 대비해야 실수나 실패를 하지 않습니다. 다른 아이들이 성공한 길이라도 자신이 가야 할 길이 되면 보이지 않던 어려운 문제와 숨어있는 함정에 빠지기 쉽습니다. 선수가 경기장을 옮길 때는 단 한 번의 확인이 아니라 여러 번 확인해 보는 각별한 주의가 필요합니다.

아이들이 학업에 흥미를 잃고, 학교생활에 의미를 찾지 못한다면 부모의 역할이 그 어느 때보다도 중요한 때입니다. 학교사회를 마치고 직장사회로 무사히 이어질 수 있도록 두 번째 기회를 기다리며 차분히 다음 경기를 준비하는 현명함이 필요합니다.

둘째, 프로학생은 부모의 "공부하라"라는 잔소리에 공부가 싫어졌다 하더라도 공부를 포기하거나, 부모나 선생님에게 함부로 하지 않도록 해야 합니다.

프로선수는 경기실적이 좋지 않아 코칭 스탭이나 감독과의 불화가 생기면 선수 생명에 치명적인 영향을 받습니다. 더군다나 심하게 다투거나 반항이라도 하게 되면 선수 생활이 끝나는 경우도 발생합니다. 프로선수는 경기를 못 하는 원인을 자기 자신에게서 찾아 해결해야 합니다. 감독이나 코치 또는 심판을 탓하지 않습니다. 그것은 실력이 없는 아마추어나 하는 일입니다.

그런데, 문제는 아이들이 선생님 탓, 부모 탓으로 돌린다는 것입니다. 아이의 학업성과가 좋지 않은 원인을 선생님 탓으로 돌리는 경우가 많습니다. 어떤 경우는 아이와 부모도 함께 선생님 탓과 원망을 합니다. 가르치는 사람이 잘못됐다는 것입니다.

때로는 아이들이 부모 탓과 원망을 하는 일도 있습니다. 아이들은 청개구리 심리가 있습니다. 공부하려는 마음이 들다가도 부모가 "너 공부 안 하니?", "너 공부 언제 할 거야?"라고 잔소리를 하게 되면 공부하고 싶은 마음이 싹 사라진다고 말합니다. 이런 상황이 자주 반복되다 보면, 아이 스스로 학업 동기가 사라지게 되고 될 대로 되라는 식으로 자포자기를 하게 됩니다.

사춘기 아이들에게는 "공부하라"라는 말은 금기어입니다. 아동기에나 사용할 단어입니다. 사춘기 아이들에게 이 말은 부정적으로만 들리게 됩니다. 이미 공부하는 습관이 몸에 배어있지 않기 때문에 그만큼 반감만 들게 되는 말입니다.

진로 성장 과정에서 제일 힘든 일이 두 가지 있습니다.

한 가지는 '공부하는 일'이며, 또 한 가지는 '돈 버는 일'입니다.

부모의 가장 큰 숙제가 아이들 '공부시키는 일'과 '돈 벌게 하는 일'입니다.

그런데, 사실 이 두 가지는 같은 일입니다.

아이들 처지에서는 너무 하고 싶고 누구보다 잘하고 싶은 일이지만, 하기 어렵고 힘든 일입니다. 더군다나 잘못된 부모의 역할이 자칫 부정적인 고정관념만 갖게 만들고 아이에게 어떤 동기부여도 하지 못하는 결과를 가져옵니다.

부모의 과제는 '공부하라'라는 말 대신, 어떻게 하면 '공부하고 싶다!'라는 마음이 들게 할지를 고민해야 합니다. 그리고 이 과제는 어느 한순간의 기술이나 조정능력이 아닌 부모의 한결같은 애정과 아이의 본심을 이해하려는 태도에서 비롯된다는 것을 알아야 합니다.

셋째, 프로학생은 학교 문화나 시스템이 마음에 안 들어도 적응하고 극복해야 합니다.

요즘 들어 부쩍 우리나라 학교 문화나 시스템에 불만을 품는 아이들이 많습니다. 아이들뿐만 아니라 부모들도 마찬가지입니다. 이제는 불만을 넘어 진심으로 걱정하는 부모들을 많이 보게 됩니다. 그도 그럴 것이 입시 위주의 획일적인 교육방식은 너무 오랫동안 아이는 물론 부모의 심리적, 정서적 고통과 충격으로 몰아가고 있습니다. 어디서부터 잘못되었는지 그 원인을 찾기가 대단히 복잡하고 난해하기까지 합니다. 이것은 학업성적이 우수한 학생이든 그렇지 못한 학생이든 망라하여 마찬가지입니다.

그런데, 사실은 이처럼 힘겨운 학교사회의 문화보다 더 심각한 것은 아이들이 학교를 졸업하고 직장사회로 나가는 직장문화는 예상하기 더 힘들 정도로 큰 문제가 있습니다. 그만큼 학교사회보다 적응하기 힘들다는 것입니다.

프로들만 있는 직장사회는 실력에 따라 퇴출하거나 방출해 버립니다. 누구나 예외가 없습니다.

프로선수는 어떤 경우에도 경기장을 탓하거나 주심을 탓하지 않습니다. 게임 규칙을 탓하지도 않습니다. 그래서 프로의 세계는 냉혹합니다.

무엇보다 프로선수는 효용 가치가 없다고 판단되면 철저히 이용하고 버립니다. 남을 탓하거나 문화를 탓할 겨를이 전혀 없습니다. 생존을 위한 치열한 경쟁만 있습니다.

프로라는 직장사회는 만약, 몸 관리를 못 하거나 건강상태가 안 좋아지면 오랫동안 기다려 주지 않습니다. 또한, 실적이 조금만 떨어져도 냉정히 방출해 버립니다. 이런 직장사회의 문화에 대해 피곤하다고 결근을 많이 하거나 불평불만이 많은 사람은 그 즉시로 해고해 버리기까지 합니다.

그나마도 학교사회는 퇴출이나 방출은 하지 않습니다. 그래서 프로세계처럼 냉혹하지는 않습니다. 따라서 상대적으로 안전한 학교에서 프로의 세계를 연습해야 합니다.

투정하고 불평불만을 가질 수 있습니다. 잘못된 것에 대한 항의나 수정을 요청할 수 있습니다. 그러나 그것보다 더 중요한 것은 우선 적응하고 노력해 보겠다는 자세와 태도를 보이는 것이 더 프로답습니다.

학생이 프로처럼 훈련되지 않으면 그냥저냥 시간이 흐른 후 직장사회에 들어가도 계속 아마추어로만 살게 될 것입니다. 아마추어가 프로가 된다는 것은 반드시 훈련을 받아야 하는데 그 훈련은 미리 할수록 기회가 더 빨리 찾아옵니다.

명문구단의 스카우터는 아마추어 가운데 프로선수를 발굴해 내는 눈을 가지고 있습니다. 그러나 부모는 아이를 프로로 키울 수 있는 눈높이를 잘 모르고 있습니다.

그런데, 지금 학교생활을 충실히 해나가는 학생이라면 프로로서 충분한 자질을 준비하고 있는 것입니다.

아이가 공부하지 않는 진짜 이유는 아직, 아이가 아마추어에 머물고 있기 때문입니다. 그리고 그 아이의 부모는 스카우터의 눈높이를 모르고 있기 때문입니다.

그래서 아이 가운데는 '1등 하는 아마추어'도 있고, '꼴찌 하는 프로'도 있습니다. 꼴찌 하는 프로에게는 기회가 오지만, 1등 하는 아마추어는 기회가 와도 프로의 무대에 대한 공포와 두려움으로 그 기회를 살리지 못하게 될 것입니다.

우리 아이는 지금 1등 하는 아마추어입니까? 아니면, 꼴찌 하는 프로입니까?

이왕이면, 1등 하는 프로가 될 수 있도록 부모의 눈높이를 스카우터의 눈높이까지 올리길 바랍니다.

이제부터는 프로처럼 공부하고 프로선수처럼 학교생활에 잘 적응할 수 있는 자립인으로 양육해 나가시길 바랍니다.

공부시키려다 오히려 망치는
부모의 4가지 태도

"아이가 공부를 잘하는 편인가요?"

이런 질문은 사실 잘 안 하거나 피하는 질문입니다. 그만큼 부담이 되고 예민한 주제입니다.

우리 아이들이 공부를 잘할 수 있는 특별한 비결이라도 있다면 아이나 부모가 고생을 안 해도 될 텐데, 공부로 인한 고민과 갈등이 사춘기 아이와 부모에게 큰 짐이 됩니다.

사춘기 아이를 둔 부모라면 아이에게 맞는 공부방법을 찾으려 무척 애를 씁니다. 그래서 공부법과 관련된 책이나 강연들을 많이 찾아보고 듣고 있습니다. 그뿐만 아니라 직접 상담실을 다녀보거나 각종 검사를 통해 지능, 적성, 강점, 성격유형 등 아이들의 진로와 관련된 재능을 찾기에 부모들의 열정은 어느 가정이나 다 마찬가지입니다.

그동안 상담을 해오는 과정에서 전교 1등부터 전교 꼴찌 하는 학생들을 만날 수 있었습니다. 그러다 보니 자연스럽게 성적이 높은 학생과 낮은 학생들의 특성을 알 수 있었습니다.

상담 과정에서 아이들을 만날 때 주로 보는 자료나 데이터는 성격유형, 적성 흥미 유형, 정서 행동 평가자료, 그리고 학교생활기록부입니다.

그중에서도 학교생활기록부에는 학생의 모든 자료가 다 들어있습니다. 특히, 성적표가 있는데 성적표를 자주 검토하다 보니 독특한 특징 두 가지를 알게 되었습니다. 한 가지는 아이들이 중3이 되면서, 성적이 올라가는 경우와 반대로 성적이 떨어지는 두 가지 경우입니다.

중3, 성적이 올라가는 아이와 떨어지는 아이

첫 번째는 초등학교와 중 1, 2학년까지는 성적이 상위권이었는데, 중3이 되면서부터 급격히 성적이 떨어지는 경우입니다.

두 번째는 중2까지는 평균 정도의 중위권 성적이었는데 중3부터 고등학교로 올라가면서 점점 성적이 올라가는 경우입니다.

물론, 초등학교부터 중학교, 고등학교에 이르기까지 계속해서 상위권 성적을 유지한다면야 가장 좋은 경우가 되겠지만 부득이한 경우라면 두 번째 경우처럼 중3부터라도 성적이 올라가는 경우가 좋을 것입니다.

그럼, 왜 이처럼 아이들에게 중3이 되면, 두 가지 현상이 나타나는지 아이의 부모들에게 먼저 그 원인을 물어봤습니다.

대체로 첫 번째의 경우처럼 중3이 되면서 학생의 성적이 떨어지는 경우의 부모들은 그 원인을 잘 모른다고 하는 답이 대부분이었으며, 또 그 원인을 스마트폰 사용이나 게임중독 그리고 교우 관계를 들곤 했습니다.

그리고 두 번째 경우처럼 성적이 올라가는 아이의 부모들은 그 원인을 자녀가 어느 날부터 스스로 알아서 공부를 해보겠다고 마음을 바꿨다는 이야기를 많이 했습니다. 즉 자녀 스스로 학습 동기가 생겼다는 것입니다.

이처럼 두 현상이 두드러지게 나타나는 원인은 무엇일까요?

어떤 아이는 중3이 되면서 공부를 소홀히 하게 되고 성적이 떨어집니다. 그런데 이와 반대로 어떤 아이는 중3이 되면서 그동안 소홀히 했던 공부를 제대로 해보겠다고 마음이 바뀌고 성적이 올라가는 학업 동기를 갖게 됩니다.

위와 같은 현상과 이유를 깊이 생각해 보면 아이들에게 공부 동기를 갖게 하는 데 도움이 될 것입니다.

먼저 이유를 알아보기 전에 공부란 무엇인지 기본적인 질문부터 생각해 보겠습니다.

공부는 한마디로 '남의 지식을 나의 지식으로 바꾸는 일'입니다. 가장 기본적으로 교과 선생님의 지식, 저자를 구체적으로 알지 못하는 교과서, 참고서 등 타인의 지식을 내 것으로 만드는 것이 공부입니다. 즉, 내가 다른 누군가의 지식을 내 것으로 만드는 구체적인 방법을 알지 못하면, 아무리 학습시간을 늘리고 노력을 많이 하더라도 진정한 공부를 했다고 할 수 없습니다. 내 것으로 만드는 방법을 알아야 합니다.

그래서 공부하기가 어렵습니다. 남의 지식을 나의 지식으로 바꾸는 나만의 방법을 찾는 것이 힘이 듭니다. 그리고 이런 공부방법을 자기주도학습이라고 합니다. 예전에는 자율학습이라는 말을 주로 사용했는데, 이제는 자기주도학습이라는 용어로 많이 사용합니다. 이미 정해진 교과학습 내용을 스스로 자기 것으로 만드는 학습방법이 매우 중요하다는 뜻입니다. 학습 동기부터 학습방법에 이르기까지 스스로 찾아내는 아이가 학습성과가 높아집니다.

그런데 이렇게 중요한 자기주도학습 습관을 지니기도 전에 공부를 포기하거나 포기하고 싶은 마음이 들게 하는 것이 다름 아닌 부모의 지나친 관심과 간섭, 그리고 부정적인 태도가 주요 원인이라는 것을 알게 되었습니다.

그래서 어떤 경우가 자녀의 학업 열정과 학습 태도를 망치게 되는지 더 나아가 부모 자녀 관계까지 망치게 되는지 한번 살펴보겠습니다.

사춘기 아이들이 공부하는 10가지 이유

먼저 아이들은 어떤 동기로 공부를 하는가에 대해 생각해 보겠습니다.

사춘기 아이들이 공부하는 10가지 이유

① 특별한 이유 없이 남들이 공부하니까 나도 한다.
② 공부가 나름 재미있고 성취감과 만족감을 준다.
③ 공부해야 원하는 대학을 갈 수 있다.
④ 공부해서 성적이 오르면, 부모님이 좋아한다.
⑤ 공부해야 게임을 하거나 친구와 놀 수 있다.
⑥ 공부를 잘해야 누구에게나 인정받을 수 있다.
⑦ 공부하지 않으면 불안하고 두렵다.
⑧ 공부하지 않으면 부모나 선생님에게 잔소리 듣고 혼이 난다.
⑨ 부모님이 시켜서 한다.
⑩ 공부해야 원하는 직업을 가질 수 있다.

아이들은 이렇게 자의 반, 타의 반으로 공부를 해야 한다고 생각합니다. 여기서 중요한 사실은 아이들은 성적이 높든, 낮든 관계없이 공부는 해야 한다고 생각합니다. 아예 포기해버린 경우라면 몰라도 아이들은 스스로 공부가 필요 없다거나 나쁘다고 이야기하지는 않습니다.

그런데, 공부하지 않는 이유와 공부를 해야 하는 이유에서 겹치는 내용이 있는데, 그것은 부모의 잔소리가 싫더라도 공부를 해야 하고 잔소리를 듣기 때문에 공부해야 한다는 것입니다. 즉, 부모의 공부 잔소리는 부정적이든 긍정적이든 아이들을 공부하게 만듭니다. 그래서 부모는 아이에게 잔소리하게 됩니다.

그러나, 간과해서는 안 되는 중요한 사실 두 가지가 있습니다.

공부 잔소리는 어느 정도 효과는 있겠으나 최선이나 최고의 효율성은 없다는 것입니다. 오히려 공부 잔소리는 공부 동기에 부정적인 역할을 더 많이 가져오게 됩니다.

또 한 가지 사실은 공부를 억지로라도 하게 되면 효율성의 문제를 떠나 아예 공부 자체를 거부하거나 포기하게 되는 악영향을 가져오기도 합니다. 그것도 중3이라는 가장 중요한 시기인데 말입니다.

자녀가 사춘기가 되면 공부 잔소리가 아래의 4가지 경우처럼 공부시키려다 오히려 망치는 경우가 됩니다.

부모가 진짜 공부를 가르치지 못할 때 망친다

첫째, 부모가 자녀에게 진짜 공부를 가르치지 못할 때 망치게 됩니다.

학업을 진짜 공부라고 생각하는 부모는 평상시 "공부해라! 너는 공부 안 하니?"라고 공부, 공부를 입에 달고 살게 됩니다. 이런 부모는 자녀를 망칠 가능성이 큽니다.

공부는 언제부터 자기주도학습을 시작할 수 있느냐가 중요한 문제이며 이를 통해 문제 해결 능력과 바른 학습습관을 갖추게 되는데, 늘 부모의 잔소리 때문에 공부하게 된다면, 능동적인 자기 주도학습이 아니라, 수동적인 부모 주도학습이 됩니다. 부모 주도학습의 한계점이 바로 아이가 중3이 되는 때입니다.

그래서 진짜 공부는 다음 두 가지를 끊임없이 생각하고 방향을 정해야 합니다.

부모에게 좋은 아이로 키울 것인가?

자녀에게 좋은 부모가 될 것인가?

진짜 공부란 부모에게 좋은 아이로 키우는 것이 아니라, 자녀에게 좋은 부모가 되기 위해 부모가 먼저 진짜 공부를 시작하는 것입니다.

미 국무부 주관의 중고등교환학생 사업을 주관하면서 자연스럽게 미국 교육방법에 대해 알게 되었습니다. 자주 방문하는 미국재단 임원과 가족들로부터 미국 교육은 어떤 목표와 방향성을 가졌는지 물어보았습니다.

미국 부모가 자녀에게 가장 바라는 공부는 무엇입니까?

첫째, 자녀가 행복하게 사는 법을 알게 되는 것.

둘째, 자녀가 자기 스스로 자립하여 부모 도움 없이 독립하는 것.

셋째, 자녀가 타인에게 해를 입히거나 괴롭게 하지 않고 봉사하며 함께 사는 것입니다.

위와 같은 답변은 누구나 할 것 없이 이구동성으로 말했습니다. 즉, 행복, 자립, 봉사 이것이 미국 부모의 교육에 대한 철학이자 진짜 공부라고 생각하고 있었습니다.

그 어디에도 명문대 입학이나 판검사, 의사라는 직업적 명예나 보상에 대한 조건은 달지 않았습니다. 그래서 배우자를 만나는 결혼에 관한 생각도 미국 부모는 많은 참견이나 조건을 따지지 않고, 아이와 잘 맞는 배우자를 스스로 찾는 것이 중요하다는 말도 잊지 않았습니다.

그렇다면, 진짜 공부는 어떤 것인지 정리해 보겠습니다.

자녀에게 필요한 진짜 공부는 먼저 자녀에게 행복하게 사는 것이 무엇인지를 알려 주는 것입니다. 특히, '공부하는 것이 행복하다'라는 것을 자녀에게 가르쳐 주는 것은 가장 중요하고 핵심적인 일입니다. 공부의 중요성을 알게 하고, 공부방법을 알려주는 것보다 훨씬 더 중요한 본질적인 차원입니다. 아이가 유치원만 졸업하고 초등학교에 들어가면서부터 '공부하는 것이 불행하다'라는 생각을 하게 합니다. 가장 큰 이유는 남과 비교하는 평가가 원인입니다. 평가는 반드시 해야 하지만 남과 비교되는 평가결과는 아주 조심스럽게 주의해야 하며 개인신상정보처럼 관리해야 합니다. 아이가 어리면 어릴수록 더욱 그렇습니다.

공부하는 것이 행복하다는 것을 부모가 직접 보여주는 것이 중요합니다. 새로운 내용을 탐구하고 배우고 익히며 모르는 것을 알게 되는 즐거움과 만족감, 어려운 문제를 힘들게 풀고 해답을 찾아내는 성취감과 유능감이 진짜 공부가 주는 행복감입니다.

새로운 내용을 많이 알게 되고, 어려운 문제를 많이 풀어 좋은 성적으로 높은 등수를 얻는 것도 중요한 일이겠으나, 이보다 먼저 공부가 주는 근본적인 즐거움과 만족감, 성취감과 유능감을 부모가 아이에게 알려주고 보여줘야 합니다.

그리고 아이가 점점 성장할수록 스스로 자기주도학습으로 이런 행복감을 느낄 수 있도록 진짜 공부의 맛을 길러줘야 합니다. 평가 결과를 통해 만족감과 성취감을 느끼는 것은 자칫 불안과 두려움으로 내몰릴 수도 있습니다. 그것은 불안전한 행복감입니다. 그러나, 공부 자체가 주는 행복감은 누구와 비교되지 않고, 불안전하지도 않습니다. 더군다나 나와 함께 공부하는 교우들 때문에 내가 피해를 본다거나 내가 열심히 하는 것이 교우를 곤경에 빠뜨린다는 생각도 하지 않게 됩니다. 그래서 진짜 공부를 가르치지 못하고 형식적인 공부의 결과만 강조하게 되면 아이가 중3, 사춘기를 보내며 공부를 포기하거나 거부하려고 갈등하게 됩니다.

부모가 진짜 공부를 가르치지 못할 때 망치게 됩니다.

부모의 욕망이 자녀의 열정보다 넘칠 때 망친다

둘째, 부모의 욕망이 자녀의 열정보다 넘칠 때 망치게 됩니다.

욕망이란 표현을 부득이 사용한 점을 널리 이해해 주시기 바랍니다. 욕망이란 욕심과 희망의 합성어 같기도 합니다. 사전적 의미로 '부족을 느껴 무엇을 가지거나 누리고자 탐함'이라는 의미입니다. 자녀의 성적과 학업의 부족함을 걱정하는 것은 당연한 일입니다. 그리고 부모가 자녀의 성적에 대한 욕망을 가지는 것 또한 잘못됐다거나 부정할 수 없습니다.

기대나 욕구라는 표현 대신 욕망이라는 단어를 사용하게 된 배경은 무엇보다 지녀의 내면의 소리를 들을 수 없을 정도로 학업성적에 집착하고 몰입하는 부모의 태도를 약간 부정적으로 표현해 본 것입니다.

그런데 진짜 문제는 그런 부모의 욕망에 비해 자녀의 열정의 그릇이 그 기대를 담기에는 너무 작다는 것이 문제입니다. 그래서 작은 그릇에 무언가를 많이 담다가 오히려 부작용이 생기게 됩니다.

아이가 어려서는 부모에 의한 지식 담기가 가능합니다. 다시 말해, 부모 주도학습이 어느 정도 효과를 보는 시기입니다.

아이가 초등학교 저학년일 때는 부모의 관심과 간섭에 별 거부감 없이 학원도 잘 다니고 가정에서 공부도 잘하는 것처럼 보입니다. 제법 공부로 성공할 가능성이 무척 커 보이는 시기입니다. 많은 부모가 아이에 대한 기대를 한 것 높이 갖는 시기입니다. 부모의 재력과 정보력으로 얼마든지 아이가 공부로 대성할 수 있다는 희망을 품는 시기이기도 합니다.

그런데, 자녀가 사춘기가 되면서부터 공부하기 싫다는 이야기를 자주 하거나 공부가 재미없다는 말을 자주 하면 부모의 잔소리가 시작되고 급기야는 부모 자녀 관계의 부조화로 고충이 시작되고 맙니다.

그래서 자녀의 사춘기는 부모교육의 중간평가 시기입니다.

자녀가 사춘기가 되었는데도 부모 자녀가 좋은 관계를 유지할 수 있다면 부모의 중간평가는 합격점입니다. 그러나 그렇지 못하다면 부모교육의 태도를 바꿔야 한다는 신호라고 해석해야 합니다.

사춘기 자녀는 부모의 지식 담기가 불가능한 시기입니다. 즉, 부모 주도학습이 더는 효과가 없을뿐더러, 부모가 주도할수록 아이와의 갈등과 마찰만 심해지는 시기입니다.

부모의 욕망이 사춘기 자녀의 열정 그릇보다 더 크다면, 자칫 넘치거나 흘러서 혼란을 겪게 됩니다. 이때는 어떤 경우라도 자녀의 열정 그릇에 공부라는 지식 담기를 멈춰야 할 때입니다.

이때는 작은 그릇 안에 공들여 지식을 높이 쌓을 때가 아니라, 그릇의 넓이를 넓게 펼 때입니다. 작은 그릇을 넓히는 것이 지식 담기를 높이 쌓는 것보다 어리석어 보일 수 있으나 미래를 대비하는 참다운 지혜가 될 것입니다.

사춘기 자녀는 부모의 욕망에 의한 지식 담기가 아니라, 아이의 열정의 그릇을 키울 때입니다.

그렇다면 자녀의 열정 그릇을 넓히고 키우는 방법은 무엇일까요?

예, 맞습니다. 경험입니다. 세상을 경험하며 세상사는 지혜를 배우는 것입니다.

부모들은 입시 준비생에게 무슨 세상 경험을 시키느냐고 말할 수 있습니다.

그러나, 입시 준비생에게 더 필요한 것은 세상 경험입니다. 아직 그릇은 넓은데 그릇이 채워지지 않은 것 같아 지식 담기를 계속하실 수 있다면 경험이 필요 없을 수 있습니다.

　그러나 자세히 관찰하셔야 합니다. 자녀가 그릇 위에 아슬아슬한 탑 쌓기를 하고 있다면 공든 탑이 무너지기란 시간문제일 것입니다.

　그동안 이런 아슬아슬한 탑 쌓기식 지식 담기를 많이 지켜봐 왔습니다.

　그리고 그 탑이 무너지면서 겪게 되는 부모 자녀 간의 여러 가지 고통을 생생하게 지켜보기도 했습니다.

　부모들에게 부탁드리고 싶습니다. 자녀의 열정 그릇을 먼저 키워주십시오. 학교, 학원, 과외, 독서실만 다니면서 공부만 해서는 그 그릇이 커지지 않습니다.

　열정의 그릇을 키우는 방법으로 다음과 같은 것이 있습니다.

　가족 행사에 참여시키십시오.

　교회나 종교행사에 참여시키십시오.

　친구 모임에 나갈 수 있도록 허락하십시오.

　운동할 기회를 만들어 주십시오. 축구장으로, 야구장으로, 농구장으로 함께 나가십시오. 그곳에서 프로가 무엇인지 느끼게 해주십시오.

　그리고 공부를 프로처럼 한다는 것이 무엇인지 생각하게 하십시오.

자녀와 함께 뮤지컬을 보러 가십시오. 연극을 보러 가십시오. 그리고, 그곳에서 배우들의 열정을 느끼게 해주십시오.

만약, 여유가 된다면 미 국무부 주관 중고등교환학생 프로그램에도 적극적으로 참여하게 기회를 주십시오. 아이의 열정의 그릇을 키울 수 있는 아주 좋은 프로그램입니다.

이처럼 세상을 살아가면서 부모에게 직접 배울 수 없는 여러 가지 산 경험을 공부시키십시오. 그렇게 될 때, 부모에 의해서 더 커지지 않는 작은 그릇에 지식 담기와 탑 쌓기가 아닌, 자녀 스스로 세상에서 산 경험으로 넓어진 열정의 그릇 안에 자기의 삶을 채워 갈 것입니다. 스스로 자기에게 필요한 지식과 정보를 찾아내어 단순한 지식 담기가 아닌 본질과 원리를 깨달아 알고 적용할 수 있는 산 지식으로 채워 갈 것입니다.

부모의 욕망이 자녀의 열정의 그릇을 깨뜨리거나 오염되지 않도록 자녀에게 산 경험을 쌓을 기회를 만들어 주십시오.

부모가 자녀의 '본능적인 자유'를 인정하지 않을 때 망친다

셋째, 부모가 자녀의 '본능적인 자유'를 인정하지 않을 때 망치게 됩니다.

초등학교 시기부터 자녀들을 가장 어렵게 하고 힘들게 하는 문제는 바로 '자유'입니다. 어떤 자유냐 하면 '본능적인 자유'입니다. 본능적으로 하고 싶은 것을 하고 싶은 자유입니다.

그나마 유아, 유치원 때는 학습에 대한 부모의 열정이 자녀의 본능적인 자유를 거의 침해하지 않지만, 초등학교 저학년만 되면 부모들은 아이들의 자유시간을 학습시간으로 바꾸어 나갑니다.

이럴 때 아이의 마음에 생기는 것이 본능적인 자유를 침해당한다는 불안과 두려움입니다.

사람은 어린아이나 어른이나 관계없이 본능적인 자유를 갈망합니다.

특히, 하고 싶고, 놀고 싶고, 먹고 싶고, 즐기고 싶은 인간본능에 대한 자유를 구속당하기 시작하면 아이들은 원인도 모른 채 '불안과 두려움'의 무의식으로 점점 잠식되어갑니다.

그러다가 사춘기가 되면 자유에 대한 구속을 참지 못하는 지경에 이르고, 아이들은 부모에 대한 반항과 분노로 자신의 감정을 거칠게 표현하기도 합니다. 이와 마찬가지로 아이 스스로 강하게 표현하지 않더라도 '짜증과 불평'으로 사춘기를 보내게 됩니다.

따라서 자녀를 망치지 않는 부모의 태도는 자녀의 본능적인 자유를 어느정도 이해하고 인정해야 합니다.

그러나, 이미 아이의 본능적인 자유에 대한 침해로 부모의 기대나 욕구에 반하는 '부정욕구'만 아이들이 요구한다면, 많은 시간 부모들은 자녀의 본능적인 자유가 부정욕구로 변해 있고, 아이는 그만큼 눌려 있었다고 생각해야 합니다.

자녀가 이처럼, 공부를 더는 하기 싫어하고, 학업 열정과 의욕이 없이, 게임이나 스마트폰만 하려고 하는 부정욕구에서 벗어날 수 없다면, 많은 시간을 두고 여유를 가지고 기다려야 될 때입니다. 그리고 그 욕구들을 해결할 수 없다면, 인정해주고 지나가기를 기다려야 할 때입니다.

부모가 평소 아무리 칭찬을 많이 하고 격려를 많이 했다 하더라도, 하기 싫고 피하고 싶어 하는 자녀의 부정욕구에 대한 반응과 대처를 잘못해서 자녀에게 하지 말아야 할 말을 하게 되고, 하면 안 되는 행동을 하게 되었다면 아이들은 그 늪에서 빠져나오기 어렵게 됩니다. 부정욕구를 자녀 스스로 잘 다스릴 수 있을 때, 긍정욕구에 대한 에너지와 수행능력이 올라가게 될 수 있습니다.

공부시키려다 오히려 망치는 부모의 말 10가지

넷째, 공부시키려다 오히려 망치는 자녀에게 절대 하지 말아야 할 말 10가지를 정리했습니다.

공부시키려다 오히려 망치는 부모의 말 10가지

① "공부 안 하고 지금 뭐 해? 빨리 공부해!"
② "친구는 잘한다는데, 너는 왜 그러니?"
③ "너 이렇게 공부해서, 밥은 먹고 살겠니?"
④ "네가 해 봤자 그렇지 뭐~ 차라리 포기해"
⑤ "너 때문에 내가 정말 미치겠다."
⑥ "너는 누굴 닮아서 그 모양이니?"
⑦ "너 때문에 창피해서 누굴 만나기 싫다"
⑧ "너랑은 이제 함께 살기 싫다"
⑨ "이제 너에게 신경 안 쓸 거야~"
⑩ "네 인생은 네가 알아서 해라, 난 포기했다"

이런 말을 하는 부모의 마음이 진심이 아니라는 것을 잘 알고 있습니다. 그러나 이런 말은 농담이라도 절대 해서는 안 되는 말입니다. 지나가는 말이라도 절대 하지 말아야 합니다. 진심이 아니어도 절대 하지 마십시오.

사춘기 자녀에게 자극을 주거나 자존심에 심한 상처를 줘서라도 공부를 하게 하고 싶은 부모의 마음을 이해할 수 있습니다. 또한, 부모도 사람이기에 상한 감정으로부터 나오는 부정적인 말일 수 있습니다. 그러나, 상한 감정에서 나오는 말은 아이의 마음을 다치게 하고 심하게는 썩게 만듭니다. 설령, 아이가 공부한다고 해도 그 마음에는 이미 불평과 불만, 그리고 불안으로 가득 차게 됩니다. 아이는 이미 불행하게 된 것입니다. 오히려 미래의 성공은 불행한 아이를 더욱 황폐하게 할 뿐일 것입니다.

그 대신 이렇게 말해 주십시오.

"공부가 생각처럼 안 돼서 힘들겠구나!"

"네 마음은 어떻니? 괜찮니?"

"아빠는 언제나 네 편이다. 엄마는 언제나 네 편이다."

아이가 공부 때문에 힘들어한다면, "힘들겠구나!"라고 말해 주십시오.

그리고 아이의 마음은 어떤지 물어봐 주십시오. 너무 힘들어하는 건 아닌지 관심을 가지고 "무엇을 도와줄까?"라고 물어봐 주십시오. 아이들은 부모가 내 편이라고 생각할 때, 위로되고 마음에 힘을 얻게 됩니다.

사랑하는 자녀에게 '네 편'이라고 말해 주십시오.

자녀의 마음에 우리 부모가 내 편이라는 것을 깨닫게 된다면 이런 자녀는 자신의 삶에 대한 책임을 끝까지 포기하지 않고 잘 가꾸어 나가리라 확신합니다. 그래서 아이들은 매일매일 공부할 힘을 얻게 됩니다.

사춘기 자녀와 싸우지 않고
잘 지내는 4가지 신호

사춘기 아이들과 싸우지 않고 잘 지내고 싶은 마음은 모든 부모의 바람입니다. 그러나 어떤 가정도 아이들과 갈등하지 않고 싸우지 않는 가정은 없을 것입니다. 그만큼 사춘기 아이들과 화목하게 지낸다는 것은 말처럼 쉽지 않습니다.

사춘기 아이들을 많이 이해해 주고 달래주고 참아주려고 매번 다짐해 보지만 아이들의 거친 말대답과 불성실한 태도는 이런 다짐들을 무색하리만큼 무너뜨리고야 맙니다. 어떤 부모는 매일 반복되는 일상의 다툼으로 지치고 무기력까지 느낀다고 하며, 어떤 부모는 아예 포기했다고도 말합니다.

부모가 자식하고 싸운다는 표현이 좀 거칠고 부담스러운 말일 수 있지만, 부득이 싸운다는 표현이 상황을 더 정확하게 묘사할 수 있기에 사용하게 되었습니다.

코로나 19로 학교에 가지 않고 가정에서 지내는 시간이 많아졌습니다. 상황이 이렇다 보니 부모와 자녀가 함께 지내는 시간이 길어지고 갈등 관계에 노출되거나 다투는 경우가 많이 발생합니다. 특히, 사춘기 자녀를 둔 가정에서는 갈등과 대립이 반복되는 경우와 심하면 크게 싸우는 경우가 자주 발생합니다.

부모가 제일 당황스럽고 힘든 상황은 자녀가 '해야 할 일'을 하지 않고 '하고 싶은 일'에만 몰두하는 것입니다.

아침 제시간에 일어나고 함께 식사하고, 자기 방을 정리하고, 온라인 수업을 듣고, 그날의 과제를 먼저 해야 하는데, 아침부터 일어나지도 않고 겨우 깨워야 억지로 짜증을 내며 일어나고, 세수도 안 하고 잠도 덜 깬 상태에서 온라인 수업을 듣는지 마는지 잘 모르겠고, 조금 있으면 어느새 핸드폰이나 컴퓨터만 만지고 있는 아이들을 보면 부모 속은 새까맣게 타고 어떻게 이런 상황까지 됐는지 알다가도 모르는 일이 생깁니다.

아이가 사춘기라고 해서 원래부터 게으르거나 반항적으로 되는 것은 아닙니다.

그리고, 스마트폰이나 컴퓨터 게임을 더 좋아하게 되는 것도 아닙니다. 본질적인 문제는 아이가 현실에 적응하지 못한다는 것입니다. 그래서 해야 할 일은 하지 않고 본능적으로 하고 싶은 것만 중독 현상이 나타나도록 몰두하게 된다는 것입니다. 그래서 부적응한 현상을 다루는 것도 중요하지만 더 중요한 것은 그런 현실 부적응의 본질이 무엇인지를 알고 대처하는 것입니다.

현실 부적응의 본질을 안다는 것은 다음의 두 가지를 인정하는 것부터 시작됩니다.

첫째, 우리 아이들도 어른들 못지않게 심각한 경쟁과 심리적 고립상태에 놓여있고 스트레스를 많이 받고 있습니다. 그리고 스트레스를 푸는 방법이 거의 없습니다. 아이의 성적이 숫자로 평가되고 그것이 타인에게 노출되는 순간부터 의식, 무의식적으로 아이들은 심각한 스트레스 상황에 노출됩니다. 성적이 높건, 낮건 상관이 없습니다. 이 스트레스는 같습니다.

둘째, 아이들은 어떤 경우든 부모로부터 지지와 격려, 인정을 받고 싶은 아동기적 인성욕구도 가득 차 있습니다. 사춘기도 마찬가지입니다.

현실에서 타인보다 상대적으로 낮은 성취도와 인정받지 못하는 존재감으로 자기의 정체성을 심각히 훼손당하고 특히, 이런 결과로 부모로부터 인정받을 수 없다는 오해를 하게 되면 부모가 자기를 싫어한다는 피해의식까지 생기게 됩니다. 또한, 부모는 실제로 이렇게 현실에 부적응한 아이를 보면 기대와 희망이 무너져 큰 실망감으로 아이에 대한 잔소리와 지나친 간섭을 더 하게 됩니다. 이때, 아이들과 마찰이 심하게 생기게 되면 아이 자신도 자신을 버려두거나 포기하게 됩니다. 상황이 이렇게 되면 부모와 자녀들은 큰 스트레스와 절망감이 들게 되고 심하면 부모 자녀 관계가 깨어지고 역기능가정으로 전락하기도 합니다.

이렇게까지 힘든 상황으로 가지 않아야 하는데, 우리도 모르게 또는 원하지 않아도 아이들과 갈등하고 실망하고 싸우는 상황에 놓이게 됩니다.

부모 자녀가 싸우는 본질적인 원인

부모 자녀는 왜 싸우게 되는 걸까요? 본질적인 원인을 살펴보겠습니다.

첫째, 부모와 자녀의 본성이 서로 충돌합니다.

지금 부모들도 누군가의 자녀로 살아왔으며, 어느 날부터 아무 준비 없이 누군가의 부모가 된다는 것입니다. 우리 부모들은 부모 학교에 다닌 적도 없으며 학원에서 배운 적도 없습니다. 단지 우리 원 가족의 부모들로부터 운명적으로 놓인 환경 속에서 보고 들은 것이 전부이며 경험했던 기억이 전부입니다. 다시 말해 부모도 본능적인 가치와 판단으로 나와 전혀 다른 자녀를 만나고 살면서 본능에 충실할 수밖에 없게 됩니다.

이런 점에서 자녀들도 마찬가지로 본능적으로 부모들에게 자기의 기준과 생각으로 본능에 충실하며 함께 살아갑니다. 이러다 보니 본능과 본능의 충돌은 피할 수 없게 됩니다. 태어나면서 갖게 되는 성격과 기질로 말미암아 좋아하는 것과 편한 것이 서로 다릅니다. 재미와 흥미를 느끼는 것도 다릅니다. 무엇이 중요하고 우선순위인가를 판단하는 가치 기준도 다르다 보니 갈등과 충돌은 피할 수 없습니다.

둘째, 아동기는 부모의 힘에 길들여졌기에 싸우지 않았습니다.

어떤 부모들은 아이가 어렸을 때는 자기와 잘 맞았고 사랑스러웠는데, 사춘기가 되면서 아이가 제멋대로 됐다고 합니다. 그러나, 사실은 아이는 처음부터 제멋대로 컸습니다. 단지 아이가 어렸을 때는 부모의 힘이 상대적으로 강하고, 보호를 받아야 할 절대적인 약자였기에 자기가 좋은 대로 하지 못했고, 하기 싫어도 부모 뜻에 따라야 했습니다. 순종인지 아니면 복종인지를 해 보였을 뿐입니다. 아이는 자기 본능을 숨기거나 누르며 아동기를 보냈고, 사춘기가 되면서 본능이 자연스럽게 드러나게 됩니다.

셋째, 부모나 자녀 역할을 처음 해보는 초보자입니다.

부모와 자녀는 모두 초보자입니다. 부모는 부모 역할이 처음이고, 아이는 자녀 역할이 처음입니다. 초보와 초보의 처음 만남이다 보니 서툴고 어렵습니다. 그래서 갈등과 반목이 생깁니다.

넷째, 교통법규를 모르고 있거나 지키지 않는 초보운전이 위험한 것처럼, 부모 자녀의 상호작용 규칙을 모르는 초보 양육은 위험합니다.

초보운전자일수록 교통법규를 잘 지켜야 합니다. 그렇지 않으면 사고 발생 위험이 큽니다. 마찬가지로 부모 자녀의 상호작용 규칙을 잘 알지 못하고 지키지 못하면 초보 양육은 자칫 부모 자녀 관계가 역기능과 부조화로 위험하게 됩니다. 이런 면에서 보면 좋은 부모 역할은 운전을 잘하는 모범 운전사라 할 수 있습니다.

우리는 가끔 도로상에서 교통사고를 만나게 됩니다. 또한, 교통사고 뉴스를 자주 접하게 될 때마다 안전운전에 대한 경각심을 갖게 됩니다. 교통사고는 생명에 직접적인 위해를 줄 수 있기에 안전운전은 아무리 강조해도 지나치지 않습니다. 그래서 생겨난 말이

'방어운전'이라는 말입니다.

　'방어운전'이란 운전 중 어떤 돌발적인 위험 상황이 발생하더라도 항상 안전하게 자신을 보호할 수 있도록 사고 직전에 나타난 상태에 대해 예측해서 대처할 수 있는 방어태세를 갖춘 운전방법입니다. 안전속도, 안전거리 확보는 기본이며, 위험한 상황이 발생하지 않도록 빗길운전이나 야간운전은 되도록 삼가는 방법입니다. 이렇게 타인의 사고 가능성도 피해서 운전하는 기술을 '방어운전'이라고 합니다.

부모 역할은 '방어운전'을 하는 모범 운전사와 같다

　그러나 안타깝게도 교통사고는 매일 일어나고 있으며 사상자 역시 매일 발생하고 있습니다. 이처럼 교통사고 뉴스는 우리가 직접 또는 간접적으로 접할 수 있는 일상적인 사고처럼 되었습니다. 또한, 어떤 경우에 사고를 당하는지 늘 주의를 환기하게 되고 조심하게 됩니다. 그러나, 이런 사건 사고와는 다르게 가정에서 발생하는 부모 자녀 간의 상호충돌 사고는 우리 가정뿐만 아니라 모든 가정에서도 교훈으로 삼아 미리 학습하고 방어할 학습기회가 거의 주어지지 않는 데서 큰 문제점을 찾을 수 있습니다.

　사춘기 아이와 부모의 갈등은 가정이라는 울타리를 넘어 타인에게 노출되거나 알리는 것을 극도로 꺼리게 되고 웬만하면 조용히 넘기려고 합니다. 그러나, 운전면허 자격증 없이 운전하는 것이 불법인 것처럼, 부모 역할 자격없이 자녀를 양육하는 것이 불법은 아니지만, 불가능에 가까운 일입니다.

그렇기에, 부모 역할에 대한 교육과 훈련 없이 자녀를 양육하는 것은 무면허 운전 같은 위험한 일이며, 방어운전에 대한 아무런 지식과 정보 없이 무작정 도로를 주행하는 초보 운전사와 같습니다.

이런 초보 운전사가 사고를 당하면 크게 다치거나 생명에 지장을 초래하듯이 우리 가정에서도 이런 부모 자녀 간의 상호충돌 사고를 당하면 좀처럼 회복하기 힘든 중상을 입습니다.

따라서, 될 수 있으면 부모 자녀 관계가 상호충돌 사고로 불행해지기 전에 미리미리 방어운전하는 습관과 훈련을 받아야 합니다. 부모 역할에 대한 교육과 훈련을 통해 자녀 양육이 습관처럼 몸에 밸 수 있도록 해야 가정이 화목하게 되고 안전하게 유지될 수 있습니다.

부모 자녀 간에 싸우지 않고 잘 지내는 부모 역할에 관해 교통법규를 잘 지키고 사고를 예방하는 방어운전 기술로 비교하여 설명해 보겠습니다.

사춘기 자녀와 싸우지 않고 잘 지내는 4가지 신호

자동차가 다니는 도로에는 교통사고를 예방하기 위해 보이는 신호등이 있습니다. 마찬가지로 가정에는 부모 자녀 간의 충돌사고 예방에 필요한 보이지 않는 마음의 신호등이 있어야 합니다. 그리고 그 신호등은 자동차가 교차하는 교차로에 필요하듯이 부모 자녀의 신호등도 갈등과 선택의 교차로에 서 있어야 합니다. 그래야 사고가 빈번한 교차로에서 사고를 예방할 수 있는 안전대책이 될 수 있습니다.

아이는 좌회전하고 싶은데 부모는 우회전하고 싶을 때, 갈등과 대립의 순간이 시작됩니다. 아이의 생각과 판단이 부모의 생각과 판단하고 다를 때입니다. 그래서 아이가 먼저 신호를 보낼 때 부모는 무슨 색 신호인지 알고 운전을 해야 하며, 반대로 부모가 신호를 보낼 때 아이는 무슨 색 신호인지 알고 운전해야 합니다. 아이든, 부모든 마음의 신호등이 선명할수록 좋은 신호등이며 그만큼 안전운전을 할 수 있습니다. 그래야 부모든 아이든 헷갈리지 않습니다.

이제, 신호등의 신호와 규정을 살펴보겠습니다.

신호등에는 보행자용과 운전자용이 있습니다. 먼저, 보행자 신호부터 익히는 게 좋습니다. 보행자용은 2가지 색입니다. 그리고, 운전자용은 신호등은 4가지 색입니다. 그래서 신호등은 상대적으로 간단한 보행자 신호등부터 익히는 게 좋습니다. 보행자용은 빨간색 신호와 초록색 신호입니다.

첫째, 빨간색 신호는 멈추라는 신호입니다.

아이가 싫어하거나 불안해서 부모에게 빨간색 신호를 보낼 때는 부모의 뜻에 따른 진행을 멈춰야 합니다. 부모 생각이 아무리 옳다고 하여도 아이에게 강요하거나 지시하는 듯한 일방적 태도를 멈춰야 합니다. 아이가 빨간색 신호를 보이는데도 신호를 무시하고 부모의 뜻에 따른 진행을 무리하게 되면 충돌사고가 발생하게 됩니다. 자녀가 아동기에는 부모의 일방적인 뜻에 따른 진행이 가능했을지라도 사춘기 때는 사고가 발생한다는 것을 잊지 말아야 합니다. 이런 충돌사고가 잦아지게 되면 자칫 대형사고로 이어질 수 있습니다.

둘째, 초록색 신호는 건너라는 신호입니다.

아이가 좋아하고 하고 싶은 의지가 있을 때는 부모의 뜻에 따라 진행해도 되는 신호입니다. 부모와 자녀가 동시에 뜻이 맞을 때입니다. 부모 자녀 관계가 원만하고 갈등과 대립이 생기지 않는 경우입니다. 빨간색 신호가 멈추라는 신호라면 초록색 신호는 부모의 뜻대로 진행할 수 있을 때입니다. 아이가 부모의 생각이나 의견에 동의할 때 움직여도 늦지 않습니다. 아이의 생각과 의견이 빨간 신호에서 초록 신호로 바뀔 때 움직이고 실행하십시오.

셋째, 노란색 신호는 기다리라는 신호입니다. 아주 중요한 순간입니다.

노란색 신호는 보행자 신호에는 없는 운전자용 신호등에만 있는 신호입니다. 초록색에서 빨간색 신호로 바뀔 때나 빨간색 신호에서 초록색 신호로 바뀌기 전에 잠깐 보이는 신호입니다.

이때가 사고가 가장 자주 나는 순간입니다. 부모가 방어운전을 할 줄 모른다면 거의 사고로 이어지는 위험한 순간입니다. 부모는 이때 반드시 방어운전을 해야 합니다. 신호가 바뀌기 전 3초간의 여유시간입니다. 사고를 방지하기 위해 새로운 진입 차량을 막고, 이미 진입한 차량의 진행을 안전하게 보호하기 위한 3초간의 정리 시간이기도 합니다. 신호체계에서 아주 중요한 신호입니다. 이때는 기다려야 합니다. 방어운전을 한다는 의미는 노란색 신호를 빨간색 신호로 간주해서 멈추고 기다리는 신호라 판단하면 안전하게 됩니다.

만약, 이때 자녀의 노란색 신호를 초록색 신호로 오인해서 여유 시간을 갖지 못하고 부모의 뜻대로 진행하려고 한다면 마치 운이 좋아서 한두 번은 충돌사고를 모면하고 부모 뜻대로 진행할 수는 있겠으나 이런 경우는 그렇게 오래갈 수 없습니다.

그런데, 여기서 힘든 문제가 발생합니다. 사춘기 아이들의 신호등은 노란색 신호가 3초간이 아니라 3분 이상 길어진다는 게 문제입니다. 아이가 고장 난 신호등처럼 노란색 신호만 계속해서 깜빡이고 있을 수 있습니다. 이렇게 노란색 신호를 오랫동안 보내는 아이는 오작동 내지는 고장 난 것일 수 있습니다.

고장 난 신호등을 먼저 고치는 것이 중요한 과제입니다.

넷째, 좌회전 신호는 따라가라는 신호입니다.

가끔 자녀가 좌회전 신호를 일방적으로 보낼 때가 있습니다. 부모는 직진이나 우회전을 원하는데 아이는 좌회전 신호를 보내고 있다면 먼저 따라가는 게 좋습니다. 그 길이 아이를 위한 최선의 길이 아니라는 부모의 판단이 든다 하더라도 좌회전을 따라가 주십시오. 그렇게 기회를 주면 다음에는 부모의 뜻에 따라 직진이나 우회전도 하게 될 것입니다. 아이가 좌회전 신호를 보냈는데 우회전을 강제로 시키게 되면 역시, 한두 번은 가능하겠으나 머지않아 자녀의 신호등은 오작동 내지는 고장이 나게 될 것입니다. 아이가 좌회전했는데 그 결과가 좋지 않다는 것을 직접 경험하고 책임도 질 기회를 얻는 것이 부모의 뜻대로 우회전하는 것보다 훨씬 더 소중한 경험을 하게 됩니다.

때때로 아이는 실수를 할 수 있습니다. 아이가 자기 뜻에 따른 선택과 결정을 하고 직접 경험을 통해 성공과 실패를 배우고 인정할 기회를 얻게 하는 것이 부모의 진정한 자녀 사랑이기도 합니다.

사춘기 아이는 화내는 것과 혼내는 신호를 구분한다

사춘기 아이와 친밀한 관계를 유지하기 위한 신호란 무엇인지 이해를 돕기 위해 한 가지 예를 들어보겠습니다.

게임을 많이 하는 아이가 하루에 1시간만 하기로 부모와 약속했는데, 약속을 지키지 않아 부모와 자녀 간에 갈등이 생겼습니다. 당연히 부모의 신호등 색깔은 빨간색 신호입니다.

하루 1시간만 하기로 한 약속을 어겼는데 부모가 초록색 신호를 보여주는 건 오작동입니다. 또한, 노란색 신호를 보내며 참고 기다리는 것 역시 아이에게 초록색 신호일 수 있다는 오해를 갖게 합니다. 아이가 시간을 넘겨 게임을 하고 있는데도 부모가 시간이 초과하였다는 신호를 보내지 않는다면 아이는 자기 편의대로 초록색 신호라 오인을 하고, 무언의 허락으로 여기며 계속해서 게임을 하게 됩니다.

부모는 빨간색 신호를 보여야 할 때, 빨간색 신호를 정확하게 표현하는 게 중요합니다. 다만 신호를 보낼 때 주의할 점이 있습니다. 아주 중요합니다. 반드시 기억하는 게 좋습니다.

'아이의 행동을 비난하거나 정죄하면 안 됩니다.'

즉, 화를 내면 안 됩니다. 화를 낸다는 것은 불을 낸다는 뜻인데, 불은 아이도 태우고, 부모 자신도 태우게 됩니다. 화는 한자로 불 화(火)로 표기하거나 재앙 화(禍)로 표기할 수 있습니다. 그래서 화는 아이들에게 보내는 신호가 아니라, 아이와 부모 모두 피해를 당하는 사고가 발생하는 것입니다. 사고는 대체로 1차 사고 피해보다 2차 사고 피해가 더 큰 경우가 많은데, 이때도 역시 게임 시간을 어겼다는 1차 사고 피해보다 부모가 자녀에게 화를 내는 2차 사고 피해가 더 크게 발생합니다.

따라서, 1차 사고가 2차 사고로 이어지지 않도록 아이가 스스로 약속을 어겼다는 것을 인지시키면 됩니다. 1차 사고를 2차 사고로 연결되지 않도록 부모가 주의하는 것이 매우 중요합니다. 그리고 그 약속을 어김으로 부모의 마음이 빨간색이 들어왔다는 신호만 보내면 됩니다.

그런데, 여기서 중요한 것은 아이가 직접 빨간색 신호등을 볼 수 있어야 하고 자신을 멈출 줄 아는 안전운전 규칙을 시키는 것이 가장 중요합니다. 신호등을 잘못 인지해서 착각하게 한다거나, 운전 규칙을 지키지 않았다고 비난하거나 정죄하게 되면 다음과 같은 심리적 역기능 현상이 생기게 되며 부모 자녀 관계의 심각한 갈등과 거리감이 생깁니다. 즉, 2차 사고를 당하게 됩니다.

자세히 설명해 보겠습니다.

"넌, 게임중독이야 큰일이다. 이러니 내가 널 못 믿지~"

"컴퓨터를 아예 없애야지~"

부모가 아이를 이처럼 화가 난 상태에서 잘못을 지적하거나 정죄하게 되면, 아이는 이미 부모가 화내는 자체만으로도 체벌을 받았다고 생각합니다. 왜냐하면, 화를 내는 부모로 인하여 아이는 이미 자존심에 상처를 입고 자신의 상한 감정에 몰입하게 됩니다. 아이는 부모가 화내는 이 상황 자체를 잘못에 대한 처벌을 받았다고 생각하고 '면책감'을 갖게 됩니다.

즉, 잘못된 행동에 대한 반성이나 뉘우침을 생각할 사고력은 사라지고 자신의 상한 감정에만 몰두하게 되는 감정적 집착상태에서 상황을 보게 됩니다. 따라서, 화를 내는 부모의 감정과 자존심만 상한 아이의 감정이 2차 충돌사고로 번지게 됩니다.

부모가 자녀에게 신호등 색깔로 신호를 보내야 하는데, 화를 참지 못하고 상한 감정을 자녀에게 노출하게 되면 자녀는 자신의 잘못된 행동에 대하여 면책감을 갖고 잘못된 행동에 대한 반성이나 교정 없이 자신의 상한 감정에만 집착하는 부작용만 생깁니다.

아이가 부모의 신호등을 보고 스스로 반성하고 교정할 수 있는 안전운전을 할 기회를 주어야 하는데, 그 기회 대신 아이에게 화를 내고 정죄를 하면 아이는 이미 면책감을 받았기 때문에 부모의 화가 아이의 자존심은 상하게 했지만, 이 정도의 화라면 감수하고 다시 약속을 어겨도 내가 하고 싶은 대로 할 만큼 하는 게 더 낫겠다는 오판을 하게 됩니다. 이렇게 화내는 부모 앞에서 아이들은 상대적인 심리적 안도감을 느끼게 되며 잘못된 행동을 다시 반복하게 되는 부작용으로 확대됩니다. 그래서 다음 충돌사고에서 부모는 더 센 강도로 화를 내게 됩니다.

부모는 이처럼 아이의 잘못된 행동에 대한 화를 내는 대신, 아이가 반성하고 교정할 수 있도록 '혼을 내는 신호'를 보내야 합니다.

부모가 아이에게 혼을 내는 신호를 보낸다는 것은 화를 내는 것과 차이가 있습니다. 혼은 한자로 정신과 마음이라는 뜻이 있는 얼혼(魂)으로 표기합니다. 혼을 낸다는 뜻은 부모의 진짜 마음을 드러낸다는 말입니다.

따라서, 부모가 아이에게 화를 낸다는 의미는 부모와의 약속을 지키지 못한 아이를 보며 부모 말을 무시했다는 자존심의 상한 감정만 토해내는 것입니다. 그러나, 혼을 낸다는 의미는 상처받은 자존심의 상한 감정을 그대로 노출하는 것이 아니라, 아이가 스스로 반성하고 교정할 기회를 주기 위해 자신의 상한 감정에 부모라는 친절한 마음을 더하여 전하는 것을 의미합니다. 이것은 감정을 포장한다는 의미가 아니라, 상한 감정을 다스린다는 뜻입니다. 부모는 자신의 상한 감정이 자녀에게 그대로 넘어가지 않도록 해야 할 부모 역할이 있습니다. 그래서 진짜 부모는 아무나 되는 것이 아닙니다.

세상의 모든 사람은 약속을 지키지 못한 사람에게 화가 납니다. 그 상대가 설령 자식이라고 할지라도 그렇습니다. 그것은 단순하게 약속을 지키지 못했다는 사실 때문이 아니라 그 사실이 부모 자신을 무시했다는 감정으로 연결되기 때문입니다. 또, 아이 자신이 너무 무책임하게 살아가는 것을 지켜보는 부모의 안타까움과 답답함이기도 합니다. 무시당한 감정과 답답함은 부모의 자존심이 상했다는 뜻입니다. 그런데, 부모가 자식을 사랑한다는 것은 부모가 자식에게 화를 내는 대신 혼을 내기로 선택하고 결정한 다음, 화라는 상한 감정에 친절이라는 부모의 정성을 담아 혼이라는 마음을 표현하는 것입니다.

그래서 처음에는 화라는 상한 감정이 올라오면, 우선 불부터 끄는 시간과 여유를 갖고, 화를 내면 부모와 아이 모두 2차 사고를 당하게 된다는 것을 인지하는 것이 중요합니다. 그리고, 아이에게 반성할 기회와 교정할 기회를 주기 위한 혼을 내는 신호를 보내야 합니다. 그것은 부모 자신의 화를 다스리고, 친절이라는 정성을 담아 부모의 마음을 표현하는 것입니다.

"1시간만 게임 하기로 약속했는데 약속 시간이 다 됐네."

"약속한 시간이 됐으니, 그만 멈춰야겠다."

"네가 더 하고 싶은 마음을 이해하지만, 약속은 지켜야 한다."

"약속을 잘 지키는 사람이 되면 엄마는 좋겠어."

물론, 화를 낸다고 잘 교정되지 않듯이, 혼을 낸다고 잘 교정되지 않을 수 있습니다. 여기서 중요한 것은 2차 충돌사고를 방지하는 데 목적이 있습니다. 그리고 잦은 1차 충돌사고가 2차 충돌사고로 번지지만 않는다면, 화를 내지 않고 혼을 내는 부모의 정성스러운 마음은 머지않아 아이에게 진심으로 변화할 수 있는 토대를 만들어 주게 됩니다.

만약에, 이런 정성으로 아이를 대했음에도 지속적인 약속 불이행으로 이어진다면, 아이와의 새로운 약속으로 1차 충돌사고를 사전에 방지할 수 있습니다. 즉, 인터넷 사용시간 규제와 같은 사전 약속만으로도 게임을 지속할 수 없는 환경을 만들 수 있습니다. 그러나, 부모의 친절하고 정성스러운 태도만으로도 아이들은 부모와의 약속을 지키려는 노력을 보이게 될 것입니다.

신호등이 고장 난 사춘기 아이들

그런데 더 큰 문제는 이미 신호등이 고장 난 아이가 있다는 것입니다.

첫 번째, 한 가지 신호만 보내는 아이입니다.

어떤 경우든 부모의 뜻에 빈대만 하는 아이들입니다. 빨간색 신호만 고집하는 아이입니다. 부모에게 적대적이고 분노하며 반항하기가 일쑤입니다. 언제 터질지 모르는 시한폭탄 같은 아이들이 있습니다. 점점 그 숫자가 느는 것 같아 매우 안타깝습니다.

신호등이 고장 난 아이들에게는 멈춰야 합니다. 어디가 고장 났을까 생각하고 기억해 내야 합니다. 부모님 스스로 어려우시다면 전문가에게 도움을 청해야 합니다. 그동안 만나온 학생들은 아동기에 부모님의 지나친 열정으로 아이들이 부모의 신호등에 일방적으로 맞추다가 지친 아이가 제일 많았습니다. 그렇게 사춘기가 되다 보니 이제 더는 부모의 신호등에만 맞추고 살 수 없다는 반발심이 극에 달한 아이들입니다.

결론적으로 말씀드리면 부모가 아이의 고장 난 신호등을 고치려고 애를 쓸수록 많이 힘들거나 상태가 더 심해지고 격하게 반항적인 모습을 보이게 될 수 있습니다.

이런 경우에는 아이가 요구사항을 가지고 먼저 부모에게 요청할 때까지 기다려야 합니다. 그리고 그 요구사항에 대한 신호등만 표현해 주면 됩니다. 그리고 아이가 판단하고 움직일 때까지 힘들겠지만 섣불리 운전을 대신해 주려고 하면 어떤 목적지든 아이는 가지 않으려고 할 것이며 부모로부터 자신의 운전대를 되찾으려 몸부림을 칠 것입니다.

그러나, 다소 희망적인 소식은 아이들이 사춘기를 지나 청년기에 들어갈수록 안정감을 되찾을 수 있습니다. 분명히 달라집니다. 여러 가지 이유가 있는데 그중에 제일 큰 이유는 아이 스스로 청년기에 이르게 되면 부모에게서 독립하려고 하는 의지와 본인 문제를 본인이 직접 풀어야겠다는 생각이 더 강해지기 때문입니다.

따라서, 중요한 사실은 아이에게 일방적으로 끌려가도 안 되고, 무조건 안 된다고 거절해서도 안 됩니다. 신호등 역할을 잘 해주면 어느새인가 그렇게 문제 있던 아이가 안전운전을 하고 방어운전을 배우게 됩니다.

두 번째, 신호가 너무 빨리 바뀌는 아이입니다.

감정 기복이 심한 아이입니다. 부모는 내 아이가 어떤지 잘 알 것입니다. 그런데 이런 아이는 노란색 신호를 잘 사용하지 않습니다. 순간적으로 빨간색에서 초록색으로, 초록색에서 빨간색으로 바뀝니다. 이런 경우 아이가 정서적으로 안정감을 찾기가 어렵고 부모도 아이를 맞추며 사는 게 어려울 수 있습니다. 한 가지 일을 시작했다가도 금세 싫증을 느끼고 다른 일을 시작하려고 합니다. 만약, 이런 기질의 아이라면 평소 정서적 안정이 어떤 상태인지 잘 살펴보고, 안정감만 잃지 않는다면 어느 정도의 시행착오는 오히려 좋은 경험이 될 수 있습니다.

세 번째, 신호등이 꺼져 있는 아이입니다.

제일 심각한 경우입니다. 마치 전원이 꺼져 있거나 아예 고장 난 상태입니다. 평소 우울해 보이거나 무력해 보일 수 있습니다. 잘 먹지 않고 잠을 못 자거나 자지 않고, 반대로 너무 많이 자거나 무기력합니다. 신체적 심리적 치료가 필요한 상태입니다. 어떤 신호도 보내지 않고 움직임도 없습니다. 겨우 게임만 하거나 스마트폰만 보고 사는 아이입니다. 현실감이 많이 부족하고 현실에 적응하지 못하는 비현실 속에만 살게 됩니다. 그래서 인터넷이란 가상세계에서 나오지 못하는 안타까운 아이들입니다.

부모는 아이에 대한 어떤 기대나 희망을 품기가 어렵게 되고 아이 역시 부모를 생존을 위한 도우미 정도로만 알고 살아갑니다.

아이가 만약, 이런 경우라면 사춘기 아이가 아니라 발달과 성장이 느린 어린 아동기로 보고 대처하고 치유해야 합니다. 아이가 치료를 위해 전문가를 만나려 하지 않을 수 있습니다. 이럴 때는 부모가 전문가와 만나서 직접 치료방법과 아이의 정서발달을 위해 처음부터 다시 공부하고 첫걸음부터 다시 시작해야 합니다. 정말 안타까운 아이입니다.

어떤 경우에는 아이뿐만 아니라 부모들도 신호등을 보지 않거나 신호를 구분하지 못하는 색약과 색맹 같은 부모도 있습니다.

안타깝게도 부모 중에는 아이들이 보내는 신호에 관심이 없거나 아예 신호 구분을 못 하는 부모도 있습니다. 아니 많습니다. 우연인지 모르겠지만 색약과 색맹 가운데는 신호등 색만 구별 못하는 분들이 있다고 합니다. 설령, 눈으로는 구별을 못하는 부모라도 마음의 눈으로는 우리 아이들의 신호를 꼭 구분할 수 있어야 하겠습니다.

아이의 마음에는 신호등이 있습니다.

너무 오랫동안 발견하지 못했다면 그동안 부모 자녀 관계가 아주 힘들었을 것입니다. 반대로 아이들도 부모의 신호등이 있다는 것을 본보기로 알려야 합니다.

빨간색 신호라면 멈추십시오.

노란색 신호라면 기다리십시오.

초록색 신호라면 움직이십시오.

좌회전 신호라면 따라가십시오.

아이를 따라가다가 힘이 들면 좀 어떻습니까?

빨간색 신호가 길어지면 좀 어떻습니까? 내 아이인데 좀 늦게 가면 됩니다.

중요한 사실은 지금, 내 아이와 함께 있다는 게 제일 소중한 것입니다.

소중하고 사랑스러운 아이에게 안전운전을 보여주십시오, 방어운전을 보여주십시오.

사춘기 아이들은 화내는 것과 혼내는 신호를 구분합니다.

05

화내지 않고 강요하지 않고
아이 혼내는 법

화내지 않고 강요하지 않고 아이를 혼내는 것은 아이를 이해하는 것이고 아이를 이해시키는 것입니다.

친절하게 혼내는 게 훈육입니다.

부모 가운데 본인은 화를 안 낸다고 생각하는 부모가 많습니다.

사춘기 자녀를 양육하게 되면 복잡한 세상처럼 우리 아이들의 내면 심리도 여간 복잡한 것이 아니라는 것을 알게 됩니다. 그래서 인지 부모 자녀 관계의 문제도 가정마다 다양하고 복잡하게 나타 납니다.

이렇게 다양하고 복잡한 갈등 속에서 부모들은 자녀를 양육하는 과정에 지나친 화를 내거나 짜증을 부리게 되고 또 강요하게 되는 것이 사실입니다.

자녀에게 강하게 화를 내며 분노를 표출하거나 심하게 강요하는 것은 아이들에게 부정적 심리를 갖게 한다는 것을 이미 경험을 통해 잘 알고 있지만, 계속해서 거듭 아이에게 화를 내거나 강요하는 부모 자신을 보면서 불가항력이라는 것을 알게 됩니다. 그러나 이런 부모 역할은 아이에게 변화와 성장을 가져오기는커녕 아이와의 단절과 분리만 더 깊어지게 합니다.

그래서 이번 장에서는 자녀에게 화내지 않고, 강요하지 않고, 아이 혼내는 법에 관해 살펴보겠습니다.

부모의 말에는 두 가지 기능이 있습니다. 자녀를 살리는 말과 자녀를 죽이는 말입니다. 가족관계에 있어서 배우자든 자녀든 서로 상대와 소통하고 공감하는 몸에 좋은 보약 같은 말이 있는가 하면, 서로 자존심을 상하게 하고 너는 틀리고 내 말만 맞는다고 우기는 독이 든 말도 있습니다.

아이들의 잘못 때문에 부모의 지나친 감정표현으로 아이에게 상처와 수치심을 주는 독이 든 말은 아이를 죽이는 말입니다. 반면에 아이의 잘못을 바로잡으려는 훈육 과정에서 부모가 화나는 감정을 다스리고 자녀의 처지를 이해하지만 허용하지 않고 엄중하고 단호하게 일관성 있게 알려주는 것은 혼내는 것입니다. 그래서 반복적으로 아이의 마음에 새기기 위해 아이를 혼내는 것은 아주 중요한 양육과정입니다. 이런 방법은 상대적으로 부작용을 줄일 수 있습니다.

그래서 전 장에서 이야기했던 화내는 것에 관하여 좀 더 살펴보기로 하겠습니다.

화는 불이고, 재앙으로 번진다

먼저, 화의 정체를 다시 한번 정리해 보겠습니다.

화라는 말은 한자로 불 화(火)라고 말씀드렸습니다. 화는 불이란 말입니다. 또 다른 화가 있는데 재앙 화(禍)라고도 사용합니다. 화는 재앙입니다. 이처럼 화는 불인데 이 불은 모든 것을 태울 힘을 가지고 있는 재앙과 같습니다.

가정에서 부부관계든 부모 자녀 관계든, 화가 나거나 화를 내게 되면 가정은 불에 타게 됩니다. 그런데 이런 불은 꼭 필요한 도구이기도 합니다.

불이 있어야 밥도 하고 난방도 합니다. 이렇게 불은 좋은 도구로도 사용될 수 있습니다.

화는 자기 자신을 지키는 방어기제로도 쓰일 수 있습니다.

타인으로부터 불이익이나 상해를 받는데 화가 나지 않는다면 결코 자신을 지킬 수 없게 됩니다.

이와는 반대로 불은 번지면 화재가 발생하게 되고 모두를 태울 수 있는 재앙이 되기도 합니다. 내 안에 있는 화가 밖으로 나와 타인에게 번지게 되면 모두가 함께 타 죽게 될 수 있습니다. 배우자에게 번지면 배우자가 죽습니다. 자녀에게 번지면 자녀가 죽습니다. 결국, 나도 죽게 됩니다.

아이의 잘못보다, 부모의 화가 아이를 불행하게 만든다

화는 불입니다. 불은 잘 관리되어야 합니다. 불을 관리할 수 없다면 그만큼 불행한 대가를 지불하게 됩니다. 가정에서 화를 내면 아이가 불행해집니다. 가족 모두가 불행해집니다.

제가 지금까지 만나온 무척 많은 가정의 불행은 아이의 잘못보다, 부모가 화를 잘못 관리해서 생긴 재앙이었습니다. 그래서 가족 전체가 불행하게 됩니다. 이처럼 꼭 필요하지만, 위험한 것이 화입니다. 화를 잘못 관리하면 내가 제일 사랑하는 가족과 가정이 모두 불타게 됩니다. 불행하게 됩니다.

불은 아궁이라는 안전하고 튼튼한 장소에서 잘 관리되어야 합니다.

그리고 불을 끌 수 있는 물이나 소화기 같은 안전도구가 반드시 필요합니다.

화는 안전하게 관리되어야 합니다. 화라는 불이 더 커지지 않도록 번지기 전에 빨리 알아차리고 소화하거나 더 이상 불이 번지지 않도록 탈 수 있는 모든 주변 상황을 정리해야 합니다.

즉, 불이 번지는 장소에서 벗어나야 합니다.

그래서 화가 날 때는 조용한 곳으로 혼자 피해야 합니다. 시간이 지나면 자연스럽게 그 화가 에너지를 공급받지 못해 소멸하게 됩니다. 아주 좋은 방법입니다.

그러나 이렇게 자신이 다 타고 남에게 전이되기 전에 빨리 안전지대로 피해야 함에도 그렇지 못한 사람들이 있습니다. 자기 자신을 다 불타더라도 자기가 옳다고 생각하는 자기 의(義)를 위해 사랑하는 가족을 태워서라도 자기 의를 지키려 하는 아주 어리석은 행동을 합니다. 그래서 이런 사람은 모든 사람에게 무시를 당하게 되고 외톨이로 외롭게 살아가야 하는 불행을 겪게 됩니다. 자기 자신 스스로는 의롭다, 맞는 방법이라고 생각할 수 있으나 사랑받지 못하는 외로운 사람으로 자신을 다 태우고 불행하게 됩니다.

화가 자신을 다 태우고 타인에게 번지지 않도록 안전지대로 빨리 피하는 동시에 자신의 불을 소화 시킬 수 있는 소화기를 사용해야 하는 데 이 소화기 역할이 바로 '내 화보다 내가 사랑해야 할 사람이 더 소중하다'라는 사랑의 본질을 놓치지 않는 진짜 부모의 마음을 회복하는 것입니다.

화를 심하게 내고 분노하는 사람은 스스로 제어하거나 해결할 힘이 없습니다. 다음부터는 화를 심하게 안 내겠다고 다짐하거나 약속해 보지만 번번이 실패하는 자신과 마주하게 됩니다.

그래서 분노하는 부모는 자신도 모르게 나타나는 무의식에서부터 시작되는 아주 복잡하고 난해한 심리적 기전입니다. 지나치다 싶은 화나 분노는 다스리고 싶고 화를 내지 않고 싶지만 자기 스스로 해결할 수 없는 장애일 수 있으며, 자기 스스로 피해자가 될 수 있는 아주 중요하고 위중하게 다루어야 질병일 수 있습니다.

화는 나는 것입니다. 그것이 정상적인 감정입니다. 그러나 화는 내 안에 있을 때 잘 다루어야 사랑하는 가족에게 피해를 주지 않습니다.

화가 나는 것은 당연한 방어기제지만 만약, 사랑하는 가족 앞에서 지나치게 화를 내거나 분노하는 것은 상대를 사랑하느냐, 사랑하지 않느냐의 문제입니다.

내가 가족을 사랑하지만, 화를 내고 분노하는 것은 자기만 옳다는 자기 의(義)에 빠져있는 것이며, 가족을 무시하는 행위입니다. 이것은 매우 이기적인 행위입니다. 더구나 상대가 사랑받아야 할 내 아이라면 더욱 심각하게 화가 분노로 번지지 않게 다루어야 합니다.

사랑의 반대말은 자기 의(義)라고 말씀드렸습니다.

자기 의가 상대에게 통하지 않을 때 화가 나게 되고 화를 내게 됩니다.

화가 나는 것을 어쩔 수 없는 심리적 기능이지만 화를 내는 것은 타인에 대한 배려의 문제입니다. 배려하지 않는 것은 사랑하지 않는 것과 같은 말입니다.

부모의 화나는 감정이 자녀에게 분노로 번지지 않도록 안전한 장소로 피해야 합니다. 화가 지나치게 올라오면 빨리 피해야 합니다. 사랑의 본질을 받아들이고 내 의를 버리고 자녀의 마음을 배려하십시오. 더는 태우지 않도록 빨리 소화기를 뿌리십시오.

내가 내 아이를 사랑한다는 것은 아이의 잘못한 일 때문에 화가 나도 분노하지 않겠다는 결정입니다.

이 결정이 단번에 실행되지 않더라도 그렇게 노력하는 과정이 또 다른 사랑입니다.

화는 자녀의 잘못으로 인한 인과과정으로만 보기 어렵다

부모가 지나치게 화를 내는 것은 자녀의 잘못으로 인한 인과과 정이라고만 보기에는 동의하기 어려운 점이 있습니다.

대체로 이미 부모의 마음에는 화라는 감정과 분노라는 감정이 있었으며 아이의 잘못으로 그 감정이 격빌되기 때문에 분노하게 됩니다. 그래서 분노는 아이의 잘못 문제보다는 본질에서 이미 부 모에게 분노라는 화가 내재해 있다는 뜻입니다.

그래서 아이가 같은 잘못을 하더라도 부모의 양육역할에 따라 훈육하는 과정이 달라지며 아이의 변화와 성장을 끌어낼 수도 있 고, 반대로 갈등과 분리도 될 수 있습니다.

따라서, 아이의 잘못에 집중하고 해결하려 하기보다는 부모 스 스로 내면을 살펴 어떤 이유에서 자신 스스로 분노에 집착하게 되 었는지 성찰하는 것이 진정한 자녀 양육이라고 할 수 있습니다.

이처럼 분노하는 부모 유형이 있는가 하면 일시적인 분노 폭발이 아니라 지속해서 집착과 강요하는 태도를 보이는 부모도 있습니다.

부모가 분노하는 것과 아이에게 집요하게 강요하는 문제의 본질 은 역시 같은 경우로 볼 수 있습니다. 왜냐하면, 강요하는 부모 유 형도 자녀의 미래를 생각할 때 부모 자신이 가지고 있는 불안과 두 려움, 책임감과 죄책감이라는 본질적인 감정이 내재하여 있기 때문 입니다.

그래서 이런 부정적인 감정들이 쌓이게 되면 분노와 짜증 또는 우울과 강요로 나타나게 되는 것입니다. 다만, 부모의 기질이 다혈질에 가까울수록 지나친 화를 내는 분노로 나타나며 설령, 분노는 하지 않더라도 집요한 집착 즉, 강요로 나타나기도 합니다. 분노하는 부모와는 다르게 강요하는 부모는 아이들 역시 화내는 부모와 마찬가지로 아이들이 극심한 불안감을 느끼게 되고, 부모로부터 사랑받지 못하는 자기 자신을 발견하게 되어 폭력적이거나 거친 성향이 아닐지라도 무기력하거나 자신감 없는 아이로 성장하게 됩니다.

그리고 분노와 무기력을 반복해서 나타내는 전형적인 현실 부적응 증세를 보이기도 합니다. 이렇듯 부모의 양육 태도는 자녀의 감정발달에 아주 중요한 역할을 합니다.

부모의 사랑을 다르게 표현하면 '자녀에 대한 신뢰와 자율성'으로 나타낼 수 있습니다. 자율성이란 자녀 스스로 선택하고 결정하며 행동할 수 있는 자유를 갖게 하는 것입니다. 부모가 이렇게 해라, 저렇게 해라, 간섭과 관여를 덜 할 때 높아지는 자립심과 자기주도의 핵심이 자율성입니다.

강요하는 부모는 자녀를 신뢰할 수 없기에 잔소리와 강요를 하게 됩니다. 자녀를 믿지 못하는 부모의 마음은 역시 불안할 수밖에 없습니다. 그래서 아이에게 자율적으로 행동할 기회와 선택을 주지 못합니다.

자녀가 스스로 해야 할 것은 안 하고, 하고 싶은 대로 살기 때문이라고 말합니다. 부모의 우선순위와 자녀의 우선순위가 달라서 갈등하고 대립하게 됩니다. 아이가 부모의 뜻대로 행동할 때까지 더욱 강요하고 잔소리를 하게 됩니다. 그러나, 아이가 부모의 강요하는 양육 태도에 맞출 수 있는 기한은 사춘기가 절정에 이르기 전까지라는 것을 부모들은 반드시 기억해야 합니다.

그 후로 아이는 부모의 강요하는 양육 태도에도 불구하고 더는 부모의 뜻을 따르지 않기 위하여 싸증, 분노, 억시, 반항하는 태노를 보이게 됩니다. 이제, 아이 스스로 부모에게 대항할 힘이 생겼다고 여기게 되는 사춘기가 되었기 때문입니다. 그래서 사춘기는 몸집은 어른만 하고 내면은 아직 어린아이와 같은 불균형 시기입니다.

분노하고 강요하는 부모의 치유가 먼저다

부모의 분노와 강요는 사춘기를 정점으로 극심한 대립과 갈등을 불러오게 됩니다. 부모의 분노와 강요에 대항하지 않는 자녀가 있다면 아직 자신이 힘이 없고 부모보다 약한 존재라는 것을 자각하고 있기 때문입니다. 결코, 진심으로 순종하는 아이가 아니라는 것을 빨리 깨닫는 것이 부모의 지혜입니다.

자녀의 사춘기가 본격적으로 시작하게 되면 분노하고 강요하는 부모들은 자녀와의 단절과 분리를 경험하게 되며 심각한 어려움과 고통을 겪게 됩니다. 아이와 함께 사는 것 자체가 극심한 고충임을 깨닫게 되기까지는 얼마 남지 않았습니다.

그래서 지금이라도 강요하고 분노하는 부모는 생각과 태도를 바꿔야 합니다. 부모치유가 먼저입니다. 부모 자신 스스로 그동안 세상을 살아오면서 반드시 지키고 싶었던 중심사고와 자신 스스로 어쩔 수 없이 감정의 지배를 받아야 했던 상한 감정의 기억으로부터 자유로워지실 수 있도록 치유를 받아야 합니다. 그것이 자녀를 훈육하기에 앞서 부모로서 좋은 부모가 되기 위한 가장 중요한 과제임을 스스로 성찰의 시간을 통해 깨달아야 합니다.

그래야 부모가 먼저 살고 아이들도 살릴 수 있습니다.

화내지 않고, 강요하지 않고, 아이 혼내는 양육 태도란 무엇인지 예를 들어 구체적으로 살펴보겠습니다.

해야 할 공부는 하지 않고, 하고 싶은 게임에만 몰두하고 시간약속도 어기는 아이가 있습니다. 이런 아이의 부모라면 당연히 화가 나게 되고 짜증도 나고 아이의 미래에 대한 불안감마저 들게 됩니다. 그리고 이런 상황에서 어떤 식으로든 훈육이 들어가야 합니다. 부모로서 당연한 생각입니다.

이런 상황에서 화내지 않고, 혼내는 부모 역할은 어떤 것인지 정리해 보겠습니다.

첫째, 컴퓨터 앞에서 혼내지 말아야 합니다.

아이가 해야 할 일은 하지 않고, 하고 싶은 게임에만 빠져있다고 해서 컴퓨터를 없앤다거나 전원을 그냥 뽑아 버리는 행동을 하는 것은 자녀에게 소리를 치고 화를 내지 않는다고 해도 분노하거나 강요하는 행위입니다.

　우선, 컴퓨터 앞에 있는 아이에게 화를 내거나 혼내지 마십시오. 부모의 감정이 화가 나고 분노가 치밀 수 있습니다. 그러나 계속해서 언급했듯이 이것은 아이의 행동을 바로잡기 위해 혼을 내는 훈육이 아니라, 부모의 상한 감정만 쏟아내는 화를 내는 것입니다. 화는 곧 분노라는 재앙이 될 수 있는 행동입니다. 어차피 게임에 빠져 부모의 소리를 들을 수 없게 되거나, 오히려 방해한다고 대들 수 있는 상황으로 불이 번질 수 있는 상황을 만들지 말아야 합니다. 마찬가지로 침대나 소파에 앉아 스마트폰에 빠진 아이를 그 자리에서 혼내지 않도록 해야 합니다.

　둘째, 훈육 장소를 정하고 불러내야 합니다.

　컴퓨터 앞에 있는 아이를 불러내는 게 먼저입니다. 침대에서 소파에서 뒹구는 아이를 불러내야 합니다. 아이에게 잔소리하지 말고 화내지 말고 불러내서 주위를 환기하는 게 아주 중요합니다. 아이가 이것만 끝내고 나온다고 하면 몇 분이 필요한지 물어보고 시간을 주고 아이를 기다리십시오. 그리고 거실이나 조용한 책상에 앉아 정면으로 똑바로 바라보고 이야기할 수 있는 장소에서 아이를 기다리십시오.

　만약, 아이를 그 자리에서 불러냈다면 일차적으로 성공한 것입니다. 왜냐하면, 아이를 컴퓨터와 스마트폰에서 분리했기 때문입니다. 아이의 손에 컴퓨터나 스마트폰을 들고 있다면 제자리에 갖다 놓고 오라고 주문해야 합니다. 그래서 대화에만 전념할 수 있도록 환경을 만드는 것입니다. 대체로 이 과정에서 부모와 자녀 간에 몸싸움하는 때도 종종 있습니다. 아이가 더 신경질적으로 나빠진다는 경우도 있습니다. 그만큼 아이와 기기를 분리한다는 것이 쉽지 않습니다. 그래서 잔소리하지 않고 화내지 않고 아이와 기기를 분리하는 방법을 부모는 잘 찾아야 합니다. 그래야 불이 번지지 않고 재앙이 되지 않습니다. 대개 이 과정에서 다툼과 분쟁이 시작됩니다. 그만큼 부모의 지혜가 필요할 때입니다. 아이들은 일방적으로 부모의 제재를 받게 되면 먼저 짜증부터 냅니다. 자기 일을 방해하는 훼방꾼으로 부모를 보기 때문입니다. 아이는 즐기는 시간을 방해하거나 싫어하는 부모가 이해가 안 되는 상황입니다. 그리고 무엇보다 아이는 스스로 즐길 수 있는 자유와 권리가 있다고 생각하고 당당하게 따질 힘과 능력이 있다고 생각합니다. 아이는 이제 스스로 어린아이가 아니라고 믿고 있습니다.

그래서 부모는 어린아이 때와 같이 자기 자신을 통제하거나 제어하지 못하는 아이라고 보고 있는데, 정작 아이는 자기가 어린아이가 아니라고 생각합니다. 이때, 부모가 아이의 행위를 가지고 옳고 그름을 판단하게 되는데 아이는 이런 부모 자녀 관계가 마치 법정에 서 있는 검사와 죄인의 입장으로 보게 됩니다. 따라서, 아이는 끝까지 자기 잘못을 인정하지 않으려고 자기변호를 변명처럼 하게 됩니다.

그러므로 부모는 잘못을 심문하는 검사가 되지 말아야 합니다. 잘못을 판결하는 판사가 되지 않아야 합니다. 부모는 아이의 변호인이 되어야 합니다. 약속대로 지키지 못한 아이의 잘못을 알려주되, 자기 잘못이 뭔지를 자기가 스스로 인정할 수 있고, 고칠 수 있는 시간과 기회를 줘야 합니다. 잘못한 즉시 검사와 판사처럼 아이를 심문하거나 잘못에 대해 정죄하게 되면, 아이는 자존심에 상처를 입게 되고 감정이 상하게 되므로 이미 그것으로 잘못에 대한 처벌을 빋았다는 면책감을 갖게 됩니다. 아이는 스스로 고칠 기회를 얻지 못하게 됩니다. 그래서 이런 잘못이 지속해서 반복되게 됩니다. 오히려, 자존심에 상처를 입고 더 반발심과 반항심만 커지게 되는 부작용만 낳게 됩니다.

이렇게 화내는 것과 혼내는 것의 차이는 하늘과 땅 차이가 나게 됩니다.

아이에게 대화가 가능한 시간을 물어보십시오. 아이가 좋아하는 간식으로 아이를 기기로부터 분리하십시오. 관심을 끄는 일을 만들어서 아이에게 새로운 즐거움을 주십시오. 아이가 평소 좋아하는 것을 기억해서 아이와 함께 시간을 보내십시오. 이런 지혜가 아이를 컴퓨터와 스마트폰에서 분리하는 방법입니다.

부모들은 이렇게 시간이 걸리거나 힘이 드는 방법보다 빠른 방법을 찾습니다. 그래서 잔소리나 화를 내는 것이 빠르다고 생각합니다. 그러나, 결코 그런 방법은 근본적인 해결책이 될 수 없습니다. 부작용만 생기게 됩니다.

셋째, 아이의 이야기를 먼저 끝까지 들어야 합니다.

우선 아이가 컴퓨터 앞에서 떨어져 나온다면 일차적으로 성공하신 것이라고 말씀드렸습니다. 이 일이 제일 어렵습니다. 설령, 다시 돌아간다고 해도 잠깐이라도 분리할 방법을 부모님이 찾으셨기 때문입니다.

아이가 왜 부모와 약속한 시간을 어기면서까지 게임에 몰두할 수밖에 없었는지 아이가 이야기할 수 있도록 잠잠히 기다리며 아이 스스로 자신의 내면을 정리하고 이야기할 수 있도록 충분한 시간을 기다려야 합니다.

천천히 서두르지 말고 끝까지 들어 줘야 합니다. 중간에 절대 끊어서는 안 됩니다. 그리고 말없이 가만히 있어도 계속 기다려 주십시오. 기다리는 조용한 시간도 분명한 대화입니다. 최대한 친절하게 아이의 눈을 응시해 주면서 아이의 말을 기다린다는 신호를 보내십시오.

차분하게 기다리십시오. 눈을 되도록 자상한 눈빛으로 마주 보십시오. 이때, 어떤 책망도 하지 마십시오. 누구와 비교하지 마십시오. 침묵도 중요한 소통의 도구입니다.

지금, 아이와 마주 앉은 가장 중요한 이유는 부모가 내 이야기를 들으려고 기다리는 것이라는 걸 아이가 알게 하는 목적입니다. 부모가 아이의 말을 듣겠다는 뜻입니다. 변명도 좋고 어떤 이야기도 좋습니다. 변명하더라도 그 변명이 대화의 시작입니다. 아이는 이런 부모의 태도를 보면서 스스로 내면에서 생각하기 시작합니다. 단순하게 게임과 스마트폰에 빠져있던 아이가 생각한다는 것은 아주 중요한 계기입니다. 변명을 끝까지 듣고 참고 기다려야 합니다.

넷째, 아이 마음의 소리에 공감해야 합니다.

아이가 이야기를 시작한다면 좋은 신호입니다. 그 이야기를 끝까지 들으면서 아이의 중심사고와 핵심감정을 공감할 수 있도록 아이의 말을 다시금 되새김질해 주면서, 아이 스스로 자기의 말을 부모가 잘 듣고 있다는 생각이 들도록 하십시오. 이것을 '공명'이라고 합니다. 아이의 말을 그대로 한 번 더 울려주는 것입니다. 공명은 공감을 위한 가장 좋은 방법입니다. 변명하더라도 그 변명에 공명으로 답하십시오.

아이가 "공부하다가 스트레스 좀 풀려고 게임을 했어요."라고 말하면,

부모는 "공부하다가 스트레스를 풀려고 게임을 했구나."라고 말하는 것입니다. 이것이 공명입니다. 아들의 변명 같은 입장을 한 번 더 확인시켜 주는 대화법입니다. 이렇게 되면, 화를 내거나 규칙을 지키라고 강요하지 않는 부모의 마음을 아이가 이상하게 생각하거나 웬일이지라고 생각하는 것은 정상입니다.

여기서 주의점은 "이 말을 변명이라고 해~", "그게 맞는 생각이야~", "이게 중학생이 할 말이야~", "고등학생이 할 말이야~", "네 친구 좀 봐" 이런 식의 비교하는 말은 오히려 아이의 자존심을 상하게 하고 자극하는 말입니다. 즉, 반발과 반항을 불러오는 말입니다.

아이의 말을 다시 한번 반복해 주고, 잘 듣고 있다는 생각을 하게 하십시오.

아이가 스스로 생각하기 시작할 때 정체성이 조금씩 회복됩니

다. 아이는 부모가 자기의 변명을 들어주는 태도를 보며, 자신을 존중하고 있다고 생각하게 됩니다. 물론, 처음부터 부모의 이런 태도가 아이의 행동 변화로 이어지지 않습니다. 그동안 아이는 약속을 어기게 되더라도 더 즐기는 게 좋다는 부정욕구가 강했기 때문에 변화되지 않은 것입니다. 그러나 아이의 욕구대로 허용할 수는 없으나 변명이라도 들어주려는 부모의 태도를 보면서 아이의 자존감이 회복됩니다. 자존감이 회복되면 약속을 지키고 싶다는 긍정욕구가 생기게 됩니다.

다섯째, 정답을 이야기하지 말고, 아이가 생각하고 말할 시간을 갖게 해야 합니다.

아이의 말을 듣고 이게 답이란 식의 이야기를 하거나 공부 먼저 하라는 식의 해야 할 일을 강요처럼 말하지 말아야 합니다. 아이에게는 네 말과 생각을 알았으니 이제 들어가 보라고 끝까지 정답을 이해시키거나 설득시키려고 하지 않는 게 중요합니다. 부모가 먼저 말하지 않아도 아이는 부모가 어떤 마음이라는 것을 어느 정도 짐작할 수 있습니다. 그래서 별 효과도 없는 이야기를 자주 반복하는 것보다 아이의 말을 끝까지 들어주는 태도를 보이는 것이 더 효과적입니다. 그래야 때가 되면 아이도 부모의 말을 끝까지 들어주는 경청의 태도를 배우게 됩니다.

만약, 아이 스스로 어떻게 하겠다는 말을 먼저 하지 않는다면 약속을 어기면서까지 자신의 욕구대로만 하는 자신의 심리상태를 스스로 생각해 볼 수 있도록 시간을 더 주는 것이 좋습니다.

아이가 스스로 자기 행동의 잘못을 인식하고 자기가 다시 약속을 잘 지키도록 노력하겠다는 말을 해야 정리가 되는 것입니다.

이런 약속을 다시 어기는 한이 있더라도 시간이 흐른 후 아이가 약속을 어기는 자기 자신을 보면서 반성의 기회를 얻고 스스로 변화할 수 있는 기회를 주는 것이 필요합니다.

물론, 아이는 이 과정을 여러 번 지나도 다시 제자리로 돌아갈 수 있습니다. 몇 번이고 또 반복될 것입니다. 그러나 아이가 이런 과정을 통해서도 분명히 자라고 있다는 사실을 믿어야 합니다.

아이는 이런 실수의 반복을 통해 성장합니다. 그렇게 성장할 때에만 진정한 변화와 성장을 기대할 수 있습니다. 우리 부모들도 그렇게 성장했습니다. 중요한 것은 부모와 아이의 관계가 분리되지 않고 아이 스스로 잘못을 인정하고 반성을 통해 다시 노력하는 태도를 보이게 하는 것이 훈육의 핵심입니다.

그래서 훈육은 즉각적인 행동 변화를 조건으로 하지 않습니다.

훈육의 중심은 관계의 친밀감입니다. 그 친밀감이 자존감으로 변화되면 그 자존감의 힘으로 아이가 진정으로 변화와 성장을 하게 되는 것입니다.

그래서 사랑은 부모 자녀의 친밀감에서 시작되고 태도나 행동으로 열매를 맺는 것입니다. 너무 서두르지 말아야 할 이유가 여기에 있습니다.

결론적으로 자녀의 부정욕구를 이해하고 공감하는 능력을 부모가 가질 때, 아이는 해야 할 것을 먼저 할 수 있는 자존감을 키울 수 있게 됩니다.

해야 할 일을 하지 않고, 하고 싶은 일을 할 수밖에 없는 아이의 내면 심리를 이해해야 하며, 부모가 지적하지 않아도 아이 스스로 깨달을 수 있은 기회를 얻게 해야 합니다.

이런 과정에서 아이들은 자기의 부정욕구 앞에서 스스로 정죄하지 않고, 자신과 부모에게 분노하지 않게 되며, 자신을 믿고 기다리는 부모에 대한 신뢰가 회복됩니다. 부모가 아이 스스로 자신의 행동을 바꿀 수 있는 자율성을 줄 때, 비로소 아이는 자신이 존중받고 있다는 것과 사랑받고 있는 것을 깨닫게 됩니다.

분노하는 아빠, 강요하는 엄마 또는 강요하는 아빠, 분노하는 엄마는 아이의 진정한 변화와 성장을 기대하거나 지켜볼 수 없게 됩니다.

화내는 것과 혼내는 것의 차이를 모르는 부모라면 역시, 마찬가지로 자녀의 변화와 성장을 볼 수 없게 될 것입니다.

화를 내는 것은 강요하는 것이고, 혼을 내는 것은 스스로 고칠 기회를 주는 것입니다. 그래서 부모가 자녀를 먼저 이해하려고 노력하는 것입니다. 말끝마다 "도대체, 너라는 아이는 이해할 수가 없다"라고 말하는 부모가 있다면, 아직도 화내는 것과 혼내는 것의 차이를 모르는 상태입니다.

아이 스스로 자신의 잘못을 이해하고 반성할 수 없다면, 지금까지 아이를 이렇게밖에 양육할 수 없었던 부모의 잘못을 인정해야 합니다. 부모 자신의 부족함을 스스로 성찰해 보는 것이 아이의 변화와 성장을 위한 밑거름입니다.

분노와 강요로는 동기부여가 될 수 없습니다. 오히려, 아이를 망치고 죽이는 것이고 독을 먹이는 것입니다. 이런 아이들은 수치심, 모욕감, 피해의식, 반발심, 분노 그리고 부모를 마음에서 단절해 버리는 지경까지 이르게 될 것입니다.

사춘기 아이는 왜 혼났는지보다, 어떻게 화냈는지만 기억한다

사춘기 아이는 부모가 심하게 화를 내며 분노하게 되면, 아이는 자존심에 심한 상처를 입고, 어떤 이유와 행동으로 왜 혼났는지보다, 부모가 어떻게 화냈는지만 기억합니다.

그리고 그 과정에서 부모의 태도만 기억하게 되며 아이의 마음 속 가장 깊은 곳 한가운데 자리 잡아 아이가 평생 살아가는 데 영향을 줍니다. 그리고 집요하게 행복한 삶의 훼방꾼 노릇을 합니다. 그리고 급기야는 부모를 원망하게 만들기도 합니다.

따라서, 부모의 바른 양육 태도란 아이의 잘못된 점을 고치는 과정에서 어떻게 혼내는가 하는 방법을 부모가 깨닫는 것입니다. 이 문제는 자녀가 부모에게 혼나는 이유보다 훨씬 더 중요한 문제입니다.

아이는 자기의 잘못보다 화내는 부모의 감정만 기억한다는 사실을 잊지 않아야 합니다. 아이의 잘못된 점은 고치지도 못하고 그대로 있는데, 부모의 분노, 아이의 수치심과 열등감만 계속해서 커지는 악순환만 반복됩니다.

결국, 이런 부정적인 감정의 반복이 아이의 반항, 일탈, 우울증까지 전염되고, 폭언과 폭력이라는 탈선까지 일어나는 원인이기도 합니다.

안타깝게도, 부모의 절제되지 못한 폭언과 폭력은 아이에게 불안과 두려움뿐만 아니라 수치심과 모욕감을 주게 되고 그 부모와 단절, 분리되게 되며 아이는 학교폭력의 가해자가 될 수 있고, 성인이 되면 가정폭력이나 사회폭력 등 사랑하는 사람에게 상처를 주게 되는 대물림을 겪게 되기도 합니다.

그래서 폭력적인 아이의 배경에는 폭력적인 부모가 있었을 가능성이 매우 큽니다. 이상 열거한 내용이 다소 무겁고 침울하기까지 합니다. 그만큼 부모의 역할은 아이의 인생에 지대한 영향을 끼치게 된다는 것을 잊지 않아야 합니다.

사랑받아야 할 아이가 사랑받지 못하면 그 부모의 원수처럼 됩니다. 그러나, 어떤 문제를 가지고 있는 아이일지라도 부모의 진정한 사랑을 받게 되면 그 아이는 언제든 사랑받는 아이로 성장하고 변화될 수 있습니다.

그래서 사랑받는 아이만 1등 진로를 찾습니다.

06

사춘기 부모의 불안, 집착, 불신,
회의감 다스리기

사춘기 자녀가 짜증, 분노, 무기력, 우울감에 빠지기 쉽다면 마찬가지로 사춘기 자녀를 둔 부모는 불안, 집착, 불신, 회의감에 빠지기 쉽습니다.

부모는 자녀에 대해 더는 이해하기 어렵고 인내하기 힘든 한계상황이 왔을지라도 사춘기 자녀의 감정을 무시하지 않고 친절한 마음으로 말과 행동을 주의하는 태도가 사육이 아니라 양육이라고 말씀드렸습니다.

그런데, 문제는 아무리 이렇게 친절한 양육 태도를 보이고 아이들을 대해도 좀처럼 아이들은 부모에게 친절한 태도로 순종하지 않는다는 게 문제입니다.

이렇다 보니 부모들은 불안하게 되고 아이의 이런 부정적 태도에 집착하게 되어 불신과 회의감마저 들게 됩니다.

이런 상황이 지속되다 보면 자녀와의 갈등과 반목은 골이 깊어지게 되고 서로 고통 속에 살게 됩니다.

만약, 사춘기 자녀와 부모가 서로 갈등과 반목 가운데 고통을 받는다면 어느 쪽이 더 힘들어질까요?

네, 맞습니다. 부모입니다. 특히 엄마가 더 힘들어집니다.

만약, 아이들과의 갈등이 심해지면 아이들은 부모에게 함부로 대하고 말도 아무 말이나 막 하고 그야말로 동물적인 본능만 남는 경우를 볼 수 있습니다.

사춘기 부모의 스트레스가 심각한 수준입니다.

사춘기 아이의 엄마가 직장인 엄마일 경우에는 아이러니하게도 오히려 전업주부보다 조금 나아 보이기까지 합니다. 물론 더 힘든 예도 있지만, 상대적으로 아이 때문에 생긴 스트레스를 일을 통해서 성취감으로 달래는 엄마도 분명히 있습니다.

대체로 부모가 만족스러운 직업이 있을 때, 더 안정감 있게 사춘기를 보낼 수 있는 아이 유형도 있습니다. 지적탐구력이 높고 완벽주의형 부모라면 자기의 일을 통한 성취가 아이를 통한 성취감을 대신하지 않도록 하는 것이 더 부모 자녀 관계에서는 유익할 수 있습니다.

그런데, 그동안 부모와 자녀를 상담해오면서 이런 갈등과 마찰을 불러오고 부모가 상한 감정에 빠지기 쉬운 사춘기 부모의 4가지 양육 태도가 있다는 것을 알게 되었습니다.

먼저, 사춘기 부모가 불안, 집착, 불신, 회의감에 빠지는 두 가지이유와 자녀 문제 4가지를 살펴본 후, 상한 감정에 빠지기 쉬운 부모의 4가지 양육 태도에 관해 살펴보도록 하겠습니다.

사춘기 부모가 불안, 집착, 불신, 회의감에 빠지는 2가지 이유

사춘기 부모가 불안, 집착, 불신, 회의감에 빠지는 이유를 크게 두 가지로 살펴보겠습니다.

첫째는 외부요인으로 부정적인 상호관계로부터 상한 감정에 빠진다는 것입니다.

사춘기 자녀와의 관계는 물론이며, 배우자에게 받는 상처가 어떤 경우에는 사춘기 자녀에게 받는 상처보다 훨씬 더 클 때가 있습니다. 원 가족은 물론, 시댁이나 친정, 처가나 본가로부터도 부정적인 감정에 노출될 수 있습니다. 본의 아니게 관심이 간섭처럼 되고, 또 서로 비교가 될 수 있는 상황들이 생기다 보면 상처를 받을 수 있습니다. 즉, 가까우면 가까울수록 자주 만나게 되고 서로 심리적인 상호작용을 하게 되는데 이때 외부로부터 부정적인 감정에 노출되게 됩니다. 아이러니하게도 가장 가깝고 친밀하게 지내야 할 가족들로부터 가장 큰 상처를 받고 사는 게 우리의 삶이란 생각입니다.

두 번째는 내부적인 요인으로 부모 자신의 성격 기질로부터 부정적이고 상한 감정에 노출되기 쉬운 내적 원인이 있습니다.

모든 성격에는 장단점이 있습니다. 장점이라고 하여 다 좋은 것이 아니며 단점이라고 다 나쁜 것도 아닙니다. 예를 들어, 부모 성격 중에 책임감이 강하고 성실한 성격을 가진 사람이 있다고 하면 이것은 큰 장점입니다. 그런데 문제는 이와 반대로 성실하지 못한 자녀나 책임감이 상대적으로 부족한 자녀와 살아가게 되면 이런 부모 성격은 아이를 상대적으로 무척 힘들게 할 수 있는 단점이 되는 것입니다. 이처럼, 성격은 장점이자 단점이 될 수 있는데, 부모의 성격 중에 지지와 인정을 받고 자랐던 경험들이 절대적인 가치를 갖게 되면 오히려 그렇게 행동하지 못하는 아이를 심리적으로 죽일 수도 있는 무서운 무기가 될 수 있다는 것을 알아야 합니다.

부모가 되기 전에는 전혀 문제없이 잘 지냈던 내 성격과 기질들이 자녀 양육에서는 좀처럼 효과를 보지 못하게 되는 경우가 다반사입니다. 이렇다 보니 자녀가 피해의식과 열등감을 느끼게 되고 자녀의 타고난 성격 자체를 인정하기 싫어지고 장점을 살리거나 단점을 보완할 수 없게 됩니다.

"너는 도대체 누굴 닮아서 그러니?"

이럴 때가 사춘기 부모는 불안하게 되고, 집착, 불신, 회의감으로 빠지게 됩니다. 즉, 부모가 되기 전의 강한 책임감과 성실감이 부모가 되고 난 후, 내 자녀를 통해 자신에게 불안감으로 돌아오게 되는 것입니다.

이런 두 가지 이유뿐만 아니라 사춘기 자녀의 4가지 문제를 직면하게 되면 부모는 더욱더 힘든 상황으로 빠지게 됩니다.

사춘기 부모가 불안, 집착, 불신,
회의감에 빠지는 자녀 문제 4가지

사춘기 부모가 불안, 집착, 불신, 회의감에 빠지는 자녀 문제 4가지

① 게임, 스마트폰 중독 증세(인터넷 중독문제)
② 성적 고민, 대학입시 진로선택(대학입시 진학문제)
③ 부정적이고 반항적인 태도(바른 인성 문제)
④ 이성, 동성 친구와 그룹으로 다니며 가출, 외박, 늦은 귀가 문제(가정이탈 문제)

이와 같은 4가지 사춘기 자녀의 문제가 사춘기 부모를 더 극심한 부정적 상한 감정을 갖게 하는 원인입니다.

첫째, 게임, 스마트폰 중독은 가장 큰 갈등 원인이 되었습니다.

게임이나 스마트폰 사용을 처음부터 하지 못하도록 하는 것이 바람직하다고 말씀드렸습니다. 사주고 후회하고 고통스러워하는 것보다 원망을 좀 듣더라도 처음부터 게임과 스마트폰 사용을 하지 못하도록 하는 것이 중요합니다. 그런데 이미 스마트폰을 사용한다는 것이 문제입니다. 물론, 사용시간을 잘 준수하는 때도 있습니다. 그러나 아이들은 학업을 병행하지만, 규칙준수와 약속이행이 어려운 주의단계가 있습니다. 초등학교 저학년 정도 시기인데 부모의 말이 아직 권위가 있는 시기로 아이들은 부모 앞에서는 혼이 날까 두려워 규칙을 지키려 하지만 부모가 외출하거나 허술한 틈을 타 조금씩 몰입해 가는 시기입니다.

그리고 주의단계를 지나 경고단계는 학업을 태만하게 하고 부모,

자녀 관계까지 힘들어지는 단계입니다. 부모가 제재하건 말건 과도하게 몰입하는 단계입니다. 이때가 PC방을 학교 다니듯 다니게 되는 시기입니다. 마지막으로 심각단계로 접어들면 학업을 포기하거나 등교를 거부하는 단계까지 이르게 되는데 이때는 전문치료를 받아야 하는 안타까운 단계입니다.

이렇게 게임, 스마트폰 중독 증세가 심화되면 사춘기 아이로부터 부모는 불안, 집착, 불신, 회의감에 쉽게 빠지게 됩니다.

둘째, 성적 고민입니다. 대학입시와 진학문제입니다.

중학교 1학년, 2학년 때까지만 해도 어느 정도 성적이 나왔는데 중3이 되면서 갑자기 성적이 내려가거나 고등학교에 진학하면서는 열심히 해도 성적이 좀처럼 올라가지 않는 문제입니다. 중3 이상부터는 대학입시 준비로 모든 학생이 열심히 하려는 자세다 보니 성적경쟁이 무서울 정도로 치열합니다. 그래서 성적 고민에 빠진 아이들을 보면 부모들 역시 상한 감정에 빠지기 쉽습니다.

셋째, 부정적이고 반항적인 태도입니다.

공부를 등한시하고 게임과 스마트폰에만 몰두하는 아이들은 대체로 부정적이고 반항적인 태도를 보입니다. 결국에는 공부를 안 시키고 스마트폰 사용을 규제하지 않게 되더라도 아이는 순종적이거나 온순한 태도를 보이지 않으며, 아이와의 관계 회복을 위해 학업에 대한 기대를 접고 허용적인 태도를 보이더라도 짜증을 내고 반항적인 태도가 잡히지 않게 되며 불평불만이 늘게 됩니다.

이처럼 부정적이고 반항적이며 바르지 못한 인성을 대할 때, 부모는 상한 감정에 빠지게 됩니다.

넷째, 이성, 동성 친구와 그룹으로 몰려다니는 친구 따라 강남 가는 식의 가출, 외박, 늦은 귀가와 같은 가정이탈 문제입니다.

위의 세 가지 문제는 가정 내의 문제라고 한다면 이제 급기야 가정의 울타리를 넘어 가정이탈을 시작하게 됩니다. 신변 안전문제뿐만 아니라 각종 범죄에 노출되는 심각한 위험 상황에 부딪히게 됩니다. 청소년 일탈의 시작은 부모에 대한 불만과 가정불화로 인한 심리적, 경제적 결손이 원인이 됩니다.

이처럼 부모 대신 친구나 또래 집단으로 떠난 사춘기 아이를 보게 되면 부모는 심각한 부정적이고 상한 감정에 빠지게 됩니다.

더군다나 위의 4가지 원인이 동시다발적으로 일어나게 되면 부모는 감당하기 힘든 상황이 되며 하루하루 사춘기 자녀와 함께 생활한다는 것이 고통스럽기까지 합니다.

이제, 좀 더 구체적으로 사춘기 부모의 양육 태도가 아이들보다 부모 자신을 더 지치고 힘들게 만들어 부정적 상한 감정에 어떻게 빠지게 되는 대표적인 양육 태도 4가지에 관해 구체적으로 살펴보도록 하겠습니다.

사춘기 부모가 불안, 집착, 불신, 회의감에 빠지는 4가지 양육 태도

① 자신감이 부족한 과잉보호 양육 태도
② 융통성이 부족한 완벽주의 양육 태도
③ 친밀성이 부족한 성취지향 양육 태도
④ 공감력이 부족한 권위주의 양육 태도

위의 사춘기 부모가 불안, 집착, 불신, 회의감에 빠지는 4가지 양육 태도는 이미, 사춘기 학교 가기 싫고, 공부하기 싫은 부모의 양육 태도 4가지에서 다룬 바가 있습니다. 위와 같은 자녀 양육 태도는 부모나 자녀 모두에게 부정적 영향만 끼치고 상한 감정만 갖게 한다는 것을 알 수 있습니다.

자신감이 부족한 과잉보호 양육 태도가 부모를 부정적 감정에 빠지게 한다

첫 번째, 자신감이 부족한 과잉보호 양육 태도가 부모를 불안, 집착, 불신, 회의감에 빠지게 합니다.

아이의 요구에 일방적 또는 미리 들어주는 과잉보호 및 허용적 양육 태도를 말합니다. 간섭이나 훈육보다는 수용이나 허용적인 태도를 가지며 현대사회처럼 외아들·외동딸이 많은 경우 나타나는 부모의 양육 태도입니다. 자칫 아이가 자기만 아는 극단적인 이기주의 성향에 노출될 가능성이 있고 인성이 문제 될 수 있는 양육 태도입니다.

이런 양육 태도는 아이의 요구나 필요한 것에 대하여 부모가 거절이나 보류를 하게 되면 아이가 상처를 받지는 않을까 하는 염려와 불안감을 느끼게 됩니다. 부모가 아이를 사랑하지 않는다고 오해할까 봐 또는 부모를 거부할까 봐 절대 혼을 내지 않는 양육 태도입니다. 어떤 경우에는 오히려 아이의 눈치를 보는 경우가 많으며 아이가 떼쓰는 것을 두려워하는 경우도 생깁니다.

이런 양육 태도를 가진 부모는 자신의 성격 기질상 소심하거나 우유부단한 성향으로 불안감에 노출되거나 불안을 느끼는 상황을 회피하고 싶은 유형으로 모든 일에 자신감을 가지기 힘들고 시나치게 안정 지향적인 성향으로 자녀 양육에 대한 자신감이 상대적으로 부족한 경우입니다.

특히, 불행한 부부관계에서 유발된 배우자에 대한 실망, 자녀에 대한 죄책감에 따른 과잉보상, 자녀마저 잃을지도 모른다는 불안감이 커져 허용적인 태도와 과잉보호를 넘어 자녀에게 올인하는 특징을 보입니다.

또한, 원 부모로부터 안정감 있는 양육을 받지 못한 상처로 인해 내 자녀에게는 충분한 안정감과 필요 이상의 보호를 취하기 위해서 과잉보호를 하게 되는데 이런 양육 태도는 부모나 자녀 모두 불안감과 자신감 없는 마음을 더 고착시키게 됩니다.

과잉 보호적 양육 태도의 문제는 최선을 다하는 것이 아니라 자신의 좌절된 욕구를 아이에게서 충족시키려는 대리만족 면이 강할 때 발생하는데 기대에 못 미치거나 부족하다고 느낄 때 부모는 아이에 대한 배신감과 회의감마저 들게 되기도 합니다.

이기적인 부모의 내면을 과잉 희생하는 부모로 보이게 되며 이런 태도는 아이에게 많은 부담과 족쇄가 되기도 합니다.

이처럼 과잉보호 양육 태도로 자란 아이들은 부모 의존성향이 상대적으로 크게 되며, 자율성을 기르지 못해 자립심과 독립심이 부족하게 됩니다.

부모는 자신의 양육 태도가 과잉보호라거나 허용적인 양육 태도라고 느끼지 못한 상태에서 사춘기가 심하게 되면 그제야 후회를 하게 됩니다.

그런데, 자녀에게는 한없이 허용적이고 자상하게 보이려고 하는데 반해, 주변 사람에게는 따지듯 까칠하게 대할 때가 많다는 특징이 있습니다. 누구도 부모보다 아이를 보호하지 않는다는 불안감이 경계심과 까칠함으로 나타나며 단체생활에서 아이가 왕따를 당할 수 있다는 불안감과 두려움을 갖고 있습니다. 그러나 사실은 이런 과잉보호 양육 태도로 자란 아이들은 왕따나 은따가 아니라 공주병, 왕자병인 아이들이 의외로 많이 있습니다.

과잉보호로 양육된 아이는 자기 편향적이고 이기적이기 쉽습니다. 이런 아이는 부모의 지나친 애정과 관심에 오히려 만족을 느끼지 못하고 일정한 도를 넘어 부모를 자신에게 복종시키고 종이나 하인처럼 여기고 살게 됩니다. 그것을 사춘기가 되어서야 부모는 깨닫고 역시 후회하게 됩니다.

사춘기가 되어서 자기 스스로 해야 할 일을 하지 않고 누군가가 자신의 욕구를 즉각적으로 만족시켜 주리라고 기대하게 되는데 곧이어 욕구불만으로 가득 차게 됩니다. 아이가 고학년으로 갈수록 그룹 활동을 통한 그룹 과제와 같은 팀워크 프로그램을 자주 하게 되는데 이때 부모 의존성이 크고 자신감이 부족한 아이들은 모임에 참여하기 싫어하거나 참여하더라도 양보와 타협하는 사회성에 문제를 드러내게 됩니다. 자신의 의견을 분명하게 표현하기 어려울 뿐만 아니라 이런 상황 자체를 불편해하고 회피하게 되며 심하게는 학교에서 받는 스트레스를 부모에게 풀어내는 아이들도 있습니다. 자신의 문제를 스스로 해결하는 적절한 방법을 알지 못하고 친구에 대한 배려심이 모자라 사회성에도 문제가 나타납니다.

이런 아이가 심리 정서적으로 안정감을 얻지 못하고 짜증과 분노를 자주 표출하게 되면 부모의 자신감이 부족한 과잉 보호적 양육 태도가 사춘기 자녀를 거쳐 부모 자신을 상한 감정으로 빠뜨리는 공격수단이 되는 것입니다.

융통성이 부족한 완벽주의 양육 태도가
부모를 부정적 감정에 빠지게 한다

두 번째, 융통성이 부족한 완벽주의 양육 태도가 부모를 불안, 집착, 불신, 회의감에 빠지게 합니다.

완벽하다는 좋은 의미입니다. 그러나 융통성이 없고 경직된 완벽주의는 문제라는 뜻입니다. 지나친 완벽주의가 문제입니다. 지나친 완벽주의 부모를 가장 잘 나타내는 말은 '해야 할 일은 무슨 일이 있어도 어떤 경우에도 해야 한다.'라는 것입니다. 해야 할 일은 해야 합니다. 그러나 무슨 일이든 어떤 경우든 한다는 것은 너무 강압적인 양육 태도입니다. 또, 한 가지는 '바르고 똑바로 살아야 한다는 것'입니다. 어떻게 보면 가장 바람직한 양육 태도라고 할 수 있지만, 문제는 융통성이 전혀 없다는 것이 문제입니다. 성공과 성취에 대한 기대가 높아서라기보다는 모든 것을 완벽하게 함으로써 자신에게 돌아올지도 모르는 비난이나 비판을 면하려는 심리적 방어기제가 완벽주의로 살아가게 합니다. 그러나 자신도 완벽하지 않은 게 항상 문제라고 생각하게 됩니다.

이처럼 융통성 없는 완벽주의형 부모에게 아이가 불만이나 불평을 토로하려고 하면 부모는 아이의 의견을 변명과 합리화로 여겨 억누르거나 아이 감정을 인정하려 하지 않습니다. 아이는 자신의 감정과 마음을 이야기하려다가 야단만 맞다 보니 차츰차츰 완벽주의형 부모에게 자신의 마음을 닫고 말을 하지 않으려 합니다.

그래서 완벽주의형 부모의 아이들은 부모를 무엇무엇을 시키는 사람, 그리고 그 일을 했는지 안 했는지 감시하는 '감시자'라고 생각합니다. 아이들은 완벽주의형 부모를 시키는 사람, 감시하는 사람으로만 여기다 보니 부모라기보다는 선생님처럼 가르치고 훈육만 하는 '피곤한 사람'이라고 여기고 살게 됩니다.

완벽주의형 부모는 아이를 옳고 그름이라는 두 가지 판단 기준으로 평가를 하며 ○표와 ✕표만 있고, □, △, ☆표는 없습니다.

아이들은 책임감과 의무감은 강하지만, 친밀감 있고 따뜻한 상호작용은 기대하기 어렵게 되고 다양성과 융통성은 부족하게 됩니다.

완벽주의형 부모는 늘 긴장감과 불안감 속에서 살아갑니다. 이유는 자신의 무지와 실수로 자녀를 망칠까 하는 두려움 때문입니다. 그래서 긴장과 불안감 속에 마음 놓고 아이와 한 번 편하게 쉬지도 못하고 놀지도 못합니다. 자녀 양육에 여유를 갖기 어렵습니다. 아이들도 역시 마찬가지로 그 영향으로 늘 긴장하고 불안해합니다.

이런 양육 태도로 성장한 사춘기 아이들은 친구 관계에서도 좋은 친구, 나쁜 친구로만 사람을 구별하게 되고, 다양성과 융통성을 찾기 어렵게 되므로 사회성에도 문제를 보입니다.

하고 싶은 일보다는 해야 할 일을 언제나 강조하며, 할 것 다 하고 놀라는 주의이므로 아이들은 항상 부담이라는 것을 가지고 살아갑니다. 그리고 조건을 앞세워 아이에게 동기부여를 하는 것을 선호하는데, 이번 시험에 100점 맞으면 네가 원하는 것을 해준다는 식으로 조건부 부모가 되며 아이들에게 과정보다 결과에 치우친 사고를 주입하는 결과를 가져오게도 됩니다.

진정한 자존감 형성이란 부모로부터 시작되어 자녀에게서 넘겨줘야 하는데 완벽주의 성향의 부모들은 타인과의 비교를 원칙적인 기준으로 삼고 절대평가보다는 상대평가에 의미를 두는 평가 방식을 가지고 있습니다.

이런 완벽주의 양육 태도는 초등학교 저학년까지는 큰 효과를 보는 것 같으나 아이가 사춘기로 접어들면서 점점 갈등과 반목 현상이 나타나며 자녀의 거센 반발과 반항을 겪게 됩니다. 이렇게 철저하고, 원칙대로, 예외를 싫어하며, 바른 원칙과 규칙을 잘 지키는 아이로 양육하기를 원하는 완벽주의형 부모들은 아이가 정리정돈을 못 하거나 시간약속을 못 치키고 솔선수범하지 않는 자녀를 보게 되면 불안, 집착, 불신, 회의감마저 느끼게 됩니다. 그리고 자녀를 거짓말쟁이나 위선자로도 보게 됩니다.

완벽주의형 부모의 원칙, 규칙의 틀은 아이가 사춘기가 되면서 벽에 부딪히게 됩니다. 사춘기 자녀에게 필요한 융통성을 발휘하지 못하면 부모는 상한 감정으로부터 회복될 수 없다는 것을 알아야 합니다. 왜냐하면, 융통성 없는 원칙과 규칙의 틀에 갇혀 있던 아이가 사춘기가 되면 더는 그 틀에 갇히기 싫어하고 완벽주의형 부모에게 반항하고 대항하기 때문입니다. 부모가 가지고 있던 완벽주의 틀이 아이를 통해 다시 부모를 역으로 공격하게 되는 것입니다.

사춘기 아이에게는 논리적으로 설득하거나 이해시킨다는 것이 얼마나 어려운지를 경험을 통해 알게 될 것입니다. 그래서 완벽주의형 부모들은 자녀를 칭찬하는 법을 배워야 하며 무엇보다 자녀를 응원한다는 것이 무엇인지, 어떤 방법들이 있는지를 항상 심사숙고해야 아이로부터 반항과 반발을 받지 않게 됩니다.

친밀감이 부족한 성취지향 양육 태도가
부모를 부정적 감정에 빠지게 한다

세 번째, 친밀감이 부족한 성취지향 양육 태도가 부모를 불안, 집착, 불신, 회의감에 빠지게 합니다.

친밀감이 부족한 성취지향형의 부모들은 싱격 기질적으로 사신을 신뢰하며 자신의 재능과 능력을 계발할 줄 아는 부모 유형입니다. 모든 일에 자신감을 가지고 성공을 향한 열정을 불태우는 유형입니다. 부모가 자수성가형의 성공 경험이 있을수록 자녀에게도 확신에 찬 모습을 자주 보여주며 성공에 대한 강한 신념을 심어주려 합니다. 그리고 끊임없는 경쟁심 유발을 부추기기도 합니다.

경쟁심이 곧 에너지가 되어 열정으로 나타나는 유능해 보이는 부모 유형입니다.

이런 이유로 아이에게 실패에 대한 두려움을 상대적으로 갖게 할 수 있습니다. 또한, 일 중독 증세를 보일 때가 있으며 개인적인 정서 교류나 친밀감 있는 관계를 불편해합니다. 왜냐하면, 개인적인 친밀관계보다 자신의 이득을 고려한 성과 관계를 많이 따지는 인간관계를 형성하고 무능한 사람을 싫어하게 됩니다.

이처럼 지나친 성공 목표나 성취 욕구는 자칫 아이를 과도한 경쟁심을 유발해서 불안과 초조함으로 안정감을 상실하게 할 수 있습니다.

친밀감이 부족한 성취지향형 부모는 성과와 보상, 성공에 대한 기준이 매우 중요합니다. 그래서 무슨 일을 시작하기 전, 효율적인 방법이 중요하고 능력을 발휘하는 게 중요합니다. 따라서 결과 지향적 동기부여를 선호하며 목표지향적 활동과 노력을 빈틈없이 하게 됩니다. 만약, 실행능력이 떨어진다고 판단하면 독촉과 강요를 하게 되며 성취욕을 강하게 자극합니다.

이에 따라 리더나 최고 역할을 할 수 있는 상황을 선호하고 요구하게 되므로 아이가 아주 힘들어합니다. 어려서부터 영어, 수학, 논술에 이르기까지 조기교육을 시키며 특히 영재교육에 높은 관심을 두고 있습니다.

자녀 성공 욕심이 강하고 경쟁에서 이겨야 한다는 신념이 강하다 보니 성공을 강요하게 됩니다. 대체로 이런 성공, 성취지향형의 부모들이 자신의 성공 사례를 아이들에게 강요하게 되는데 아이들은 불안과 조급함에 놓여 불안정한 모습을 보이게 됩니다.

사춘기 이전까지는 성취지향형의 부모 밑에서 나름 작은 성공과 성취를 얻게 되기도 하지만 특히, 특목고, 과학고, 영재고 등 고교 입시에서 실패할 경우 큰 상처를 입게 되고 부모의 지나친 성취지향 양육 태도에 반기를 들게 됩니다.

아동기 때, 부모의 계획과 요구에 순종하는 모습을 보여왔던 아이가 사춘기에 들면서 한 번도 보이지 않던 불순종과 거역하는 모습에 많이 당황하게 되며 계획에 차질이 있게 되므로 부모들은 회의감이 들기도 하지만 끝끝내 포기하지 못하고 미련을 갖습니다.

성취형 부모는 아이에 대한 기대를 놓게 되면 아이를 포기했다고 생각할 수 있으며 아이의 미래가 불투명하거나 불행하게 된다고 오해를 하게 됩니다. 그래서 아이의 마음과 감정을 알고는 있지만 끝까지 부모의 기대대로 실천하기를 포기하지 않으므로 아이는 부모에 대한 마음을 접게 되는 안타까운 일도 있습니다.

아이의 현재 상태보다 미래에 대한 기대와 가능성을 소망하는 것은 부모로서 정당하고 바른 양육 태도일 수 있으나, 부모의 기대를 아이에게 성취하고자 하는 욕망은 아이와의 단절을 불러오며 부모는 아이가 스스로 자기의 미래를 망치고 기회를 놓쳤다고 실망하게 됩니다. 또한, 지인들 앞에서도 아이에 대하여 부끄럽게 생각하여 변명과 회피를 하게 됩니다.

공감력이 부족한 권위주의 양육 태도가
부모를 부정적 감정에 빠지게 한다

네 번째, 공감력이 부족한 독선과 독단적인 권위주의 양육 태도가 부모를 불안, 집착, 불신, 회의감에 빠지게 합니다.

공감력이 부족한 독선과 독단적인 권위주의적 성향의 부모는 무슨 일이든 본인이 직접 장악하고 통솔해야 마음이 편안해지는 유형으로 문제 해결과 설득에 탁월한 능력을 발휘합니다. 어떤 경우에도 포기하기 싫어하며 아이들을 가르치고 이끄는 데 열정을 갖고 있습니다. 이런 능력과 열정은 아이들이나 배우자의 말을 자주 끊으며, 끝까지 듣기를 어려워합니다. 끝까지 듣지 않아도 다 알고 있다는 식의 독선과 독단이 아이들을 외롭고 불안하게 만듭니다. 아이가 선택을 주저하거나 헤매는 모습을 보이기라도 하면 무척 답답해하고 선택을 강요하게 됩니다. 이런 유형 부모의 지나친 간섭과 강요는 아이들을 상한 감정에 노출하게 됩니다.

부모가 다 알고 있고 내 말 대로만 하면 된다는 식의 일방적인 독선과 독단적인 권위주의적 양육 태도는 아이를 불안하게 하고 긴장하게 하며 아동기 때는 순종적인 모습으로 행동하는 것처럼 보이나 사춘기가 되면 아이들은 부모의 말에 거역하거나 반항하는 때도 생깁니다. 심한 경우 가출하게 되는 사례도 있습니다.

아이가 무엇이 중요한지 우선순위를 모르거나 답답한 자기관리를 보면 화가 나고 심하면 분노하며 폭언과 폭력을 사용하는 때도 있습니다. 평상시 자상하기까지 했던 모습을 보이던 권위주의 양육 태도는 '공든 탑을 무너트리는 분노'로 가족 전체에게 심한 두려움과 공포심을 갖게 만들기도 합니다.

이처럼 분노하는 부모의 특징 가운데 한 가지는 상대적 약자에게만 분노한다는 것입니다. 자기보다 힘이 세거나 강해 보이는 상대에게는 함부로 분노를 표출하지 않고 약한 배우자나 자녀에게만 드러내게 되는 어찌 보면 비겁하기까지 한 행동입니다.

독선, 독단적인 권위주의 부모는 스스로가 남을 잘 믿지 않고 강하고 자신감이 넘치며, 자기주장이 센 편입니다. 자녀와의 대화 시

직선적이며 장악력과 통제력을 가지고 대화하며 단호하고 엄격한 의지를 보입니다. 가족관계에서 서열문화가 중요하고 부모에게 대드는 아이는 절대 용서를 못 하고 분노합니다. 자녀의 말을 끝까지 듣지 않고 섣부르게 판단합니다. 아이를 함부로 대하거나 아이의 감정에 공감을 못 하는 경향이며, 아이나 배우자가 거의 죽을 지경이 되어서야 비로소 약간 알아차리게 됩니다. 그러나 이미 이때는 너무 늦게 되며 배우자나 자녀가 나이가 더 들게 된다면 이런 유형의 부모는 심한 외로움과 고독이라는 대가를 지불해야 하는 경우가 생기기도 합니다. 만약, 이런 유형의 과도한 권위주의적 성향을 가지고 있는 부모가 있다면 너무 늦지 않게 치유하기를 권면 드립니다.

아이가 도전하지 않고 무기력한 모습을 보이거나 답답하게 빈둥거리는 모습을 보일 때, 또는 대들거나 반항하는 태도를 보일 때, 용서하기 힘들며 힘으로라도 장악하고 통제하려고 하다 보니 아이와의 사이가 멀어집니다. 부모 자녀 관계가 남남처럼 되어버립니다. 심할 경우 원수처럼 변하기까지 합니다.

공감 능력이 부족한 권위주의 양육 태도는 일방적으로 안 되는 것도 하게 만드는 문제 해결 능력을 강조하게 되며 무능력한 자녀를 못마땅하게 생각합니다.

이런 양육 태도는 자녀가 인정받지 못하는 부모가 되며 무섭거나 부모 마음대로 하는 독재적인 모습으로 각인되다 보니 아이들에게 존경과 인정을 받지 못하고 외로운 부모로 남게 됩니다.

부모의 장점이 자녀의 장점이 될 수 없고,
부모의 단점을 자녀가 대리만족시킬 수 없다

부모의 양육 태도는 부모의 타고난 성격과 깊은 관계가 있으며 이런 부모의 성격은 부모 자신의 자존심을 지키는 방어기제이자 공격수단으로 사용합니다.

왜냐하면, 부모의 타고난 본성과 자녀의 본성은 다른 성향으로 태어남에도 서로 다른 기준과 태도를 인정하기 어렵기 때문입니다. 그리고 이런 성향으로부터 나오는 기준과 가치관으로 부모 자신도 성장해 왔고 아이들 역시 부모 성향에 따라 부모 기준에 맞춘 삶으로 성장시키기 위한 양육 태도를 보여 왔습니다.

이렇게 서로 다른 성향의 부모와 자녀가 만났음에도 부모의 성향과 기준으로 양육하게 되면 필연적으로 부모 자녀 갈등과 대립을 피할 수 없게 되는데, 이때 자녀로부터 자존심을 상하게 되면 부모는 자신을 지키는 방어기제이자 자녀를 공격하는 수단으로 양육 태도를 보이게 됩니다.

이런 이유로, 부모의 장점이 자녀의 장점이 될 수 없다는 것을 알아야 합니다. 오히려, 부모의 장점이 자녀를 공격하는 무기가 된다는 사실을 알아야 합니다. 부모의 장점이 자녀를 공격함은 물론이고 그 자녀를 거쳐 부모를 다시 공격하고 있다는 것을 알아야 합니다.

부모의 단점은 자녀의 단점이 될 수 있습니다.

부모의 단점은 자녀에게 보완시키고 고쳐 보려 해도 단점이 될 수 있습니다.

부모의 장점이든 단점이든 자녀에게 해가 된다는 사실을 알아야 합니다.

부모는 먼저 부모의 장단점이 어떻게 자녀를 거쳐 다시 부모를 공격하고 상한 감정에 빠뜨리는지 알아야 합니다.

이것은 자녀를 통해 해결할 수도 없고 대리만족도 할 수 없습니다.

부모의 내면에 있는 자신감 부족, 유통성 부족, 친밀감 부족, 공감력 부족이 아이를 짜증, 분노, 무기력, 우울감에 빠지게 했고, 역시 마찬가지로 이런 아이와의 관계에서 부모는 불안, 집착, 불신, 회의감에 빠지게 된 것입니다.

이제, 좋은 부모의 시작은 자기 성격이 어떻게 배우자나 자녀를 곤경에 빠뜨리는지 알아야 하고 이 점을 인정하는 것으로부터 시작됩니다.

그리고 좋은 부모는 부모 자신이 먼저 치유받고 회복하는 것이 제일 중요한 과제라는 것도 인정하고 노력해야 합니다.

직장생활은 만남과 헤어짐의 연속입니다. 직장생활하면서 이직률이 높은 이유는 연봉이나 진급과 관련된 문제보다도 직장상사, 동료, 부하직원, 그리고 고객과의 갈등이 주된 원인입니다. 즉, 인간관계의 피로도 때문입니다. 만남을 통해 기쁨과 평안을 얻기도 하며 상처와 고통을 받기도 합니다.

만약, 상처와 고통을 받게 된다면 피하고 싶고, 빨리 헤어지고 싶은 마음이 듭니다.

이에 반하여, 가족은 만남과 헤어짐이 연속이 아닌 매일매일 새로운 만남을 이어 가야 할 운명공동체입니다.

상처와 고통을 받는다고 헤어지거나 이별할 수 없는 관계입니다.

더군다나 부모와 자식 관계라면 이것은 어떤 경우에도 변하지 않습니다.

따라서, 부모와 자녀의 운명적인 만남은 매일매일 기쁨과 평안을 얻을 수 있도록 하루하루 새롭게 가꾸어 가야 합니다. 삶을 살다 보면 기쁘고 평안할 날도 있고 상처받고 고통스러워할 수 있습니다. 그러나 매일매일 상처와 고통의 연속이라면 더군다나 서로를 미워하고 다투기만 한다면 잘못된 만남이라고 운명을 탓할 수만은 없습니다.

어떤 부모는 100점은 안 돼도 50점은 될 것으로 생각하는 부모도 있습니다. 그러나 이것은 착각입니다. 위의 4가지 부정적인 양육 태도를 보이지 않는다고 해서 50점은 될 것으로 생각할 수 있지만, 아이와의 친밀감 있는 관계는 사랑하고 존경받는 100점이 안되면 0점이나 오히려 마이너스일 수 있다고 생각해야 합니다. 사랑을 받아야 할 권리가 있는 자녀가 사랑받지 못하면 아이는 무관심하거나 부모를 원망하게 됩니다. 무관심한 것은 0점이며, 싫어하고 원망하고 회피하는 것은 마이너스 점수입니다.

만약, 이렇게 고충과 고통을 겪고 있는 부모가 있다면 반드시 알아야 합니다.

내가 내 자녀를 사랑하지 못했다는 것입니다.

부모에게 자녀를 사랑할 능력이 없다는 것입니다.

인생이란 '사람'이 '사랑'이 되는 것이라고 합니다. 'ㅁ'이 'ㅇ'으로 바뀌는 것입니다. 자기만 옳다고 생각하는 네모난 의로움이 동그랗게 다듬어지는 여정이 인생이라고 합니다.

삶이란 'Live'가 'Love'가 되는 것이라고 합니다. 'i'가 'o'로 바뀌는 것이 삶이라고 합니다.

'ㅁ'과 'i'라는 나만 알던 존재가 'ㅇ'과 'o'라는 우리로 변해 가는 것이 인생과 삶의 목적이며 그 목적은 사랑입니다.

그렇다면 부모가 자녀를 사랑해야 한다고 할 때, 사랑이란 무엇일까요?

사랑은 '온유'와 '겸손'으로 표현할 수 있습니다.

온유란 온화하고 따뜻함이라고 할 수 있는데 부드럽고 너그러운 마음으로도 말할 수 있습니다.

겸손이란 남을 존중해 주고 자기를 드러내지 않는 것이라는 사전적인 의미가 있습니다. 조금 깊은 의미로는 비난과 비판을 받아주는 마음이라는 표현도 내포되어 있습니다.

온유와 겸손으로 자녀를 대한다는 것은 불가능한 일일 수 있습니다.

부모를 비난하는 자녀를 받아준다는 것도 불가능한 일일 수 있습니다.

그래서 어쩌면 자녀를 사랑한다는 것은 불가능한 일일 수 있습니다.

부모 자녀 관계가 원만하고 평안할 때는 사랑하고 좋아한다고 할 수 있습니다. 그러나 부모 양육 태도와 자녀의 성격과 태도가 서로 한계상황으로 부딪치고 갈등하게 될 때, 특히 아이로부터 부모가 비난을 받게 될 때 그것을 받아들이고 아이를 사랑하는 마음을 갖는다는 것은 이해하기 어렵고 못 할 것 같습니다.

그래서 자녀를 사랑하려는 마음은 힘이 많이 듭니다.

그리고 애통한 마음으로 많은 눈물을 흘릴 수밖에 없습니다.

자녀를 사랑한다는 것은 나를 사랑하는 것입니다.

자녀를 사랑하기 위해 눈물 흘리며 애통해 보지 못한 부모라면 어쩌면 자녀를 사랑한다는 것이 불가능할 수도 있습니다.

그래서 마른 눈으로는 아이의 마음이 보이지 않습니다.

마른 눈으로는 아이의 영혼이 보이지 않습니다.

눈물 고인 눈으로 봐야 아이의 마음이 보입니다.

눈물 고인 눈으로 봐야 아이의 영혼이 보입니다.

그동안 상담을 해오면서 '이 가정은 회복이 곧 되겠구나!', 또는 '이 가정은 어렵겠다'라는 생각이 들 때가 있습니다. 상담 과정에서 부모의 눈에 눈물이 고이고 흘러내리는 가정을 만나면 '아~ 이 가정은 회복이 되겠구나!'라는 생각을 하게 됩니다. 이와 반대로 상담을 진행하면 할수록 부모가 점점 더 긴장하고 경직되어 가며 어떤 경우에는 전투력마저 보이는 부모를 보면 '이 가정은 좀 더 시간이 걸리겠구나'라는 생각이 들 때가 있습니다.

지금 불안, 집착, 불신, 회의감으로 고통스럽고 외로운 부모가 있다면 다시 자녀 사랑을 시작할 때입니다. 사랑은 눈물로 시작됩니다. 부모의 눈에 눈물이 고이고 흐를 때, 아이는 치유되고 회복되기 시작합니다. 부모의 사랑을 전해주고 싶은데 아이가 잘 받아들이지 못해서 안타깝고 애통한 마음에서 나오는 눈물은 아이의 마음과 영혼을 씻기고 치유히게 될 것입니다. 지금의 눈물은 반드시 사랑이라는 열매로 맺어지고 익어갈 것입니다.

사랑받는 아이가 '1등 진로'를 찾습니다.

사랑하는 마음이 들면 1등 진로를 찾지 않아도 그 아이가 사랑스러워 보입니다.

사랑스러워진 아이는 반드시 1등 진로를 찾게 됩니다.

아이는 그 일을 사랑하게 되고, 그 일을 통해 만나는 사람을 사랑하게 되고, 사랑받게 되는 사랑스러운 존재로 성장하게 됩니다.

07

사춘기 '1등 진로'를 찾는
부모의 4가지 태도

사춘기 자녀를 둔 부모는 고민이 많습니다. 자녀교육과 진로선택 뿐만 아니라 대인갈등, 안정되지 못한 생활 태도 등 다양한 문제가 있습니다. 특히, 게임과 스마트폰 중독은 말로 표현하기 어려울 정도로 심각한 상태입니다. 고민이 고민에서 끝나는 게 아니라, 삶의 전반적인 의욕과 동기마저 상실하게 만들기도 합니다.

여러 가지 원인과 해법을 찾고자 하지만 사춘기 자녀를 둔 부모의 고민은 과거나 현재, 앞으로 미래에 이르기까지 단순한 청소년 문제가 아님을 누구나 잘 알고 있습니다.

어떤 면에서는 정답이 없는 고민과 문제 앞에서 사춘기 부모는 어떻게든 자녀의 '1등 진로'를 찾기 위한 노력은 계속해서 진행되고 있으며 하루빨리 안정된 생활습관과 학업 열정을 되찾게 되길 간절히 원하고 기다리고 있습니다.

이렇게 풀어내기 어렵고 다양한 문제를 전 장에서 사춘기 부모가 불안, 집착, 불신, 회의감에 빠지는 자녀 문제 4가지 유형으로 나누어 살펴본 바가 있습니다.

이런 여러 가지 고민을 한 번에 해결할 수 있는 단순한 해법이 있었으면 참 좋겠다는 생각을 오랫동안 해왔습니다. 사춘기 자녀를 둔 부모들의 고민은 선생님도 전문가도 쉽게 해결할 수 없고 오직 부모만이 자녀와 소통하며 극복할 수 있다는 결론에 이르게 되었습니다.

자녀의 심각한 사춘기 갈등은 부모의 상실감, 불안감, 자존심의 상처로끼지 이어집니다. 이처럼 사춘기 자녀들은 뜻하지 않게 문제행동을 드러내게 되며 가끔은 일탈과 탈선으로 이어지는 때도 있습니다.

어떤 경우에는 부모가 문제행동에 대해 잘 알고 있을 때도 있으나, 이와 반대로 전문가의 눈에는 보이고 부모의 눈에는 보이지 않는 그런 문제도 있습니다. 그리고 부모가 걱정하는 여러 가지 문제는 크게 두 가지 양상으로 살펴볼 수 있는데 부모들이 특히 가슴 아파하고 힘들어하는 경우입니다.

첫째는 아이들이 어느 날부터 짜증, 분노, 무기력, 우울감으로 이어지는 '지나친 공격적 성향'과 '우울 증상'으로 바뀌는 현상입니다.

둘째는 아이들이 부모의 의견이나 권유를 무시하고 자기 생각과 자기 뜻대로만 하려고 하는 본성에만 충실하고 부모를 전혀 배려하지 않는 '일방적 성향'으로 바뀌는 것입니다.

즉, 부모의 기대와 바람과는 거리가 먼 다른 아이처럼 되어버리는 것입니다. 이런 경우 부모들은 아주 힘든 경험을 하게 되고 심한 고충까지 겪게 됩니다.

전자는 약간 공격적 성향이 강한 감정조절이 안 되는 태도이며, 후

자는 왕자병, 공주병 같은 자기애성이 너무 강해 부모의 입장을 전혀 배려하지 못하는 자기만 아는 일방적인 태도입니다. 이 두 가지 경우는 어떤 사춘기 아이든 모두 경험할 수 있으며 때로는 한 가지 상황이 계속되기도 하며 복합적으로 반복해서 나타나기도 합니다.

이처럼, 아이가 공격적 성향이 강하고 감정조절에 어려움을 겪게 되면 아이는 주변의 가족들과는 전혀 상관없이 자기 본성대로만 하려고 하고 자기 뜻대로 되지 않으면 투정과 짜증, 심지어는 협박까지 하는 아이들이 있는데, 이를 지켜보는 부모는 자녀의 심각한 사춘기 부작용으로 불안, 집착, 불신, 회의감에 빠지며 특히, 부모도 자존심에 심각한 상처를 입고 우울감마저 들게 됩니다.

이렇게 한번 틀어진 부모 자녀 관계는 지속해서 악순환되며 나날이 심한 고통과 고충을 겪으며 다툼, 분리, 단절로 이어지기도 합니다.

이런 현상의 본질적인 원인은 지금까지 언급했듯이 사춘기 특성과 아이의 성격 기질 성향, 부모의 양육 태도와 사춘기 우울증, 이렇게 4가지 원인으로 정리해서 살펴봤습니다. 자녀가 사춘기가 되기 전부터 부모는 자녀를 양육할 때 권위라는 '다스림'과 애정이라는 '보살핌'으로 사랑의 양육을 해야 했는데, 아이를 너무 독선과 독단적으로 일방적으로 양육했다거나 이와 반대로, 너무 애정만으로 모든 것을 허용 또는 수용으로만 관계를 유지하다 보면 아이는 자칫 이런 두 가지 유형의 어려움에 빠지게 되며, 아이 스스로는 다시 돌아오기 힘든 미로를 헤매게 됩니다. 아이와 마찬가지로 부모 역시 미로와 같은 길을 찾아 헤매게 되며 부모 자녀의 본격적인 갈등과 대립이 고조됩니다.

부정적 태도를 가진 사춘기 부모의 10가지 특징

이렇게 부모와 자녀가 함께 미로에 빠지게 되는 부모의 부정적 태도를 10가지로 정리해서 살펴보겠습니다.

부정적 태도를 가진 사춘기 부모의 10가지 특징

① 자녀의 표정이 어둡듯이 부모의 표정 또한 매우 어둡다.
　(얼굴에 걱정이 가득하고, 자녀와의 관계가 매우 불편하다)
② 자녀가 왜 그렇게 변했는지 말과 행동을 전혀 이해하지 못한다.
③ 배우자나 자녀의 말을 자주 끊고, 일방적으로 자신의 말만 계속하며 따지거나 공격적인 말투로 반복해서 말한다.
　("그게 아니고", "그건 네 생각이지", "내가 그러게 뭐라고 했어", "가만있어" 등)
④ 자기 생각과 판단만이 옳다고 우기며, 자신이 경험해봐서 알고, 아이는 뭘 몰라서 그렇다고 한다.
⑤ 알코올중독, 운동중독, 쇼핑중독, 게임 스마트폰 중독, 기복적인 종교중독 증세를 가지고 있다.
⑥ 자녀가 성적표를 부모에게 보여주지 않듯이, 부모 또한 자녀에게 성적표를 요구하지 않는다.
⑦ 자신도 행복하지 않다고 생각하며, 배우자나 자녀를 행복하게 할 생각을 못 한다.
⑧ 배우자나 자녀를 원망하거나 핑계를 댄다.
⑨ "사랑해요", "고마워요" 라는 말을 언제 했는지 기억을 못 한다.
⑩ 배우자나 자녀의 장점, 강점, 관심 사항을 잘 모르고 자신은 최선을 다했다고 변명만 한다.

이처럼 부정적 태도를 보인 부모들의 특징은 자녀에게만 국한된 것이 아니라 상대 배우자에게도 공통으로 나타난다는 사실입니다.

자녀들의 문제행동의 원인을 알게 되고 부모가 자녀를 돕기 위해 여러 가지 해법과 솔루션을 찾아 상담과 교육을 받게 되는데 쉽게 그 효과를 보지 못하는 경우가 많습니다.

왜냐하면, 부모 자녀 관계 회복은 해법이나 솔루션의 문제라기보다는 부모의 마음가짐 즉, 태도를 먼저 바꿔야 하는 것이기 때문입니다. 대화법이라든가 해법은 부모의 마음가짐이 먼저 바뀌고 난다음 자녀들이 그 부모의 마음이 진심인지를 알게 된 후에야 효과를 볼 수 있습니다. 분리되고 단절된 아이의 마음은 사랑으로 따뜻한 부모의 마음으로만 다시 풀어지게 되고 되돌릴 수 있습니다.

만약, 배우자와의 관계가 친밀하지 않다면 자녀를 대하는 태도를 바꾸기 전에 배우자를 대하는 태도를 먼저 바꿔야 합니다. 만약, 그렇지 않으면 자녀가 좋아졌다 하더라도 원래대로 다시 돌아갈 것입니다. 왜냐하면, 그 회복이 지속되려면 부모가 서로 존중하고 배려하는 친밀하고 안정된 관계가 자녀에게 인정되어야 아이는 그 안정된 분위기 가운데 지속적으로 긍정적 태도를 유지할 수 있기 때문입니다. 불안하고 불편한 분위기에서는 긍정적 태도를 유지한다는 것은 불가능한 일입니다.

부모의 부정적 태도는 자녀뿐 아니라 가족 전체를 불안하고 불행하게 하는 원인이 됩니다.

그렇다면, 왜 부모들은 부정적 태도를 보이게 됐을까요?

아이가 먼저 부정적으로 변했기 때문일까요?

물론, 그럴 수 있습니다.

초등학교 저학년 때까지만 해도 온순한 양처럼 부모의 말에 순종하고 자기 할 일을 알아서 하는 것처럼 보였으니까요. 그러다 어느 날, 사춘기라는 것이 부모도 자녀도 모르게 시작되면서 아이는 예전의 순종하던 모습에서 거역하고 반항하는 불순종으로 변했기 때문일 것입니다.

그러나, 더 근본적인 원인이 있습니다.

부모 자신도 예전에 사춘기라는 것을 분명 겪어보았으나 시대가 변하고 문화가 바뀌다 보니 부모의 사춘기 때와는 전혀 다른 양상의 자녀 사춘기를 만나게 되었습니다. 특히, 아무 준비나 교육도 받지 못하고 자녀가 본성에 충실해서 사춘기를 겪고 있듯이 부모 또한, 본성에 충실해서 사춘기를 지켜봐야 하기에 본성과 본성의 대립과 충돌은 반드시 갈등이라는 고통과 고충을 생산할 수밖에 없게 됩니다.

다시 말해, 부모 자녀 간의 사춘기의 부작용은 자녀 본성과 부모 본성 간의 충돌과 대립이라고 생각할 수 있습니다.

전혀 조율되지 않은 본성과 본성은 꼭 부모와 자녀만의 문제는 아닙니다.

모든 인간관계에서 반드시 조율되어야 충돌과 대립이 대화와 소통으로 성장할 수 있게 됩니다.

그렇다면, 부모의 본성이 아닌 조율된 부모의 태도는 무엇인지 생각해 보겠습니다. 자녀로부터 존경받는 부모들에게만 있는 태도는 우선, 솔루션이나 대화법보다 이전에 몸가짐 마음가짐의 상태입니다.

사람의 말은 그 사람의 마음속 안에 있는 것이 밖으로 드러나게 됩니다.

태도를 바꾸지 않고 해법이나 솔루션을 찾는 것은 마음속 안은 그대로 두고, 말만 바꿀 수 있다고 생각하는 것이므로 진정한 변화나 효과를 볼 수 없으며, 안정되고 일관된 태도를 보일 수 없게 됩니다.

이제, 자녀의 사춘기를 극복하고 '1등 진로'를 찾는 부모의 4가지 태도에 관해 알아보겠습니다.

부모는 자녀의 팬이 되어야 한다

첫째, 부모는 자녀의 '팬'이라는 태도를 갖는 것입니다.

아미, 블링크, 위대한 탄생, 영웅시대 이런 명칭은 모두 스타의 팬카페 이름입니다. 이름만 들어도 알 만한 유명 스타의 팬클럽입니다. 저도 딸아이가 좋아하는 가수의 팬클럽인 '소울트리'에 회원으로 가입한 적이 있습니다. 딸아이가 어찌나 좋아하던지 살짝 질투가 날 정도였습니다. 스타에게만 팬클럽이 있는 것은 아닙니다.

운동선수, 연예인, 작가, 정치가 등 그렇게 유명하지 않더라도 모든 분야의 전문가 또는 어떤 이유에서든 응원하고 싶은 사람이 있다면, 그 사람을 응원하기 위한 팬이 됩니다.

팬이란 응원하는 사람이 기대하는 만큼 결과와 실력이 나오길 바라고 마치 자기 자신과 응원하는 사람을 동일시하게 됩니다. 특히, 사춘기 아이들이 자신이 좋아하는 연예인을 통해 자신의 욕구를 대리만족하는 경우가 그런 예입니다. 그러나, 반드시 기대하는 만큼의 결과가 나오지 않더라도 끝까지 우정을 지키겠다는 소신 있는 팬들도 있습니다. 그래서 최고의 전성기가 아니라 슬럼프에 빠지게 되든, 활동을 전혀 하지 않는 휴면기나 침체기라도 팬이라는 신분을 잊지 않고 끝까지 기다리는 열정적인 팬들도 있습니다.

이처럼, 부모는 자녀의 열정적인 팬이 되는 것입니다. 자녀를 운동선수로 말한다면 코치나 감독이 하는 일처럼 가르치는 자리가 아닙니다. 열심히 응원하는 응원 대장의 자리가 부모의 자리입니다. 성적이 좋지 않다고, 잘못한다고, 실망했다고, 질책하거나 비방하지 않습니다. 자녀를 열심히 응원하는 부모라면 응원석의 자기 자리를 뜨지 않고 비가 오나 눈이 오나 바람이 불어도 내가 응원하는 자녀와 함께 자리를 지키는 것입니다. 언제나 승리만 할 수 없습니다. 오히려 진짜 응원이 필요할 때는 승리할 때가 아니라 패배할 때입니다. 자기 뜻대로 되지 않아 실망하고 괴로워하는 아이를 곁에서 지켜봐 주고 기다려 주는 자녀의 팬이 된다면 언제든 다시 경기에 나갈 수 있고 승리도 할 수 있습니다. 승리의 기쁨을 나누는 것도 행복하지만 패배의 안타까움을 나누는 것 역시 행복한 일입니다. 그것이 사랑입니다.

자녀를 열심히 응원하는 부모 팬을 가진 아이는 사춘기의 심각한 부작용을 경험하게 되더라도 때가 되면 다시 회복하고 일어나게 되며 다시 도전하게 됩니다.

"그동안 기다려 준 팬들이 있어서 이렇게 다시 재기할 수 있었습니다."라고 말하는 수많은 스타가 고백하듯이 우리 자녀 또한 반드시 이전보다 더 성숙한 자녀로 성장할 수 있습니다. 그래서 팬이 된다는 것은 응원하는 사람을 언제까지나 기다려 주고 함께 하겠다는 믿음을 가진 사람이어야 합니다. 자신을 믿고 기다려 준 부모가 곁에 있는 한 어떤 슬럼프도 어떤 실패도 반드시 극복할 수 있습니다. 그것이 팬이 주는 힘입니다. 팬이 없는 선수는 이미 존재할 이유가 사라진 것처럼 팬이 없는 자녀도 이미 열심히 살아야 할 이유가 사라진 것입니다. 부모가 자녀의 팬이 되어 준다면, 자녀는 팬이라는 부모가 있어서 열심히 그리고 포기하지 않고 다시 시작할 수 있습니다. 그래서 자녀는 '1등 진로'를 찾을 수 있게 됩니다.

부모는 자녀의 후원자가 되어야 한다

둘째, 부모는 자녀의 '후원자'라는 태도를 갖는 것입니다.

부모의 자리는 구단주의 자리가 아닙니다. 선수를 가르치는 코치나 감독이 아니듯이 실력이 없다고, 실적이 안 좋다고, 인기가 없다고 가려내서 방출하거나 내다 팔아치우는 장사꾼이 아닙니다.

후원자란 선수의 실력과 실적에 상관없이 선수가 선수로써 최선을 다할 수 있도록 묵묵히 지원만 하는 자리입니다. 그래서 후원자는 긍휼한 마음을 가지고 있어야 합니다. 후원하는 선수가 실력과 실적이 부족할수록 더 도와주고 기다려 줍니다. 왜냐하면, 후원자는 그 사람의 결과를 보고 판단하는 구단주가 아니라, 그 사람 자체를 후원하는 봉사자이기 때문입니다. 봉사자는 어떤 대가를 목적으로 행하는 사람이 아닙니다. 봉사는 후원 자체로 끝나는 것입니다. 그래서 봉사는 아름다운 일입니다. 그리고, 봉사는 사람을 살리고 좋은 영향력을 다른 사람에게 전하는 또 다른 아름다운 일이 됩니다.

구단주는 구단의 이익을 위하여 선수를 내다 팔아버려도 후원자는 결코 선수를 포기하지 않습니다. 아이가 사춘기라는 슬럼프를 겪으며 기대하는 실력과 실적이 나오지 않아도 부모라는 후원자는 아이를 포기하지 않습니다. 부모는 구단주가 아니라 후원자입니다.

사춘기는 반드시 지나갑니다. 오늘도 지나가고 있습니다. 그렇게 길지 않습니다. 사춘기 기간은 자칫 부모가 구단주처럼 행동할 수 있는 시기입니다. 자녀를 내 소유로 착각하게 되면 부모는 후원자가 아니라 구단주가 되고 맙니다. 그래서 아이들은 부모의 판단에 상처를 입고 자기 자신에게 실망하게 됩니다. 때때로 부모가 아이를 방출하고 싶고, 바꾸고 싶어 한다는 마음을 자녀에게 들키지 않기를 바랍니다. 물론, 진심은 아닙니다. 그러나 그런 감정이 잠깐이라도 들게 된다면 아이는 진심이 아닌 부모의 마음을 오해하게 됩니다. 그리고 그 오해를 자신의 핑곗거리로 삼아 부모가 사랑하지 않는다고 믿게 됩니다. 그래서 아이들과의 거리가 멀어지게 되고 심하면 단절과 분리까지 되게 됩니다. 부모는 자녀의 후원자입니다. 후원자는 결과에 따라 판단하거나 행동하지 않습니다. 부모가 구단주가 되지 않더라도 세상은 이미 모두 구단주가 되어있습니다. 그래서 선택받지 못한 선수들은 낙심과 좌절로 실패자처럼 살게 됩니다. 어느 때보다도 자녀가 사춘기라면 후원자의 마음을 가져야 할 때입니다. 부모가 자녀의 후원자가 된다면 자녀는 후원자라는 부모가 있어서 열심히 그리고 포기하지 않고 다시 시작할 수 있습니다. 그래서 자녀는 '1등 진로'를 찾을 수 있게 됩니다.

부모는 자녀의 변호인이 되어야 한다

셋째, 부모는 자녀의 '변호인'이라는 태도를 갖는 것입니다.

부모의 자리는 잘못된 죄를 지적하고 형을 구형하는 검사의 자리가 아닙니다. 또한, 잘못의 경중을 따져 심판을 내리는 판사의 자리도 아닙니다. 존경받는 부모의 자리는 변호인식입니다. 아이가 어떤 잘못을 저질렀어도 다 용서하라는 뜻이 아니고 죄인 취급하라는 것도 아님을 알 것입니다. 잘못을 시정시키고 성장시키려는 의도입니다.

부모는 자녀의 잘못을 그대로 모르는 척 그냥 넘어가거나 시간이 흐르면 나아질 것이라는 섣부른 기대를 하는 것은 바람직하지 않습니다. 그렇다고, 고양이 앞에 쥐처럼 너무 코너에 몰아세운다거나 꼬치꼬치 따지면서 아이의 자존심을 상하게 하거나 반발심만 더하게 한다면 부작용만 생기게 마련입니다. 이렇게 자녀의 실수와 잘못이 생긴다면 부모는 자칫 법정의 검사처럼 심문하거나 판사처럼 판정을 내리려고 합니다. 부모가 검사나 판사의 입장이 되어서 판정을 하는 순간 아이는 죄인이 되고 맙니다. 그래서 죄인 취급을 당하는 죄인의 신분이 되고 맙니다. 죄인처럼 자존심에 상처를 입게 되면 아이는 더는 부모를 자기편으로 인식하기 힘들어집니다. 자신의 편이 아니라고 생각하는 아이들은 대체로 부모가 싫어하는 일을 부모의 눈을 피해 자신의 욕구를 채우게 되는데, 이때가 부정적인 행동과 태도를 갖게 되는 결정적인 시기입니다.

그렇다고, 무조건 자녀의 편만 들어주는 변호인이 되라는 뜻은 아닙니다. 우선, 제대로 된 변호인은 법을 제대로 알려줍니다. 지켜야 할 규칙을 잘 이해시키고 설명해 줍니다. 자녀가 잘 듣고 이해하고 실행할 수 있도록 상세히 설명해 줍니다. 그런 다음, 그 규칙과 약속을 이행하지 못하면 자녀의 관점에서 왜 그렇게 못했는지 충분히 변명이든 변론이든 들어주는 태도가 필요합니다. 이때가 아이는 부모가 내 편이구나 마음을 놓고 자신의 잘못과 실수까지 서슴없이 이야기하게 되는 순간입니다. 부모가 마음으로 이해하고 힘들어하는 아이의 감정까지 공감해 주는 것이 아이를 변화시킬 수 있는 용서입니다. 이것이 진정한 아이의 인권과 인성을 지키는 길입니다. 잘못과 실수를 정답으로 가르쳐서 고치는 게 아니라 스스로 해답을 찾아내고 해결할 수 있도록 자녀의 관점에서 자녀의 마음을 읽어주는 변호인의 역할을 한다면 이런 아이는 세상이라는 심판대에 서지 않게 될 것입니다.

그래서 자녀를 위한 진정한 변호는 잘못에 대한 지적과 판결을 내리는 검사나 판사가 되는 것이 아니라, 잘못을 스스로 인정하고 반성과 개선을 통해 스스로 해결책을 찾아낼 수 있는 변호인이 되어 주는 것입니다.

검사나 판사처럼 그 즉시로 정답을 이야기한다면 자녀는 삐지게 됩니다. 자존심에 상처를 받습니다. 그러나, 자녀의 입장을 헤아려주고 들어주고 변호해 주면 아이는 스스로 개선하고 성장하게 됩니다. 변호인 같은 부모를 둔 자녀는 언제나 그 부모에게 자신의 잘못과 실수를 이야기하는 것을 두려워하지 않게 됩니다. 실수를 두려워하지 않는 자녀는 변호인이라는 부모가 있어서 열심히 그리고 포기하지 않고 다시 시작할 수 있습니다. 그래서 자녀는 '1등 진로'를 찾을 수 있게 됩니다.

부모는 자녀의 청지기가 되어야 한다

넷째, 부모는 자녀를 손님으로 대하는 '청지기'라는 태도를 갖는 것입니다.

자녀는 내 가족입니다. 그러나 언젠가는 손님처럼 떠나보내야 할 가족입니다. 그래서 자녀는 손님 같은 가족입니다. 손님에게는 늘 친절해야 합니다. 따라서, 자녀에게도 늘 친절해야 합니다. 부모는 자녀의 주인이 아니라, 청지기입니다.

자녀에게 친절한 부모는 자녀에게 존경을 받습니다. 존경받는 부모의 말은 자녀를 살리는 말이며 보약 같은 말입니다. 혹여나 잘못된 길을 걷게 되더라도 언제나 회복시킬 수 있고 되돌릴 수 있습니다.

자녀가 부모 곁을 떠나게 되는 시간은 그렇게 많이 남지 않습니다. 자녀가 사춘기라면 불과 얼마 남지 않게 됩니다. 자녀가 결혼하게 되든 부모 곁을 떠나 자립하고 독립할 때, 자녀는 "그동안 대접 잘 받고 갑니다." 하고 인사를 하게 될 것입니다. 그리고 자녀들은 분명 이렇게 말할 것입니다. "엄마가 내 엄마라 너무 행복했어요! 정말 감사해요.", "아빠가 내 아빠라 너무 행복했어요! 정말 감사해요"라고 말입니다.

부모는 자녀의 주인이 아닙니다.

부모는 자녀의 청지기입니다.

사랑해야 할 자녀를 사랑하지 않으면 그 자녀는 원수가 됩니다.

부모가 자녀의 주인이 되면 아이는 종이 되는 게 아니라, 원수가 됩니다. 그래서 부모 자녀 모두 불행하게 됩니다. 부모는 사랑해야 할 자녀를 손님처럼 친절하게 대해야 합니다.

부모가 자녀를 사랑하기 위해서는 잠시 잠깐 맡아서 돌봐주고 보호해주는 청지기라는 태도를 잊지 않아야 합니다.

자녀를 소유물이 아닌 손님처럼 대한다면 자녀는 청지기라는 부모가 있어서 열심히 그리고 포기하지 않고 다시 시작할 수 있습니다. 그래서 자녀는 '1등 진로'를 찾을 수 있게 됩니다.

부모는 코치나 감독이 아닙니다. 팬입니다.

부모는 구단주가 아닙니다. 후원자입니다.

부모는 검사나 판사가 아닙니다. 변호인입니다.

부모는 주인이 아닙니다. 청지기입니다.

부모가 자녀의 팬이 되고, 후원자가 되고, 변호인이 되고, 청지기라는 4가지 태도를 가질 때, 사춘기 자녀는 '1등 진로'를 찾게 됩니다.

사랑의 반대는 무엇일까요?

증오, 무관심, 학대가 아닙니다.

사랑의 반대말은 자기'의'입니다.

즉, 부모가 자기 생각만 옳다고, 바르다고, 선하다고 생각하는 부모 마음이 자기'의'라고 합니다. 부모가 자기'의'에 빠져 자녀를 사랑하지 않는 것이 불행이며 가정이 지옥처럼 됩니다.

자녀를 진심으로 사랑하는 부모라면 자녀의 팬이 되고, 후원자가 되고, 변호인이 되고, 청지기가 되기 위해 부모가 자기 생각만 옳다라는 자기'의'를 버립니다.

사춘기 자녀의 '1등 진로'를 찾는 부모의 4가지 태도를 갖게 되길 바랍니다.

4장

꼴찌도 '1등' 할 수 있는 진로설계

자녀의 꿈과 직업을 선택하기 전
알아야 할 3가지

자녀의 꿈과 장래희망을 몰라서 걱정하는 부모가 많이 있습니다. 아이가 좋아하는 일도, 잘하는 일도 잘 모르겠다고 말합니다.

어떤 부모는 아이가 하고 싶은 일을 하게 할 생각이라며 자녀에게 부담을 주지 않겠다는 부모도 있습니다. 또, 아이 자신도 꿈이 없다고 걱정하며 동기부여가 안 돼 공부하기가 어렵다고 하소연하기도 합니다.

'정말 꿈은 우리에게 꼭 필요한 것일까요?'

'꿈이 분명하면 성공할 수 있을까요?'

사춘기 자녀의 진로선택에 관한 10가지 고민 가운데 자녀의 꿈과 목표가 분명해야 성공할 수 있다? 라는 장에서 살펴본 내용을 좀 더 구체적으로 알아보겠습니다.

먼저, 꿈의 정의와 직업의 정의를 살펴보겠습니다.

꿈은 이상목표이고, 직업은 현실목표다

꿈은 개인의 이상이나 가치를 실현하는 일입니다. 이것을 이상목표라고 할 수 있습니다. 직업은 개인이나 가족의 생계를 위해 지속해서 돈을 버는 일입니다. 이것을 현실목표라고 할 수 있습니다.

꿈은 인생 전체를 살아가며 다양한 여러 가지 경험을 통해 어떤 일이 이상적이며 가치가 있는 일인지를 발견하고, 삶을 살아야 하는 목적을 깨닫게 되는 한 개인 삶의 궁극적인 목적입니다. 그래서 꿈꾸는 인생을 아름답다고 말하기도 하고 가치 있는 삶이라고 말합니다.

직업은 하루하루 삶을 지속해서 살아갈 수 있는 생계수단이며 일을 통해 성취감과 만족감을 누릴 수 있는 자아실현과 더 나가 가족과 이웃을 도와주고 섬길 수 있는 지극히 현실적이고 필수적인 수단입니다.

직업은 현실목표로써 반드시 필요한 일입니다. 그래서 직업선택이 중요한 이유입니다. 그러나 상대적으로 꿈은 현실에 바탕을 두고 있지만 이상목표로써 언젠가 만나게 되는 궁극적인 삶의 목적을 발견하는 일이기에, 현실목표를 열심히 이루며 살아가는 사람들에게 찾아오는 인생 선물이라고 할 수 있습니다.

공부하는 학생이 무엇인가 되고 싶고 하고 싶은 일이 있다면 이것은 왜 공부하는지 이유가 될 수 있으며 좋은 동기부여라 할 수 있습니다. 그리고 무엇이 되고 싶다거나 하고 싶은 일을 자신의 꿈이라고 말한다고 해도 부정할 수 없습니다. 이런 꿈을 가지고 하루하루를 정성을 다해 준비한다는 것은 바람직하며 모든 부모가 바라는 일일 것입니다. 그러나 꿈은 삶의 전반적인 목적과 관계가 되는 일이기에 상대적으로 세상을 많이 경험해 보지 못한 아이들이 꿈에 대하여 지나치게 몰입하거나 누구와 비교하여 비약적인 생각으로 낙심하거나 좌절하지 않도록 주의해야 하며 꿈의 크기가 성공의 크기가 아님을 잊지 않도록 해야 할 것입니다.

이렇게 꿈이 없다고 하거나 꿈을 갖기가 어렵다고 하는 것 또한 그렇게 문제가 될 것은 없습니다. 그 이유를 전 장에서도 설명했듯이 꿈과 목표가 성공을 보장한다거나 꿈과 목표는 언제든지 바뀔 가능성이 있기 때문입니다.

많은 사람은 그 꿈을 갖는 것이 곧, 성공의 첫걸음이자 제일 중요한 요소라 생각합니다. 꿈이 없다는 것은 아직 자신의 길을 찾지 못한 것이며 갈 길이 멀다고 생각합니다.

그러나 꿈은 이상목표를 찾는 것이기에 급한 문제라거나 사춘기 자녀들에게 반드시 있어야 할 필수 요소는 아닙니다.

만약에 꿈을 꼭 찾고 있어야 한다고 생각한다면 먼저 꿈은 부작용이 있다는 것을 알아야 합니다.

좋은 꿈은 부작용이 없다

꿈은 세 가지로 구별해서 정의해 볼 수 있습니다.

먼저, '드림'이라는 꿈입니다.

드림이라는 꿈은 잠을 잘 때 꾸는 꿈처럼 과대망상적이거나 허망한 꿈입니다. 자고 일어나면 물거품처럼 사라지는 비현실적인 꿈입니다. 이렇게 현실성 없는 꿈은 자녀에게 허망한 낭패감과 심리적 불안감을 초래할 수 있습니다.

남보다 더 큰 꿈을 가지고 있다고 자랑하려는 꿈은 허망한 꿈입니다. 허망한 꿈을 잡으려 하다가 실망감과 불안감으로 안정을 잃게 됩니다. 남들에게 비웃음을 살 수 있어 주의해야 합니다. 무엇보다 허망한 꿈은 시간을 낭비하게 되고, 몸과 마음에 큰 상처를 입게 됩니다.

대중에게 인기 있는 스타를 꿈꾸는 것은 자칫, 허망한 꿈이 될수 있습니다. 스타라는 사람들의 인기는 뜬구름과 물거품 같은 것이기 때문입니다. 그래서 스타를 꿈꾸는 아이들이 있다면 누구보다 현실목표인 직업에 관한 의식과 직업관에 대하여 가르쳐야 합니다. 그렇지 않으면 아이의 심신에 큰 상처를 입게 되고 시간을 낭비하게 되는 것을 너무 많은 아이를 통해 지켜봤습니다.

다음은 '야망'이라는 꿈입니다.

야망이라는 꿈은 욕망이라고 할 수 있습니다. 수단과 방법을 가리지 않고 성공해 보겠다는 욕망의 늪에 빠지는 것입니다.

잘못된 꿈은 개인이나 집단을 몰락시킵니다.

드림이나 야망과 같은 꿈은 정당한 노력이나 정의로운 방법을 통하지 않고, 어떻게든 그 자리에 올라갈 수만 있다면 남에게 해를 끼치는 일을 서슴지 않고 저지르게 됩니다. 그래서 오늘날 우리 사회는 성공한 사람들, 소위 꿈을 이룬 사람들의 몰락을 매일같이 확인하고 있습니다. 부정부패, 반인륜적 범죄, 사기, 직분을 이용한 강탈과 비리 등 이런 모든 부정한 일들 속에는 잘못된 꿈인 드림과 야망이 있다는 것을 알아야 합니다.

잘못된 꿈은 부모의 배경이나 조건을 탓합니다. 자신은 잘못이 없고 환경 탓만 합니다. 그러다 시작할 기회를 놓치고 시간만 낭비하게 됩니다. 이것은 잘못된 꿈이 오히려 좋은 기회를 빼어가는 꼴입니다. 안타깝지만 우리 주변에는 부모의 성공을 마치 자신의 성공처럼 착각하고 자기의 잘못된 꿈을 위해 부모의 노력과 헌신을 오히려 부끄럽게 만드는 자녀들도 있습니다. 부모의 부와 명예를 자신의 욕망을 위한 제물쯤으로 여기며 사는 은혜를 원수로 갚는 자녀가 있다는 것을 잊지 않아야 합니다.

이와 반대로, 좋은 꿈은 자기도 좋지만 남도 유익하게 합니다.

우리는 그런 꿈을 '비전'이라고 합니다. 좋은 꿈은 부작용이 없습니다.

비전이란 꿈은 정당하고 공정한 규칙을 지킵니다. 그리고 수고와 땀을 아끼지 않습니다. 설령, 실패한다 해도 다시 도전하는 원동력을 갖게 합니다.

이런 비전은 자기도 좋지만, 남에게도 유익을 줍니다.

가령, 의사라는 직업을 목표로 갖는 사람을 생각해 보겠습니다.

의사라는 직업은 갖게 되면 의사 선서를 하게 됩니다.

요약해 보면 다음과 같습니다.

'나는 인류에 봉사하는 데 내 일생을 바칠 것을 엄숙히 맹세한다.'라고 시작해서 '나는 환자를 위해 내 의무를 다하는 데 있어 어떤 차별도 하지 않으며 나는 위협을 받더라도 인간의 생명을 최대한 존중하며 인류를 위하여 의사로서의 모든 약속을 나의 명예를 걸고 내 의지로서 엄숙히 서약한다.'라고 되어있습니다. 타인의 생명을 내 목숨처럼 존중하고 살리는 인류에 봉사하는 꿈을 의사는 가지고 있습니다. 이것은 좋은 꿈입니다. 비전입니다.

그러나 이렇게 선서까지 한 의사도 직업인으로써 자기의 욕망을 채우는 잘못된 꿈으로 전락시키면 멀지 않아 그 의사라는 직업인은 몰락하고 맙니다. 환자를 존중하지 않고, 돈을 버는 수단으로만 여기게 되면 과거도 그랬고, 현재도 일어나고 있으며, 앞으로도 이런 꿈의 부작용은 많이 생길 것입니다.

따라서, 아직 꿈을 찾지 못했거나 꿈을 찾는 것이 어렵다면 더는 방황하지 말고 현실목표인 직업선택을 위해 잘 준비를 하는 것이 현명한 일이 될 것입니다.

좋은 꿈은 나에게 맞는 직업선택부터 시작된다

직업은 좋은 꿈으로 성장할 수도 있고, 잘못된 꿈으로 전락할 수도 있습니다.

앞서 말씀드렸듯이, 좋은 꿈을 갖는 것이란 자신에게 맞는 좋은 직업을 선택하는 것으로부터 시작된다는 것을 알 수 있습니다.

3M(천직)=Money(돈)+Meaning(의미)+Mission(사명)

좋은 직업선택이란 나와 가족을 위해 돈을 벌어야 하며,

좋은 직업선택이란 나의 삶의 의미를 찾는 자아실현의 과정이며,

좋은 직업선택이란 나와 타인의 모두를 위해 봉사할 수 있는 일입니다.

따라서, 꿈을 찾기에 앞서 좋은 직업을 선택하기 위한 준비와 노력을 해야 하며

좋은 꿈은 나에게 맞는 직업선택에서부터 시작됩니다.

우리 자녀들은 어떤 직업목표를 정했습니까?

만약, 정했다면 어떤 기준을 가지고 정했습니까?

어떤 아이들은 의사, 판사, 과학자라고 대답합니다. 요즘은 "유튜버"라고 말하는 아이들이 많이 있습니다. 또, 어떤 아이들은 "잘 모르겠어요", "자주 바뀌어요", "신경 안 써요" 이렇게 늘 헷갈리는지 모르겠다고 말합니다.

아이들이 이렇게 말하듯이, 좋은 직업선택은 하루아침에 할 수 있는 것이 아닙니다. 왜냐하면, 다음과 같은 진로교육 과정이 있기 때문입니다.

진로교육의 3단계

(1단계)**인성교육**+(2단계)**학업교육**+(3단계)**직업교육**

인성교육은 부모 자녀의 친밀감이 원동력이 되어 자아정체성, 사회성 교육을 통한 바른 인성과 태도를 갖도록 하는 것이 가장 중요한 진로교육의 핵심입니다. 학업 교육은 열정을 갖는 태도가 중요합니다. 적성의 발견과 계발, 다양한 경험을 통한 열정을 계발하는 것입니다. 이렇게 바른 인성과 열정을 갖춘 아이가 자신에게 맞는 직업을 찾아 내가 만족하기 위해서가 아니라, 남을 먼저 만족시킨다는 직업관을 가지고 진로를 선택하는 것입니다.

이렇듯, 좋은 직업을 선택한다는 것은 순차적이며, 동시적으로 인성, 학업, 직업교육을 받으며 준비하는 것입니다.

좋은 꿈은 나에게 맞는 직업선택부터 시작됩니다.

꿈은 이상목표이고, 직업은 현실목표입니다.

좋은 꿈은 부작용이 없으며, 나에게 맞는 직업선택부터 시작됩니다.

성공하는 자녀들에게만 있는
4가지 태도

미국 펜실베니아주 피츠버그에는 컴퓨터공학 분야 1위인 카네기멜런대학(CMU)이 있습니다. 이 대학에서는 졸업생 대상으로 성공 추적조사를 해 봤는데, 그 결과 성공하는 요인으로 전문지식기술과 태도라는 요인을 찾아냈습니다. 그런데 놀라운 것은 우리의 예상을 뛰어넘어 전문지식기술은 15% 요인에 불과했으며, 무려 태도 점수가 85%라는 결과를 발표했습니다.

성공 요인으로 전문지식기술보다 월등하게 태도라는 중요한 변수를 발표한 것입니다.

직업선택이란 어떤 분야의 전문지식기술을 습득할 것인가를 결정하는 일인데 이 조사결과에 따르면 성공하는 직업선택이란 좋은 태도를 먼저 습득해야 한다는 결론에 이르게 됩니다. 무척 중요한 정보입니다. '좋은 직업선택이란 좋은 태도를 먼저 배워야 한다.'라는 정의가 성립됩니다.

좋은 직업선택이란 좋은 태도를 먼저 배우는 것이다

그렇다면, 좋은 태도란 무엇일까요?

먼저 '태도'란 사전적 의미는 '어떤 일이나 상황을 대하는 입장과 자세'입니다. 어떤 일이나 상황에서 우리가 가질 수 있는 몸가짐과 마음가짐을 나타내는 말입니다.

태도는 크게 두 가지로 구분할 수 있습니다.

먼저 부정적 태도입니다.

부정적 태도란 이기적인, 개인적인, 무기력한, 모호한, 외면하는, 회피하는, 비관적인, 오해하는, 불성실한, 빈정거리는, 게으른, 나태한, 거만한 등의 말로 표현할 수 있습니다.

이에 반하여 긍정적 태도란 배려하는, 함께하는, 생기 있는, 또렷한, 자신감 있는, 참여하는, 이해하는, 성실한, 부지런한, 열심 있는, 겸손한 등과 같은 말로 표현할 수 있습니다.

결론적으로, 좋은 태도란 몸과 마음가짐을 매사에 긍정적 견해를 취한다는 것입니다.

이렇게 긍정적 견해를 취하는 아이들은 자존감과 사회성이 높아지게 되어있습니다.

그러나, 이와 반대로 자립심과 사회성이 떨어지는 부정적인 태도를 가진 아이들은 다음과 같은 10가지 특징을 가지고 있습니다.

부정적 태도를 가진 아이들의 10가지 특징

① 아이들의 표정이 대체로 '뚱'하고 어둡다.
   (불만과 짜증이 많다.)
② 부모와 대화가 거의 없다.
   ("예", "아니요" 단답형 또는 침묵한다.)
③ "몰라요"와 "생각 안 해 봤어요"라는 말을 많이 사용한다.
④ 대체로 스마트폰을 손에서 놓지 않는다.
⑤ 스스로 일어나기 어렵고 지각이나 약속 시간을 못 지킨다.
⑥ 상대방과 눈을 잘 안 마주친다.
⑦ 집중해서 이야기를 듣지 못한다.
⑧ 성적표를 부모님께 잘 보여주지 않는다.
⑨ 자신의 장점과 좋아하고 관심 있는 일을 잘 모른다.
⑩ 자주 혼자 있으려 하며 무슨 일이든 귀찮아한다.
   (가족 행사나 모임에 동참하기 싫어하며, 타인과 어울리지 못한다.)

위의 내용 이외에도 다양한 관찰 사례들이 있으나 대체로 위의 내용 중 많은 부분이 중복되어 해당하는 아이들이 많았습니다.

이처럼 자립심과 사회성이 떨어지는 아이들은 부정적 태도를 보이거나 점점 부정적 태도를 보이는 아이로 성장하게 됩니다.

그렇다면, 왜 아이들이 부정적 태도를 가지게 된 것일까요?

아이들이 초등, 중등, 고등교육을 받으며 인성교육보다는 국, 영, 수 학습기술에 치우쳐 배우다 보니 한 개인이 사회생활에 필요한 가장 기본이 되는 '자립심'과 '사회성'이 부족한 가정교육, 학교 교육을 받은 결과일 것입니다.

그래서 그동안 제가 만나는 학생들에게는 4가지 긍정적 태도를 반드시 길러야 한다고 교육해 왔습니다.

무엇보다도 교육사업으로 주관하는 '미국 교환학생 프로그램'에 참여하는 학생들에게는 미국에 가서 꼭 배우고 돌아와야 할 덕목으로 다음과 같은 태도 4가지를 강조하고 있습니다.

미 국무부 중고등교환학생 프로그램의 궁극적인 교육목표

'**인사**'만 잘해도 밥은 먹고 살고, '**대답**'을 잘하면 칭찬을 받고,
'**약속**'을 잘 지키면 내 편을 만들고, '**감사**'를 잘하면 기적을 경험한다.'

꼭, 외우고 실천하라고 당부하는 말입니다.

인사를 잘하는 아이, 대답을 잘하는 아이, 약속을 잘 지키는 아이, 그리고 감사를 잘할 수 있는 아이로 키울 수만 있다면 이 세상 어디에서 누구를 만나고 어떤 문제와 어려움에 직면하더라도 반드시 극복할 수 있는 '자신감'과 누구에게나 사랑받는 '사랑스러운 사람'으로 성장할 수 있다는 기대를 하고 있습니다.

이제, 성공하는 자녀들에게만 있는 4가지 태도에 대해 좀 더 구체적으로 살펴보겠습니다.

인사만 잘해도 밥은 먹고 산다

성공하는 자녀들에게만 있는 첫 번째 태도는 '인사만 잘해도 밥은 먹고 산다.'입니다. 인사를 잘하는 아이로 가르쳐야 합니다. 때와 장소에 맞는 인사는 사람의 마음을 열고 언제든지 누구에게나 환영을 받습니다. 그리고 그들은 먹을 것을 나누어 줄 것입니다. 그 사람에게 일할 기회를 줄 것입니다. 인사를 잘하는 좋은 사람과 함께 일하고 싶을 것입니다.

인사를 잘한다는 것은 말로만 하는 것이 아닙니다. 단순히 의례적인 인사만 한다는 것이 아닙니다. 인사에도 수준과 등급이 있습니다. 인사의 유례는 '나는 당신의 적이 아닙니다'라는 뜻과 '나는 당신을 공격할 의사가 없습니다'라는 뜻이 있다고 합니다. 또한 '나는 당신에게 마음을 열겠다'라는 뜻도 있습니다.

그래서 밝은 목소리로 상대의 눈을 쳐다보며 올바른 자세와 태도를 보이는 것이 인사입니다. 인사를 한자로 사람 인(人)자와 일 사(事)자로 사용합니다. 즉, '사람의 일'이라는 뜻입니다. 사람의 일 가운데 가장 중요한 일이 바로 인사라는 뜻으로 해석할 수 있습니다. 또, 인사는 한자로 사람인(人)과 섬길 사(仕)자로도 표현할 수 있습니다. 사람을 '섬기는 일'이 인사입니다. 인사를 잘한다는 것은 그만큼 사람의 일을 중요하게 여기는 일이며, 사람을 잘 섬기는 일입니다. 그래서 인사만 잘해도 밥은 먹고 살 수 있습니다. 왜냐하면, 인사를 잘하는 좋은 태도를 가졌기 때문입니다.

인사는 말로만 하는 것이 아니라 표정과 태도로 하는 것입니다. 상대방에게 좋은 인상을 받게 하는 것입니다. 좋은 인상은 최소 10년을 길러야 가질 수 있는 진짜 자기 얼굴입니다. 그래서 성형미인이 아닌 미소가 아름다운 사람이 진짜 미인입니다. 사랑스러운 자녀로 길러야 하는 이유가 이것입니다. 표정은 연기한다고 바꿀 수 있는 것이 아닙니다. 그래서 우리는 사람을 만나면 그 사람의 인상을 보고 그 사람을 알아가게 됩니다.

자녀에게 좋은 인상을 심어주려면, 인사를 가르치십시오.

자녀에게 좋은 기회를 얻게 하고, 스스로 자신을 책임지고 세상을 살아갈 수 있는 능력을 갖추게 하려면 인사를 가르쳐야 합니다.

상황과 때에 맞는 인사는 좋은 태도입니다. 아침부터 저녁 늦게 잠자리에 들 때까지 인사를 한다는 것은 좋은 인상을 심어주는 것입니다.

"좋은 아침입니다. 오늘도 즐거운 하루 보내세요"

"선생님, 가르쳐 주셔서 감사합니다."

"제가 해야 할 일은 없을까요?"

"뭘 도와드릴까요?"

좋은 인사는 좋은 인상을 줍니다.

좋은 인상은 성공하는 자녀들에게만 있는 좋은 태도입니다.

대답을 잘하면 칭찬을 받는다

성공하는 자녀들에게만 있는 두 번째 태도는 '대답을 잘하면 칭찬을 받는다'입니다. 대답을 잘하는 아이로 가르쳐야 합니다. 대답을 잘하면 칭찬을 받습니다. 자신감 있는 대답은 당당한 자녀로 자라게 할 것입니다. 하고 싶은 말을 못 하거나 억지로 참는 것은 타인을 두려워한다는 방증일 수 있습니다. 대답을 잘한다는 것은 내 생각만을 이야기하는 것이 아닌 타인의 생각과 감정까지도 읽어내는 능력을 갖추는 것입니다.

대답은 소극적 의미의 대답이 있습니다. 입으로만 내는 소리입니다. 상대의 부름이나 질문에 별생각 없이 겉으로만 대답하는 것입니다. 건성으로 하는 대답입니다. 진지하지 않고 성의 없이 대충 겉으로만 답하는 태도가 소극적인 의미의 대답입니다.

자신의 이름을 불렀을 때, "네, 어머니", "네, 선생님"하고 대답하는 아이가 있습니다. 자신의 마음을 열고 무슨 말이라도 듣겠다는 의지를 반영한 대답입니다. 그러나, 자신의 이름을 불러도 또, '왜 나를 부를까?' 귀찮아하거나 짜증을 내며, "왜요"라거나 아예 대답도 하지 않고 쳐다만 본다면 이런 대답은 소극적 의미의 대답입니다.

또한, 소극적 의미의 대답은 듣기는 들어도 마음은 닫혀 있는 상태입니다. 상대의 요청이나 요구를 행동으로 옮기지 않는 것입니다. 분명히 들었는데도 못 들은 척하거나 건성으로 들었기 때문에 주의력이 상실된 것입니다.

이렇게 소극적 의미로 대답하는 아이라면 부모 자녀 상호작용을 부정적으로 해온 아이라 볼 수 있습니다. 대화라기보다는 잔소리를 많이 듣거나 야단을 많이 맞았던 아이들이 마음으로 대답하지 못하기 때문입니다. 마음의 귀가 닫혀 버렸기 때문입니다. 아이가 부모에게 자신의 요구나 욕구를 이야기할 때 부모가 듣지 못했거나 들었더라도 무시해 버렸다면 아이들은 아에 대답을 히지 않으려 하거나 소극적 의미의 대답만 하게 됩니다.

또, 한 가지는 아이들이 어떤 질문이나 상황에 대처하여 자신의 의견을 대답해야 할 때, 독립적인 의사결정이 어렵고 두려워서 지나치게 방어적인 태도를 보이게 됩니다. 이때, 아이들은 소극적인 대답을 하게 됩니다. 부모가 아이를 너무 많이 간섭했다거나 어떤 결정이든 대신해 주는 것이 습관이 되었다면 아이들은 이런 상황에서 자신의 의견을 내야 할 때 멈칫하거나 심하면 당황하는 모습을 보이기도 합니다.

이와 반대로, 적극적 의미의 대답이 있습니다. 이것을 '화답'이라고 할 수 있습니다. 화답이란 상대와 서로 마음을 맞춰 사이좋은 상태가 되기 위해 하는 대답입니다.

아이의 대답이 밝고 긍정적이며, 열린 마음을 표현하는 대답입니다. 어떤 말이라도 수용하려는 적극적인 태도를 가진 대답입니다. 자존감이 높고 자기효능감이 높은 아이들에게서 나타나는 태도입니다.

이런 좋은 태도를 가진 아이들은 어려서부터 부모에게 거절당하기보다는 사랑받고 수용받고 이해받고 자란 아이들입니다.

또한, 아이에게 어떤 선택이든 자유로운 선택권을 먼저 주고 될 수 있으면 아이의 요구나 욕구를 먼저 채워주려고 했던 부모들의 역할이 있었던 아이입니다.

아이가 부모로부터 요구나 욕구를 먼저 수용받는다면 아이도 부모의 요구나 요청을 수용하게 될 것입니다.

처음부터 대답을 잘하는 아이는 없습니다.

부모가 아이를 그렇게 가르치는 것입니다.

대답을 잘하는 아이는 남으로부터 칭찬을 받습니다.

대답을 잘하는 것은 성공하는 자녀들에게만 있는 좋은 태도입니다.

약속을 잘 지키면 내 편을 만든다

성공하는 자녀들에게만 있는 세 번째 태도는 '약속을 잘 지키면 내 편을 만든다.'입니다. 약속을 잘 지키게 가르쳐야 합니다. 약속을 잘 지키는 자녀는 세상에서 적을 만나거나 만들 확률이 낮아집니다. 약속을 잘 지키는 사람은 남을 내 편으로 만들기 때문입니다.

남을 내 편으로 만들게 되면 생각지도 못했던 기회가 찾아옵니다. 기회는 항상 약속을 잘 지키고 신뢰할 수 있는 사람에게 찾아옵니다. 약속을 잘 지키는 아이는 남에게 신뢰를 받게 되고, 신뢰를 쌓은 아이는 언제나 좋은 기회를 만나게 됩니다. 약속을 잘 지킨다는 의미는 자기관리를 잘한다는 뜻입니다. 자기통제 능력이 있습니다. 또한, 약속을 잘 지키는 아이는 책임감이 강하고 신뢰감이 높은 아이입니다. 따라서, 이런 아이는 어떤 사람이든 내 편을 만들게 됩니다.

학생이라면 교우나 선생님을 내 편으로 만듭니다.

직장인이라면 동료나 상사, 고객을 내 편으로 만듭니다.

누구든지 내 편으로 만들 수 있는 사람은 이미 성공한 사람입니다.

약속을 잘 지키는 아이로 가르쳐야 할 이유입니다.

약속은 꼭 지켜야 할 기회입니다. 약속을 잘 지킨다는 것은 기회를 잡는다는 것입니다. 내 편으로 만들기 위한 기회입니다.

약속을 지키지 못하면 의심이 듭니다. 약속을 안 지킨다는 것은 내 편을 적으로 돌리는 행위입니다. 의심은 내 편이 아닌 적을 만듭니다.

약속을 잘 지키면 기분이 좋아집니다. 좋은 기분이 오래도록 기억됩니다. 그래서 약속을 잘 지키면 기분 좋은 친구 같은 내 편을 오래도록 기억하게 만듭니다.

약속을 잘 지키는 아이는 누구든지 내 편으로 만듭니다.

약속을 잘 지키는 것은 성공하는 자녀들에게만 있는 좋은 태도입니다.

감사를 잘하면 기적을 경험한다

성공하는 자녀들에게만 있는 네 번째 태도는 '감사를 잘하면 기적을 경험한다.'입니다. 감사를 잘하고 감사 표현을 빼먹지 않는 아이로 가르쳐야 합니다. 무엇이든지 먼저 감사하는 마음과 태도를 가르치십시오. 감사할 일이 찾아올 것입니다.

감사하는 아이는 세상이 감당할 수 없는 최고의 자녀로 자랄 것입니다.

감사하는 자녀로 키울 수 있다면 결코, 망하지 않을 것입니다.

우리 자녀들에게는 시간과 기회가 아직 남아있기에 '미래와 희망'이 있습니다. 미래와 희망은 감사하는 아이들에게 기적으로 다가올 것입니다.

무엇이 소중하고 변하지 않는 진짜 가치 있는 교육인지를 가르쳐주고 배우게 해야 합니다. 설령, 다른 아이들에 비해 학업기술이 좀 뒤처졌을지언정 진짜 성공이 무엇이고 왜 배워야 하는지를 늘 아이들 스스로 생각할 수 있게 해야 합니다.

그렇게만 할 수 있다면 아이들은 또한 국, 영, 수 학습기술도 왜 필요한지를 스스로 알게 되어 이전에는 부모들이나 선생님이 시켜야 했었다면 이제는 아이가 주도적으로 노력합니다. 그런 아이들에게는 언제나 새로운 기회가 올 것이며 반드시 성공할 수 있을 것입니다.

감사는 다음과 같은 일곱 가지 탁월한 효과가 있습니다.

첫째, 감사는 '자기치료' 효과가 있습니다. 어떤 약물치료나 처방보다도 감사하는 마음과 태도는 자기치료 효과가 있습니다.

둘째, 감사는 '관계를 회복'하는 효과가 있습니다. 풀리지 않던 사람과의 관계도 감사하는 마음과 태도는 관계를 회복하는 효과가 있습니다.

셋째, 감사는 무엇이든 '만족'하는 효과가 있습니다. 작은 것에도 감사하고, 작은 일에도 감사하는 마음과 태도는 무엇이든 만족하게 하는 효과가 있습니다.

넷째, 감사는 더 많은 '돈을 버는 효과'가 있습니다. 감사하는 사람은 그렇지 않은 사람보다 더 많은 연봉을 받습니다. 감사하는 사람에게 더 많은 돈을 주고 싶기 때문입니다. 감사하는 마음과 태도는 더 많은 돈을 버는 효과가 있습니다.

다섯째, 감사는 '불평과 불만을 없애는 효과'가 있습니다. 불평과 불만이 많은 사람은 모든 것에 감사하지 않는 사람이 대부분입니다. 감사하는 사람은 불평과 불만이 자라날 마음의 공간이 없습니다. 감사하는 마음과 태도는 불평과 불만을 없애는 효과가 있습니다.

여섯째, 감사는 '불안과 두려움을 몰아내는 효과'가 있습니다. 불안과 두려움은 자기가 원하는 것을 갖지 못할까 봐 또는 이미 가진 것을 잃을까 봐 생기는 마음의 염려입니다. 감사하는 마음과 태도는 불안과 두려움을 몰아내는 효과가 있습니다.

일곱째, 감사는 '불행을 극복하는 효과'가 있습니다. 불행은 누구에게나 찾아오는 손님입니다. 예고 없이 찾아오는 불청객과 같습니다. 불행으로 망하는 사람도 있지만 감사하는 사람은 불청객과 같은 불행을 소망이라는 행복으로 극복하게 됩니다. 감사하는 마음과 태도는 불행도 극복하는 효과가 있습니다.

그래서, 감사는 기적을 경험하게 합니다.

이렇게 인사를 잘하는 아이, 대답을 잘하는 아이, 약속을 잘 지키는 아이, 감사를 잘하는 아이들이 진짜 공부를 배운 것이며, 설령 학업성적이 꼴찌라고 해도 직업사회에서는 '1등' 할 수 있는 진짜 실력을 겸비한 것입니다.

왜냐하면, 이렇게 진짜 실력 있는 아이들은 어떤 직업을 선택할지라도 그 직업사회에서 성공할 수밖에 없는 좋은 태도 85%를 이미 가지고 있기 때문입니다. 나머지 15%의 전문지식기술 역시 자신의 소질과 적성에 맞는 진로를 선택할 수 있다면 학교사회에서 꼴찌를 했어도 전혀 문제가 되지 않게 됩니다.

좋은 직업선택이란 좋은 태도를 먼저 배우는 것에서부터 시작됩니다. 그래서 인성이 곧 진로라는 말도 있습니다. 좋은 태도를 가진 자녀는 직업선택뿐 아니라 직장생활에서도 만족도가 높아질 것입니다. 좋은 태도를 가진 자녀에게는 좋은 기회가 반드시 찾아올 것입니다.

우리 자녀가 인사만 잘해도 밥은 먹고 살 수 있습니다.

대답을 잘하면 칭찬을 받게 됩니다.

약속을 잘 지키면 누구든 내 편을 만들 수 있습니다.

자녀가 감사를 잘하면 기적을 경험하게 될 것입니다.

칭찬은 고래도 춤추게 한다고 합니다. 사랑하는 내 자녀를 춤추게 하는 것은 부모로서 당연한 일입니다. 자녀가 인사할 때, 대답을 잘할 때, 약속을 잘 지킬 때, 감사를 잘할 때 감동적으로 칭찬해 주십시오. 아이가 행복해질 것입니다. 그리고 행복한 아이는 스스로 '1등 진로'를 찾게 될 것입니다.

성공하는 자녀들에게만 있는 4가지 태도는 '1등 진로'를 찾는 원동력입니다.

4가지 학습유형과
내 기질에 맞는 공부법 찾기

공부방법을 몰라 고생하고 힘들어하는 자녀들이 많습니다. 특히, 공부하는 만큼 시험점수가 안 나와 불안해하고 우울해하는 아이들이 급격히 늘고 있습니다. 시험 불안증이라는 말이 생소하지 않을 정도로 심각한 상황입니다.

사정이 이렇다 보니 공부법과 관련된 책과 인터넷에 소개된 내용도 다양하게 있습니다.

책과 인터넷에 소개되는 공부법

① 비법보다 정공법을 택하라
② 하기 싫어도 공부하게 되는 공부법
③ 의사 되기 공부법
④ 코로나19대비 맞춤형 공부법
⑤ 천재형과 노력형 공부법
⑥ 이렇게 공부하면 반드시 망한다.
⑦ 벼락치기 초고수 공부법
⑦ 8421공부법
⑧ 공부 신들의 천재 공부법
⑨ 메타인지 공부법
⑩ 하버드 공부법, 스탠퍼드 공부법, SKY 공부법

공부 잘하는 비법과 관련해서 출처를 정확히 알 수 없지만 공부의 5대 요소가 있다고 합니다. 일명, 부자 공부법이라고 하는데 엄마의 정보력, 아빠의 무관심, 할아버지의 재력, 도우미 아줌마의 충성심, 동생의 희생이라고 합니다. 실소가 나다가도 무섭다는 생각마저 듭니다.

공부법을 모르면, 공부를 잘할 수 없다

일반적으로 공부에 필요한 핵심요소 3가지는 학습 동기, 공부방법, 노력이라고 할 수 있습니다.

첫 번째, 학습 동기란 '공부는 왜 해야 하는가?'입니다.

그동안 아이들에게 들었던 학습 동기는 '꿈을 실현하기 위해, 자기발전을 위해, 미래를 위해, 스펙을 쌓기 위해, 안정적인 직업을 갖기 위해, 미래에 하고 싶은 일을 쉽게 하려고, 내 미래모습이 이상해지기 싫어서, 부모가 원하니까, 남들도 다 하니까!'라는 내용이었습니다.

두 번째, '나만의 공부법이 있는가?'입니다.

세 번 읽기 공부법을 하는 아이는 교과서나 참고서를 읽을 때 처음에는 파란 펜으로 밑줄, 두 번째는 핵심단어에 동그라미, 세 번째는 핵심단어와 문장을 여백에 따라 쓰며 읽는 공부법을 하고 있다고 했습니다.

당일 복습법을 하는 아이는 매일 수업시간에 메모한 내용을 요점정리 노트에 기록하며 다시 정리하는 공부법을 하고 있었습니다.

그리고 45분 집중 공부법을 하는 아이는 한번 공부하면 45분을 집중적으로 공부하고 10분 쉬고 다시 집중하는 공부법을 하고 있었습니다. 또한, 매일 플래너 공부법을 하는 아이는 당일 공부량을 플래너에 작성하고 꼼꼼히 실천하는 공부법을 하고 있었습니다. 가르치는 공부법을 하는 아이는 집에 칠판을 걸어두고 마치 다른 사람에게 가르치는 것처럼 공부하는 방법이 효과적이라는 아이도 있었습니다.

마지막, 세 번째가 노력입니다.

얼마나 노력했는지가 공부에 절대적인 영향력을 갖습니다.

아이들에게 물었습니다. "나는 평상시 공부하는데, 얼마나 노력했는가?"라고 질문을 했을 때, 자기가 할 수 있는 에너지의 반도 못 했다는 대답이 절반이 넘었으며 최선을 다해 열심히 했다고 답하는 아이는 불과 10% 정도 됐습니다.

그렇다면, 왜 이렇게 노력하려는 의지와 실천력이 부족할까를 아이들에게 다시 물어보면, 나만의 공부법을 몰라서 흥미를 잃었다는 아이들이 대부분이었으며 공부하려는 동기와 목표가 없다는 아이들도 역시 많았습니다.

나에게 맞는 공부법을 찾고 익히는 것은 수영을 잘하는 선수가 되는 것과 같은 원리입니다. 수영하는 법을 모르고 아무리 열심히 노력한다고 해서 수영을 잘할 수 있는 것이 아니듯, 공부법을 모르고 열심히 노력한다고 해서 공부를 잘하는 것이 아닙니다.

수영하는 법을 모르면 일명 개형, 개구리형, 송장형, 타잔 수영과 같은 마구잡이 수영을 하게 됩니다. 그래서 열심히 수영해도 몸이 앞으로 잘 나가지 않습니다. 그뿐만 아니라 오랫동안 수영을 하지 못하고 금방 지쳐버립니다.

수영을 잘하는 사람은 자유형, 배영, 평영, 접영을 자유자재로 할 수 있게 됩니다. 그뿐만 아니라 어떤 사람은 물속에서 숨을 안 쉬고 하는 잠영으로 수십 미터를 가기도 합니다.

그렇다면, 우리 아이들은 지금 공부를 개형, 개구리 형으로 하고 있지는 않습니까?

수영을 잘하는 사람은 제일 자신 있는 수영법이 자신의 주특기입니다. 다른 수영법과 비교하여 특히 자신 있는 수영법이 있으며 자신 있다는 말은 제일 잘한다는 것입니다.

이와 마찬가지로, 공부를 잘하는 아이는 제일 자신 있는 공부법이 자신의 주특기입니다. 다른 공부법과 비교하여 특히 자신 있는 공부법이 있으며 자신 있다는 말은 그 공부법으로 제일 잘할 수 있다는 것입니다.

이제부터 기질별 학습유형에 관하여 살펴보겠습니다. 아이들이 타고난 성격 기질 유형에 맞는 학습법을 찾게 된다면 자신에게 맞는 공부법을 찾을 수 있을 것입니다.

계획 준비형의 학습 스타일 선호유형

첫 번째, 계획, 준비형의 학습 스타일을 선호하는 유형입니다.

계획, 준비형의 학습유형은 모범생 스타일이라고도 할 수 있으며 규칙준수, 과제물 및 준비물 철저, 시키지 않아도 알아서 하는 아이라고 할 수 있습니다.

암기력이 좋고, 기억력이 강해 복습형 학습법에 잘 맞는 유형입니다. 평소, 선생님께 순종하는 스타일로 칭찬을 자주 받는 아이들입니다. 수업시간과 강의를 지겨워하지 않으며, 자신이 필요하다고 생각되는 것에 우선순위를 잘 정하고 노력 중심형의 성실한 스타일입니다. 반복적으로 학습을 수행하는 데 능숙하고 반복적으로 하는 학습이 효과적입니다. 우리나라 주입식 교육에 상대적으로 잘 맞는 유형이며 정형화된 교과서, 참고서, 문제집을 선호합니다. 특히, 시험 범위에 매우 민감하고 범위가 확정되지 않았거나 애매하면 불안해하기도 합니다. 단답형 문제나 선택형 시험문제를 선호하며 내신관리형으로 차근차근 실력을 쌓아가는 유형입니다.

계획 준비형의 학습 스타일을 선호하는 유형의 아이는 숲 전체를 보는 통찰력이 암기력과 기억력에 반해 상대적으로 부족합니다. 따라서, 통찰력을 키우는 훈련으로 목차암기 및 학습목적과 학습 목표의 이해가 공부법에 도움이 됩니다.

또한, 시험 범위 외 출제나 응용문제에 당황하는 경우가 많고, 발표나 프레젠테이션 발표와 같은 순발력이 필요한 과제나 시연에 긴장을 많이 하거나 불안을 경험하기도 합니다. 따라서 발표나 시연에 앞서 질의응답 모의훈련이나 직접 가르쳐 보는 경험을 통해 긴장이나 불안을 극복할 수 있도록 하는 것이 큰 도움이 됩니다.

대체로 이런 유형의 아이들은 책상을 정리하는 데 불필요할 정도로 많은 시간을 허비하게 되며 정리하는 과정부터 공부도 시작하기 전에 이미 지치게 되는 경우가 많습니다. 정리 따로 공부 따로 하는 비효율적 시간을 줄일 수 있도록 공부를 먼저 하고 휴식 시간을 이용해서 정리할 수 있도록 해야 합니다.

공부를 좋아해서 공부에 대한 욕심을 낸다기보다는 시험에 대한 불안감이나 타인과의 성적 비교에 따른 무시당함을 두려워하는 경우가 많은데, 무리한 계획은 자칫 부담감만 크게 하는 부작용을 갖게 하며 모든 내용이 다 중요하다고 여겨 공부할 양이 너무 많아 계획을 세우는 일과 준비를 하다가 시간을 낭비하는 일이 자주 벌어집니다.

이 유형의 아이들은 본인 성적에 대한 성취감이 제일 낮으며 학업 스트레스를 또 다른 학업으로 푸는 스타일입니다. 이렇다 보니 학업 스트레스의 늪에 항상 빠지게 되고 늘 지쳐 있고 힘이 빠진 모습을 보입니다.

이렇게 무기력한 모습을 장시간 보인다면 학업을 멈추고 스트레스를 해소할 수 있도록 친한 친구나 가족들과 몸 놀이를 통하여 쉼과 휴식을 해야 합니다.

항상 심각한 얼굴을 할 수 있는데 미소 가득한 얼굴로 바꾸는 게 진짜 실력이라는 것을 알려주고, 유머를 배우고 웃음 코드를 맞추는 대인관계를 가르쳐야 합니다.

임기응변형의 학습 스타일 선호유형

두 번째, 임기응변형의 학습 스타일을 선호하는 유형입니다.

경쟁과 보상심리가 강한 아이들이 선호하는 학습 스타일입니다. 노력한 것보다 시험결과가 잘 나오는 경향이 있으며 시간을 정하거나 승부를 내는 식의 승부욕을 자극하는 학습 스타일을 선호합니다. 퀴즈, 문제 풀이 시험을 누가 빨리 푸는지 스릴을 느낄 수 있는 공부법을 선호합니다. 일관된 주입식보다 다양한 체험학습, 탐구학습, 발표회와 같은 학습 스타일을 선호합니다. 다양한 자료나 교구 활용을 잘하며 컴퓨터나 실험도구 등 학습기기를 잘 다루는 게 특징입니다. 시험 기간이 다가올수록 긴장감이 들수록 학습효과가 나타나는 긴장을 즐기는 학습 스타일입니다.

일방적인 교사중심이나 주입식, 설명식 수업은 비효율적이며 지루하지 않은 다양한 학습 스타일을 선호합니다. 재치 있는 언행을 통해 수업시간을 즐거운 분위기로 만들며 카페와 같은 자유스럽고 허용적인 분위기와 공간학습을 선호합니다.

학원과 같은 단체학습보다 집중형 개인과외가 효과적이며 수업시간 안에 모두 소화하고 과제를 줄여주는 게 학습 동기에 도움이 됩니다. 만약, 운동을 좋아하는 아이일수록 평소 책 읽기를 특히 많이 시켜서 독서로 학습능력을 키울 수 있게 하는 것이 중요합니다.

이런 유형의 아이는 무엇보다 게임에 집착하면 중독증상으로 빠질 수 있으므로 게임통제를 철저히 해야 하며, 시간을 준수하도록 규칙과 약속을 중요시하는 스파르타식 교육이 효과적일 수 있습니다. 물론, 강요와 억지는 전혀 도움이 안 됩니다.

평소 잔머리가 높은 편이며 상대적으로 노력을 안 하는 노력 절약형의 아이입니다. 아는 건 많은 것 같은데 점수는 안 좋게 나오는 때도 있습니다. 예습, 복습을 잘 안 하려 하는 경향이 강하며 운동을 좋아하는 경향이 크다 보니 운동 후에는 지쳐서 공부할 에너지가 없는 경우가 허다합니다.

관계중심 열정형의 학습 스타일 선호유형

세 번째, 관계중심 열정형의 학습 스타일을 선호하는 유형입니다.

창의력과 통찰력이 뛰어나고 똑똑하고 재미난 스타일의 아이들이 선호하는 유형입니다. 아이디어가 풍부하고 숨은 뜻을 잘 읽어내며 개념정리에 강한 성향입니다. 일단, 맘먹으면 엄청난 열정으로 공부를 하며 좋아하는 선생님 과목은 시키지 않아도 열심히 잘

합니다. 통찰력과 창의성이 뛰어나 기발한 언어적 표현능력이 있으며 언어적 감각이 뛰어납니다. 학원과 같은 틀에 박힌 교습방법에 잘 적응하지 못하는 경향이 있으며 사람 혹은 자신과 관계 짓는 대상에 의미부여를 잘하며 개인적 격려나 친숙한 급우와의 소그룹 공부를 선호합니다.

머리는 좋은데 집중력이 짧은 경향이 있어 학업의 우선순위를 정하고, 공부 범위와 계획을 짜는 게 도움이 됩니다. 연예인에 빠지면 학업 열정을 놓게 되는 경우가 있어 팬카페 가입은 되도록 지양하는 게 좋습니다. 물론, 반대로 사춘기 우울증을 극복하고 스트레스 해소를 위해 필요에 따라 부모의 동의와 관리하에 콘서트나 팬카페에 가입하는 것도 하나의 방법이 될 수 있습니다. 준비계획형의 아이들과는 다르게 체계적 학습을 힘들어 할 수 있으며, 녹음, 동영상 같은 반복적 학습으로 보충을 하고 예습을 통한 학습으로 학업 범위를 미리 정한 뒤 학습하는 게 효과적입니다.

호기심 해결형의 학습 스타일 선호유형

네 번째, 호기심 해결형의 학습 스타일을 선호하는 유형입니다.

머리는 좋은데, 공부를 안 하려는 스타일입니다. 다이아몬드 원석과도 같은 천재형의 아이일 수 있습니다. 머리는 좋으나 노력을 하지 않으려는 노력 회피형의 아이들입니다. 단순, 반복, 암기로 좋은 머리를 갈고 닦아야 빛을 발할 수 있는 성향입니다. 때때로 지지와 인정을 받으면 최고의 성과를 내며 인정과 지지를 받지 못하면 천재형 인재가 될 수 없음은 물론, 자신의 능력을 평생 계발할 기회를 얻지 못하게 됩니다.

시험을 보면 아는 문제를 제일 많이 틀리는 유형이며 정확하게 암기만 할 수 있다면 좋은 성적을 받을 수 있는 아이입니다. 문제는 단순, 반복, 암기훈련을 얼마나 피하지 않고 해내는가에 따라 결과가 달라집니다.

일반적으로 내신형보다 수능형에 가까운 학습 스타일이며 '왜'라는 질문이 아주 중요한 학습 동기를 제공하게 됩니다. 문제를 먼저 풀어보고 개념이나 요점을 정리하는 학습 스타일에 더 흥미를 가질 수 있습니다.

특히, 이런 유형의 아이들은 질문을 못 하게 하면 답답해하고 학습 동기마저 잃어버릴 수 있는 질문형 학습법이 효과적입니다. 한번 알고자 하는 것을 완벽하게 알아야 직성이 풀리는 성향이므로 한 가지에만 너무 깊이 빠져들기 쉽습니다.

또한, 머리로 이해하고 나면 다 안다고 착각하는 유형이므로 가르치면서 배우는 공부법이 도움이 됩니다. 특별히 인정과 격려 없이 강압적인 학습은 히스테리란 부작용을 낳습니다. 따라서 서두르지 말고, 여유를 가지고, 공부의 우선순위를 정하며 집중하는 훈련을 할 수 있도록 해야 시험문제의 함정에 잘 빠지지 않습니다.

통찰력은 뛰어나나 자세한 암기력에 약점이 있습니다.

이상과 같은 4가지 학습 스타일 선호유형은 타고난 기질과 깊은 관계가 있으며 자신에게 맞는 학습 스타일별 장단점을 계발 및 보완한다면 자신에게 맞는 공부법을 찾을 수 있습니다.

진짜 공부는 6단계로 되어 있다

일반적으로 학습의 4단계는 듣기나 보기를 포함한 읽기, 이해하기, 암기하기, 기억하기의 과정을 통해 이루어집니다.

따라서 학습법이란 '어떻게 읽을 것인가?, 어떻게 이해할 것인가? 어떻게 암기할 것인가? 어떻게 기억할 것인가?'라는 문제를 효과적으로 푸는 것입니다.

그런데, 문제가 있습니다. 이렇게 4단계 학습법에만 익숙한 아이는 4차 산업혁명 시대가 필요로 하는 인재로 키울 수 없습니다.

컴퓨터의 발전, 인공지능, 인조인간 로봇 시대에서는 많은 직업이 사라지고 정해진 교과나 학습량을 학습한 학습자는 살아남을 수 없습니다. 이제는 창의적인 학습자, 즉 남이 정해준 공부만 해서는 더 이상 진정한 인재가 될 수 없으며, 무엇을 공부해야 진짜 공부를 하는 것인가를 찾아내는 사람만이 진짜 전문가가 될 수 있는 시대가 4차 산업혁명 시대입니다.

진짜 공부란 무엇일까요?

정해진 학습량을 누가 더 빨리 더 많이 아는가의 경쟁이 아닌 무엇을 공부해야 진짜 필요한 것을 찾아내고 해결할 수 있는지 알게 되는 창의적인 학습을 진짜 공부라고 하는 시대를 살게 되었습니다.

지금까지의 학습자는 4가지 단계를 남들과 비교하여 좀 더 빠르게 효과적으로 익히기만 하면 인정받을 수 있는 시대를 살아왔습니다. 그러나 이제 이런 인재는 아마추어가 되고 말았습니다. 이미 이 세상에 존재하는 지식과 정보를 내 머리에 빨리 담는다는 것이 그렇게 인정받는 일이 되지 못하는 시대입니다. 그래서 진정한 공부란 기존 4가지 학습 단계에 2가지를 더해야 하는 과정이 필요합니다.

첫째, 개인과 사회의 문제와 필요를 찾아내야 합니다. 그리고 그 문제를 해결하기 위해 전문분야를 찾는 과정이 필요합니다. 내가 공부할 분야를 내가 직접 찾아야 하는 '찾기' 과정이 1단계입니다.

즉, 읽기의 과정보다 전 단계에 내가 무엇을 읽을까를 찾고 결정해야 하는 과정이 추가됩니다. 왜, 이 시대의 젊은 인재들이 자신의 길을 찾지 못하는가의 문제는 학습만 해서는 진로가 안 보이기 때문입니다. 진짜 공부를 해야 진로가 보이기 시작합니다. 그것이 진짜 공부의 1단계인 찾기 과정입니다.

둘째, '경험'입니다. 무엇을 해야 하는가를 찾고 학습한 내용을 직접 실행해 보고 보완을 통해 내 것을 만드는 과정입니다. 이것이 진짜 공부의 마지막 단계인 경험단계입니다.

경험만큼 좋은 스승은 없다는 말처럼 경험은 진짜 공부이고 자신만의 산 지식을 쌓는 실력이 됩니다.

자신의 진로를 찾는 과정도 '찾기'로 시작해서 학습 4단계 과정을 거친 후, 실전 '경험'을 통해 마무리됩니다. 이것이 자신의 진로를 찾는 진짜 공부입니다.

찾기 단계가 생략된 학습법에만 익숙한 아이라면 자신이 무엇을 해야 하는가를 찾아가는 진로과정에서 헤매게 되는 것은 당연한 일입니다.

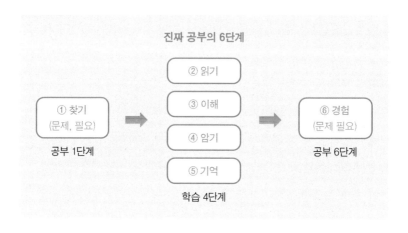

사춘기 아이는 학생의 신분입니다. 학생이 단순한 학습법이 아닌 자신에게 맞는 진짜 공부법을 찾게 된다면 일거양득의 효과를 가져옵니다.

나에게 맞는 학습법을 찾는다면 좋은 성적을 거둘 수 있습니다. 나에게 맞는 공부법을 찾는다면 좋은 성적과 함께 높은 연봉도 받게 될 것입니다.

지금까지 공부하는 방법을 모르고 단순한 학습을 통해서 학습 효과를 보지 못한 아이라면 기질에 맞는 학습 스타일을 먼저 찾아보길 바랍니다. 단순한 암기식 공부법이나 부모가 대신 찾아주는 부모주도학습이 아니라, 아이가 무엇을 공부해야 하는지 찾아낼 수 있는 시간적 여유와 기회를 얻게 해야 합니다. 진정한 자기 주도학습은 자신이 공부할 내용과 공부목표를 스스로 찾고 정하는 것부터 시작됩니다.

학습의 4단계만 반복하는 공부법은 학교사회의 학습 과정에도 효과적이지 않을 뿐만 아니라 직업사회에 입문하는 과정부터 그 효능을 잃게 될 수 있다는 것을 알아야 합니다.

우리나라는 오래전부터 공부 잘하는 사람이 성공한다는 말을 신념처럼 믿고 살아왔습니다. 부모 세대뿐만 아니라 자녀세대에 이르기까지 모든 세대가 이 말에 매여 많은 부작용과 후유증을 앓고 있습니다. 물론 이 말은 사실이며 부정할 수 없는 말입니다. 그러나 공부를 잘한다는 것을 학업성적이 우수한 것으로만 이해하고 있다면 이 생각은 부족하다는 표현을 넘어 잘못된 생각이라고 할 수 있습니다.

학업성적이 좋다는 말은 공부를 잘한다는 의미로 받아들일 수 있으나, 공부의 넓은 의미는 학교사회의 학업과 직장사회의 직업까지 모두 포괄해서 사용할 때 그 의미가 온전해질 수 있습니다.

학교사회의 우등생이 직장사회의 엘리트로 성장하지 못한다면 결코 공부 잘하는 사람이라고 할 수 없을 것입니다. 공부를 잘한다는 표현보다는 국, 영, 수 학업성적이 좋았던 것이고, 국, 영, 수 학습을 잘한 것입니다. 공부를 잘한다는 진정한 의미는 자신이 해야 할 것을 찾는 과정부터 시작된다는 것을 기억해야 합니다. 또한, 많은 경험을 통해 점점 구체적으로 자신의 전문분야를 찾아내고 전문가로서의 역량을 갖추어 갈 수 있을 때 '1등 진로'를 찾게 될 것입니다.

적성에 맞는
직업과 전공선택 방법

이 세상에 태어나는 순간 어떻게 살 것인지가 결정된다는 말이 있습니다. 우선, 시대를 타고 납니다. 나라와 지역이 정해집니다. 남자인지 여자인지 성구별이 됩니다. 어떤 부모로부터 태어났는지 알게 됩니다. 신체적인 특징이 결정됩니다. 심리적인 기질도 타고 납니다. 이와 같은 것들은 태어나는 순간, 동시에 결정되고, 한평생 그 영향을 받고 살아가게 됩니다.

그래서 사실은 어떤 개인이 이 세상을 살아가면서 중요한 선택은 이미 결정되고 태어났다고 봐도 과언이 아닐 것입니다. 그러나 그것이 절대적인 것은 아니며 우리는 이렇게 주어진 환경과 상황에서 우리의 삶을 시작하게 되고 진로를 개척해 나가게 됩니다.

따라서, 태어나면서 주어진 것들이 무엇인지 찾아내고 알아가는 과정이 개인의 성취와 발전에 기준점이자 시작점이 될 것입니다.

사람은 태어나면서부터 진로가 정해지지 않습니다. 이 때문에 성장하면서 자신이 무엇을 좋아하고 무엇을 잘하는지 알아가게 되고, 자신의 진로를 찾아가면서 살아가게 됩니다.

무엇을 좋아하고, 무엇을 재미있어 하고, 무엇을 중요하게 여기는가를 개인의 '선호도'라고 합니다. 선호도란 사전적 의미로는 좋아하는 정도라고 말할 수 있으며 이는 선천적 심리 경향을 나타내는 말로 칼 융의 심리 유형론에 의하면 에너지의 방향, 주의초점에 의하여 '외향과 내향'으로, 정보를 어떻게 받아들이는가를 아는 인식기능에 의하여 '감각과 직관'으로, 선택과 결정을 위한 판단기능에 의하여 '사고와 감정'으로, 행동과 생활양식에 의하여 '인식과 판단'으로 나누어서 선천적 기질을 4가지 선호유형으로 구분하고 있습니다.

이처럼 자신의 타고난 선천적 기질이 성장하는 과정을 통해 심리적, 환경적 영향으로 흥미와 가치관이라는 개인의 정체성으로 확립하게 되고 독립적 존재로 살아가는 토대가 되게 됩니다.

사람은 누구나 타고난 소질과 재능이 있습니다. 그리고 이것을 개인의 특성, 개성이라고 말할 수 있으며 개인의 타고난 능력이라고 할 수 있습니다. 개성은 남과 나를 구분할 수 있는 특징입니다.

'적성'이란 어떤 일에 알맞은 성질이나 적응 능력, 또는 그와 같은 소질이나 성격으로 말할 수 있습니다. 따라서 타고난 소질과 재능을 적성으로 표현해도 무방할 것입니다.

사랑받는 아이가 타고난 재능을 찾는다

사람마다 생긴 모습도 다르고 각자 일할 수 있는 적성도 다릅니다. 그런데 어떤 사람은 자신의 적성을 잘 찾고 계발하여 능력을 효과적으로 발휘하며 자신의 진로를 성공적으로 이끌어 가는 사람이 있습니다. 그러나 이와는 반대로 평생 자신의 적성을 잘 찾지 못하고 능력을 효과적으로 발휘하지 못해 자신의 진로를 성공적으로 이끌지 못하는 사람도 있습니다. 왜 이런 차이가 있는 것일까요?

이것은 다름 아닌 개인의 소질과 능력은 심리적 안정과 타인의 지지와 격려를 받으며 계발되기 때문입니다. 즉, 자존감이 높을수록 개인의 소질과 능력을 상대적으로 빠르고 효과적으로 발휘할 수 있게 됩니다.

특히, 부모와의 긍정적 상호작용을 통한 심리적 안정감과 부모로부터 지지와 격려를 받고 자란 아이는 자신의 소질과 능력을 일찍 계발하고, 자신의 정체성을 빨리 확립하여 독립적 존재로 살아갈 수 있게 됩니다.

이처럼 부모의 사랑을 받는 아이는 자신의 타고난 능력을 빨리 찾게 됩니다. 그뿐만 아니라 심리적 안정감이라는 절대적인 성장 기반을 바탕으로 타고난 능력을 발휘하게 되며 필연적으로 겪게 되는 성장통 즉, 실패와 좌절, 회피와 방황이라는 성공을 향한 필수적인 위기의 과정을 잘 인내하며 통과하게 되고 극복하고 적응하고 성공하게 될 것입니다.

이처럼 부모의 사랑은 타고난 능력을 찾아내고, 계발하게 하고, 성장하게 하며, 위기를 극복하고 최종적으로 성공하게 하는 원동력이 되는 것입니다.

타고난 재능과 부모의 사랑 즉, 지지와 격려는 과실과 열매를 맺게 하는 자양분과 같습니다. 부모의 제대로 된 사랑은 자녀의 타고난 재능을 발견하게 합니다. 다시 말해 부모의 사랑을 못 받은 아이는 자신의 타고난 재능을 못 찾게 될 수 있습니다.

그래서 타고난 재능이 없다고 하는 아이나 타고난 재능을 잘 모르겠다고 하는 아이는 아직 부모의 제대로 된 사랑을 못 받았을 가능성이 큰 것입니다. 물론, 아이가 아직 너무 어리거나 심리적으로 다른 어려움이 있다면 예외가 될 수 있습니다. 또한, 학업 경쟁이 치열한 우리나라 교육환경이 근본적인 원인이 될 수 있습니다. 개인의 타고난 능력을 찾기보다는 국, 영, 수 학습기술을 빨리 익혀야 하는 현실이 이 모든 가능성을 어렵게 합니다.

어떤 아이든 타고난 재능이 있습니다. 그것을 스스로 찾아내고, 알아가고, 계발하기란 여간 어렵고 힘든 일이 아닐 수 없습니다. 학업과 다양한 경험을 병행하기란 불가능한 일일 수 있습니다. 따라서 아이 스스로 다양한 경험을 통해 자신의 타고난 재능을 찾아내고 자립할 수 있는 자신의 정체성을 확립해 갈 수 있도록 돕는 것이야말로 부모의 중요한 사명이라 할 수 있습니다.

타고난 재능을 커리어로 계발하라

타고난 소질과 재능을 적성이라고 할 수 있습니다. 그리고 자신의 적성은 강점이자 특기가 될 수 있습니다. 이런 타고난 재능을 자신의 전문분야로 삼는 직업인이 될 수 있다면 타 분야의 일을 선택하는 것보다 상대적으로 성공을 이룰 가능성이 클 것입니다.

이 세상에 태어나면서 나라와 사회, 가족과 시대적 환경 모두가 결정된다고 하였습니다. 또한, 개인의 특성, 소질과 재능도 타고난다고 했습니다. 그렇다면 이 두 가지가 서로 어떻게 연관을 지을 것인가가 개인의 진로가 되는 것입니다.

자신의 진로를 찾아보고 선택하고자 할 때 가장 먼저 알아야 할 것이 있습니다. 타고난 재능이 어떻게 이 사회적 환경에서 커리어로 계발될 수 있는가라는 것입니다. 즉, 타고난 재능이 어떤 직업적 핵심역량으로 계발될 수 있는가를 찾아야 합니다. 직업 핵심역량이라는 영어단어는 'Workcompetencies'라고 따로 있습니다만, 일반적으로 알려진 커리어(Career)라는 단어를 사용하겠습니다.

'커리어'라는 용어는 어떤 분야에서 겪어 온 일이나 쌓아 온 경험이란 뜻으로 사용되는 말인데, 직업 핵심역량이라는 말로 대신 사용하도록 하겠습니다.

부모는 아이의 타고난 재능이 직업 핵심역량인 커리어로 계발될 수 있도록 돕는 것이 중요한 과제입니다.

이 시대의 국가와 사회 환경이 마음에 안 들 수 있습니다. 특히,

우리 아이들이 처해 있는 학교사회와 직장사회가 마음에 안 들 수 있습니다. 학벌과 스펙을 강요하는 이런 사회 분위기가 우리 부모와 아이들에게 부정적 사고를 갖게 하고 불만입니다. 그렇다고 시대와 환경만 탓할 수 없는 노릇입니다. 아이의 타고난 재능이 가능성에만 그치게 해서는 안 되기 때문입니다.

'타고난 재능'은 이런 어려운 여러 가지 문제와 환경을 극복할 수 있는 유일한 단서입니다. 아이에게 있는 타고난 재능이 '열매의 씨앗'이며, 여러 가지 문제와 환경은 '텃밭'입니다. 타고난 재능이 무엇인지 알지 못하면 열매를 위한 씨앗을 파종하기 어렵게 됩니다. 이 시대가 처한 여러 가지 문제와 환경을 탓만 해서는 어떤 터와 밭에 파종해야 할지 고민과 불평만 하게 될 것입니다.

타고난 재능은 문제와 환경을 극복하고 해결할 수 있는 단서이자 씨앗입니다. 어떤 어려운 문제와 환경에서도 자신의 타고난 재능은 문제를 풀고 환경을 극복하는 기회를 가져다줄 것입니다.

타고난 재능을 적성으로 구분할 때, 3가지 영역으로 살펴볼 수 있습니다.

성격을 알면, 진로가 보인다

첫 번째, '성격'입니다.

성격은 어떤 일을 하기 위한 가장 기초가 되고 기본이 되는 적성입니다. 자신의 성격을 잘 이해하고 있다는 것은 자신의 진로를 찾아가는 가장 기본적인 일입니다.

직업선택에 있어서 자기 자신과 잘 맞는 직업을 선택한다는 것은 적성에 맞는 직업을 선택했다는 것이고, 자신과 잘 맞지 않는 직업을 적성에 맞지 않는다고 표현합니다.

성격 적성과 관련하여 MBTI 성격유형 검사를 활용하여 설명하도록 하겠습니다.

자신이 어떤 성격의 사람인가를 알고 있을 때, 만족도 높은 직업을 선택할 수 있습니다. 특히, 자신의 성격유형을 안다는 것은 다른 말로 선천적으로 좋아하는 경향을 안다는 말입니다. 따라서, 선호 경향을 미리 알고 만족할 만한 직업진로를 찾아간다는 것은 자신에게 맞는 직업을 선택할 가능성이 커지게 됩니다.

결과적으로 나에게 맞는 직업이란 나의 성격에 따라 달라질 수 있다는 것입니다. 많은 사람이 좋아하는 직업을 나는 싫어할 수 있고, 다른 사람은 싫어하는 직업을 나는 좋아할 수 있습니다. 이렇게 타고난 기능과 기질 즉, 성격유형에 따라 직업진로가 달라질 수 있습니다.

앞에서 언급한 칼 융의 선호유형을 조금 더 구체적으로 MBTI

성격유형 이론으로 살펴보겠습니다.

나와 다른 사람들과의 교제 시 나타나는 태도에 따라 외향과 내향형으로 구분하며, 외부로부터의 정보수집 방법에 따라서 감각과 직관형으로 구분합니다. 판단과 결정을 내리는 방법에 따라 사고와 감정형으로 구분하고, 외부에 대처하는 행동 양식과 생활양식에 따라 판단과 인식형으로 구분합니다.

위의 4가지 선호 경향에 따라 총 16가지 성격유형으로 구분할수 있는데, 그 유형별 성격의 특성이 우리에게 선천적 선호도에 의한 직업적성을 예측할 수 있게 합니다. 또한, MBTI 성격유형 검사는 일반적인 성격의 특성 즉, 강점과 장점을 파악하여 알게 하며, 주의하고 개발할 점을 제시해 주고 있습니다. 그리고 무엇보다도 자신에게 맞는 선호하는 직업 환경을 구체적으로 나타내 주고 있어 자신의 성격적 적성을 알아보는 데 매우 유용합니다. 또한, 성격유형별로 자주 선택하는 직업군과 덜 선택하는 직업군을 예시하고 있어 자신의 직업적 적성을 찾기에 매우 유용한 도구입니다.

우리나라 사람들의 절반을 넘게 차지하고 있는 성격유형 중에 ISTJ 유형에 관하여 ㈜어세스타(구, 한국심리검사연구소)의 자료를 통해 구체적으로 살펴보면 다음과 같습니다.

ISTJ의 성격특성(장점/강점)

① 돌다리도 두들겨 보고 건너는 아주 신중한 성격이다.
② 변화를 싫어하고 유지하려는 습성이 많다.
③ 보수적이며 관례적이다.
④ 어떤 사실과 이론들을 정확하고 체계적으로 기억한다.
⑤ 현실감각이 대단히 뛰어나다.
⑥ 반복적이고 일상적인 일을 잘 처리한다.
⑦ 조용하며, 신중하고 침착하며, 성실하다.
⑧ 누가 보든 안 보든 모든 맡은 일을 끝까지 처리한다.(철두철미)
⑨ 사리가 분명하며 법 없이 살 수 있다.
⑩ 남을 많이 의식하여 나서기를 꺼리며 자기를 잘 들어내지 않는다.
⑪ 계획을 짜는 것이 습관화되어 있다.
⑫ 놀고 즐기는 것에는 인색하다.

ISTJ유형의 주의하고 개발할 점

① 타인과 자신을 위해 유머를 개발할 필요가 있다.
② 너무 현재에 초점이 맞추어 있으므로 장기적인 비전을 가질 필요가 있다.
③ 대인관계에서 상대방의 감정을 살필 줄 알아야 한다.
④ 자기 생각에만 빠져 있지 말고 변화와 다양성에 개방할 필요가 있다.
⑤ 정서나 감정표현에 노력할 필요가 있다.

ISTJ유형의 선호하는 작업환경

① 논리적이고 효과적으로 잘 짜여진 절차를 따라 일에 몰입할 수 있을 때
② 자신에게 맡겨진 과업이나 프로젝트를 오랜 시간 집중할 수 있고, 충분한 시간이
   주어져 그 일을 완결시킬 수 있을 때
③ 실험적으로 한 번 해 보는 식으로 불필요한 상황과 마주칠 필요가 없을 때
④ 예측할 수 있고 안정적이며 일관성 있는 환경에서 일하고 있을 때
⑤ 자신이 예상했던 결과와 실제의 결과가 딱 들어맞았을 때
⑥ 분명한 목표를 가지고 있는 잘 짜여진 조직구조 안에서 일할 때
⑦ 자신이 수행하여야 할 책임의 범위가 분명하게 주어질 때
⑧ 자신의 공헌에 대한 평가나 보상이 실질적이고 구체적일 때

ISTJ유형의 자주 선택하는 직업들

① 행정/비즈니스 분야 : 행정기관, 비즈니스 분야의 직업을 좋아하는 경향이 있고, 시
   스템을 관리 운영하는 일에 능력을 보인다. 구체적으로 잘 제도화된 조직을 선호하
   며, 안정적인 기관에서 근무하길 원한다. 특히 눈에 보이는 상품이나 서비스업을
   선호한다. 구체적인 직업군으로는 행정공무원, 세무공무원, 경찰관, 공인회계사, 세
   무사, 은행원, 주식중개인, 부동산 중개인 등이다.
② 교육/기술 분야 : ISTJ유형은 교육 분야에 만족을 느끼는 일이 많은데 특히, 기술과
   목이나 수학, 학교행정 등에 많은 선호도를 보이고 있다. 구체적으로 기술자, 엔지
   니어, 프로그래머, 지질학자, 기상학자, 약사, 등이다.

ISTJ유형의 덜 선택하는 직업들

ISTJ형들은 아주 양육적이거나 관계 지향적인 일로 특징되는 직업에는 다소 덜 종사
한다. 더구나 이론적, 추상적이며 상징적인 자료들에 계속 주의를 기울여야 하는 직업
에는 더욱 드물게 나타난다. 예술분야나 집단 그룹을 많이 상대해야 하는 일에도 적게
일한다. 구체적으로 예술가, 상담가, 음악가, 성직자, 심리학자, 유치원교사, 보육교사,
배우 등에는 덜 선택하는 경향이 있다.

위와 같이 한 개인의 성격유형은 자신의 직업선택에 있어 중요한 정보를 제시해 주고 있습니다. 성격을 알면 진로가 보입니다.

흥미를 알면, 진로가 보인다

두 번째는 '흥미'입니다.

직업선택에 있어서 흥미를 중요하게 다루는 이유는 흥미검사가 지능검사나 성격검사에 비교하여 진로선택에 필요한 비교적 많은 정보를 제공해 줍니다.

흥미는 어떤 일이나 대상에 관하여 관심과 열중하려는 경향을 나타내는 말입니다. 또한, 특정 사물이나 일에 대하여 그것을 향하거나 혹은 피하는 것을 나타냅니다. 따라서 흥미는 일을 계속하거나 그만두는 현상을 결정하는 중요한 요소이며 좋아하거나 싫어하는 마음의 상태를 나타내기도 합니다.

구체적으로 흥미적성은 STRONG 직업흥미검사를 활용해서 설명하도록 하겠습니다. 이 검사 역시 ㈜어세스타(구, 한국심리검사연구소)의 자료를 통해 구체적으로 살펴보겠습니다.

현장형 흥미(몸으로 일하는 사람)

현장형의 사람은 일반적으로 신체적으로 강인하고 신체조정능력이 뛰어나다. 자신을 표현하는 것, 남과 이야기하는 것, 자기 자신을 드러내는 일에 서툴다. 종종 대화나 상담 시 수동적인 역할을 하는 것을 당연하게 생각하며 신뢰감 있는 관계까지는 다른 유형에 비해 시간이 오래 걸린다. 현장형의 사람들은 일반적으로 자신의 손이나 도구를 사용하여 일하는 것을 좋아하고 물건을 수선하거나 만드는 일을 선호한다. 또한, 실질적이고 신체적으로 강인한 면이 있다. 현장형은 도구, 장비의 달인으로 농업, 기계, 건설, 자연, 운동, 수리작업을 좋아하고 야외활동, 모험과 신체적 활동, 1차 산업 생산활동을 선호한다.

탐구형 흥미(호기심 많은 사람)

탐구형의 사람은 호기심이 많고, 이해가 될 때까지 관찰하고 분석하는 것을 좋아한다. 독립적인 경향과 사고력이 강하고, 수학이나 물리학, 생명과학, 사회과학과 같은 학문적 분야에서 연구하는 것을 좋아한다. 그러므로 이들은 추상적인 문제를 다루거나 애매한 상황을 논리적이고 분석적으로 탐구해 가며 새로운 지식이나 이론을 다루는 학문적 활동이나 연구 활동을 선호한다. 생산품 연구 활동이나 신상품 개발을 좋아하며, 전문지식을 가진 사람들과 함께 일하는 것을 선호한다. 또한, 스스로 지적, 창조적, 학구적, 비판적이라는 생각을 가지고 있다. 탐구형은 조사, 연구, 분석의 달인으로 학자, 연구산업 분야를 선호한다.

예술형 흥미(창조하는 사람)

예술형의 사람은 독립적이고 개성적이다. 자유롭게 일하는 것을 좋아하며 자신만의 프로젝트를 선호한다. 예술형은 자신을 새로운 방식으로 표현하는 일을 좋아하며 창의성을 발휘할 수 있는 직업을 선호한다. 특히 문학, 미술, 연극, 영화와 같은 문화 활동과 연관된 일을 좋아한다. 자신의 직업 활동을 통하여 여가생활 또는 취미생활과 밀접한 관련이 있는 경우가 많다. 따라서 구조적이거나 형식화된 기관을 꺼려하는 경우가 있다. 가장 큰 특징은 창조적인 방식으로 자신의 내면세계나 감정을 표현하려는 상상력을 많이 사용한다. 예술형은 문화, 예술의 달인으로 매스미디어 산업 분야를 선호한다.

사회형 흥미(남을 돕는 사람)

사회형의 사람은 자신의 느낌과 생각, 의견들을 자유롭게 교환할 수 있는 분위기를 선호한다. 이들은 다른 사람과 함께 일하는 것을 선호하며 다른 사람을 도와주는 것을 좋아한다. 그러므로 타인을 육성하고 계발시키는 일을 좋아하고 이익이 적더라도 자신의 도움이 필요한 사람을 돕는 일을 매우 선호한다. 사회형은 다른 사람과 관련된 일을 좋아하므로 다른 사람들의 관심 대상이 되고 싶어 하고, 다른 사람과 함께 책임과 성과를 나누고 싶어 한다. 특히 경쟁 상황이나 사물만을 대상으로 하는 직업들을 피하려 한다. 청소년 상담교사, 초중고 교사, 운동감독이나 코치, 임상심리학자, 직업상담사, 부육교사와 같은 직업을 선호한다. 사회형은 복지, 교육의 딜인으로 사회과학 및 교육산업에 관심을 가지고, 다른 사람들의 문제 해결을 도와주며 가르치고 양육하는 일을 선호한다.

진취형 흥미(도전하는 사람)

진취형의 사람은 조직화되고 구조화된 상황에서 구체적인 자료와 사실들을 바탕으로 정확하고 세밀한 일을 하는 것을 좋아한다. 조직의 목표달성과 경제적 성취를 위해 노력하는 것을 좋아하며, 자신의 견해를 설득하고 영향력을 행사하고 지시하는 일을 좋아한다. 이들은 조직이나 개인의 목표를 설정하고 이를 달성하기 위해 회의, 논쟁 등을 통하여 자신의 영향력을 마음껏 발휘하는 것을 좋아한다. 마케팅, 영업, 홍보, 판매, 조직관리, CEO 등으로 많은 활동을 하며 다분히 리더 역할을 많이 하는 것을 볼 수 있다. 진취형은 사업, 정치의 달인으로 경영, 법, 정치, 강연 분야처럼 다른 사람들의 주목을 받는 것을 좋아하고 리드하는 역할을 선호한다.

사무형의 사람은 일반적으로 체계적이고 잘 구조화된 상황에서 구체적 정보를 바탕으로 정확성과 세밀함을 요구하는 직업을 좋아한다. 특히 사무형은 문자나 수치화된 정보를 다루는 일에 능숙하며 회계나 투자관리, 통계, 재고관리, 은행 업무, 비서, 경리, 회계 등의 일을 많이 하고 있다. 자기 자신을 보수적이고 안정적이며 자신을 잘 통제하고 신뢰할 수 있다고 생각한다. 특히 경제적 보상에 많은 관심이 있으나 대체로 순응을 잘하며 명령과 지시에 따라 일하는 상황을 편안해한다. 사무형은 행정관리의 달인으로 공기업, 사기업, 금융산업 등, 안정감 있고 규칙적인 일을 체계적으로 수행하는 일, 자료를 보관하고 분류 및 정리하는 일을 선호한다.

위의 내용은 현재까지 우리나라에서 가장 일반적이면서도 전통적으로 사용되고 있는 홀랜드 직업흥미의 6가지 유형에 관하여 살펴본 것입니다. 한가지 유형이 강하게 나타나는 흥미유형이 있고 두, 세 가지 유형이 복합적으로 나타나는 흥미유형이 있습니다. 흥미를 알면 진로가 보입니다.

가치관을 알면, 진로가 보인다

세 번째는 '가치관'입니다.

사람들은 선택의 순간이나 문제 상황을 만났을 때, 일의 우선순위를 정할 때, 자신의 가치관에 의해 판단하며 해결해 나갑니다. 직업진로에서도 마찬가지입니다. 직업 가치관은 진로선택에 매우 결정적인 역할을 합니다. 직업 가치관은 어떤 직업관에 자신의 기준을 맞출 것인가와 자신의 가치관을 그 직업관에 어떻게 정립하는가에 따라 달라집니다. 또한, 그렇게 결정된 직업관은 누구의 영향력에 의해서도 쉽게 바뀌지 않습니다. 그러나 아이들의 직업 가치관과 부모의 직업 가치관이 서로 충돌하게 되면 아이가 원하는 직업과 부모가 원하는 직업이 다르므로 진로선택에 많은 어려움과 고충이 따르게 됩니다.

직업 가치관에 따른 선호유형을 살펴보겠습니다.

직업 가치관 선호유형

- **안정성** : 해고나 조기퇴직 염려 없이 오랫동안 할 수 있는 일
- **다양성** : 단순 반복적이지 않으며 다양하고 새로운 경험을 할 수 있는 일
- **협동성** : 단체나 조직에 소속감을 갖고 다른 사람과 어울려 활동할 수 있는 일
- **창의성** : 새로운 생각이나 아이디어를 내는 창의적인 일
- **예술성** : 예술 활동을 통해 정서적인 만족과 보람을 얻을 수 있는 일
- **리더십** : 많은 사람을 이끌면서 자기 뜻대로 할 수 있는 일
- **전문성** : 남이 쉽게 배우거나 따라 할 수 없는 자격증이 필요한 전문적인 일
- **자율성** : 다른 사람의 지시나 통제를 받지 않고 개인적으로 업무를 해나가는 일
- **경쟁력** : 목표를 정하고 자신의 능력을 발휘하여 성취감을 가질 수 있는 일
- **여가생활** : 충분한 여가시간을 가질 수 있는 일
- **부모만족** : 부모가 원하고 바라는 일
- **개별활동** : 남과 어울리지 않고 혼자 조용히 할 수 있는 일
- **실내활동** : 외부활동을 하지 않고 주로 사무실이나 실내에서 할 수 있는 일
- **봉사활동** : 어려운 사람을 돕고 남을 위해 봉사하는 일
- **자기개발** : 새로운 지식과 정보를 배우고 언제나 나의 능력을 개발할 수 있는 일
- **인기·명예** : 사회적 명성이나 인정을 받는 일
- **종교적 사명** : 어떤 문제든지 종교적 신념에 따라 할 수 있는 일
- **경제적 보상** : 경제적 부를 많이 축적할 수 있는 일

직업 가치관 선호유형을 검사하면 아이들은 두, 세 가지 정도로 자신의 직업 가치관을 요약할 수 있습니다. 가치관은 태어난 환경으로부터 교육적 경험과 여러 가지 사건들을 통해 자신의 내적 우선순위로 자리 잡은 것입니다. 이 가치관은 가장 중요한 직업선택의 요소입니다. 그러나 위의 가치관들은 자기 자신은 물론, 다른 사람에게도 영향을 미치고 또한 주위의 영향력 있는 사람들 부모, 선생님, 친구들에 의해 강요될 수 있어 주변 인물들의 바른 지도가 특히 요구되는 부분이기도 합니다. 특히, 부모의 직업 가치관이 자녀에게 끼치는 영향력은 무시할 수 없습니다.

학교보다 학과를 먼저 선택하라

진로상담실을 찾는 대학생의 경우 1학년과 2학년보다는 3, 4학년의 학생인 경우가 월등히 많습니다. 특히, 상담을 해오는 학생의 대부분 자신이 계획하는 직업선택과 자신의 전공이 불일치하는 문제 때문입니다. 자신이 대학을 진학할 때는 성적과 점수분포에 따라 학교를 먼저 선택하고 학과를 전공으로 선택했는데 막상 사회에 진출하기 위한 직업을 선택하려니 전공이 자기 직업선택과 맞지 않음을 깨달은 것입니다.

이제 1년이나 한 학기 후면 대학을 졸업하고 직장사회로 나가야 하는데, 지금까지 노력한 시간을 되돌려야 한다는 안타까운 경우입니다. 그나마 이런 경우는 졸업하기 전, 진로상담실을 찾아 자신의 처지와 상황을 객관적으로 검증해 볼 수 있어 얼마나 다행인지 모릅니다. 그러나 대부분은 자신의 학과전공과 직업선택이 맞는지 안 맞는지 확인해 볼 기회도 없이 당장 취업을 해야 한다는 절박한 상황이나 감정에 따라 결정하므로 몇 년이 지난 후에야 자신과 일이 맞지 않는다는 것을 알게 되고 후회하는 안타까운 일들이 벌어지고 있습니다.

이렇게 학교를 선택하기 전, 학과를 직업진로에 맞추어 선택하지 않게 되면 졸업을 앞두고 방황하거나 휴학을 하게 되고 다시 학교를 입학하거나 편입하려 시도를 하게 됩니다.

이런 실수를 하지 않으려면 학교를 선택하기 전, 학과를 먼저 선택하는 것이 바람직한 진로 선택 방법입니다.

성격, 흥미, 가치관을 아는 것은 자신의 정체성을 아는 것이며 진로를 찾는 시작입니다. 타고난 재능을 안다는 것은 자신의 진로를 볼 수 있는 안목이 생긴 것입니다. 진로검사가 진로를 결정하는 기준이 아니라, 진로를 찾는 시작점입니다. 천직을 만나기 위한 여정의 시작이 타고난 재능을 찾는 일부터 시작하는 것이며, 진로의 완성은 자신이 찾은 일을 사랑할 수 있을 때 완성됩니다. 따라서 진로 여정에서 중요한 것은 끊임없이 사람을 사랑하려는 태도와 일을 사랑하려는 태도입니다. 이런 태도가 '1등 진로'를 찾는 기본이 될 것입니다.

자신의 커리어를 알면 일이 '수월'해지고, 열심히 노력하면 '탁월'해집니다.

꼴찌도 '1등' 할 수 있는
진로설계

사람은 태어나면서부터 성숙한 성인이 될 때까지 끊임없이 무엇이 되려 하든지, 되어야 한다고 교육을 받습니다. 그리고 초등학교부터 대학을 졸업할 때까지 자신의 직업과 꿈을 찾으려 노력합니다. 학생들이 공부하는 궁극적인 이유는 자신이 속한 사회의 당당한 일원으로 자립하여 살아갈 수 있는 직업과 꿈을 찾기 위해 공부한다고 할 수 있습니다. 이처럼 학교에 다닐 때는 누구나 공부라는 똑같은 일을 갖지만 학교를 졸업하고 난 후 성인이 되면 남자든 여자든 각자가 선택한 직업을 갖게 되며 자신만의 독특하고 개성 있는 일을 하게 됩니다.

어른들이 아이들에게 자주 하는 말이 있습니다. "너는 커서 무엇이 되고 싶으냐?"라는 질문입니다. 이 물음에 제대로 된 답을 하는 아이가 과연 몇이나 될까 생각해 봅니다. 오히려 이런 질문을 받을 때마다 아이들의 마음 한구석에는 공부 열심히 하라고 하는 말로 들릴 수 있습니다. 어른들이 말씀하시는 '무엇'이란 성인이 되어서 갖게 될 직업을 말했던 것입니다.

과연, 직업이란 무엇이며 우리가 살아감에 있어서 어떤 의미가 있고, 어떤 직업을 최고의 직업이라 생각할 수 있을까요? 1등 진로란 과연 어떤 길일까요?

직업에는 귀천이 없다고 하는데, 꼴찌도 1등 할 수 있는 진로란 어떻게 찾을 수 있을까요? 이에 관하여 살펴보도록 하겠습니다.

꼴찌도 1등 할 수 있는 직업관을 가져라

아이들은 학교에서 누가 1등인지 이야기하지 않아도 누구나 쉽게 알 수 있습니다. 그리고 그 아이는 명문대를 진학하게 될 것이며 졸업 후 유망한 직업을 가질 것이라 예상합니다. 학교사회 1등이 직업사회에서도 1등하리라는 생각입니다. 그러나 오랫동안 자녀교육과 진로상담 현장에서 확인한 바로는 이런 생각은 명제가 아님을 어렵지 않게 알 수 있었습니다.

학교사회에서 1등하는 아이가 직업사회에서도 1등 하리라는 기대는 누구나 할 수 있으나, 반드시 그렇게 된다는 보장은 없습니다. 또한, 학교사회에서 꼴찌하는 아이라도 직업사회에서 1등할 가능성이 얼마든지 있다는 것을 확인할 수 있었습니다.

이렇게 학교사회에서 설령, 꼴찌 하는 아이라도 직업사회에서 1등 할 수 있으려면 '꼴찌도 1등 할 수 있는 직업관'을 먼저 가져야 합니다.

직업선택에 있어서 어떤 가치관을 따르고 있는가는 매우 중요한 사안입니다. 왜냐하면, 그 가치관에 따라 직업선택의 우선순위가 정해지기 때문입니다. 따라서 직업 가치관을 세우는 것이야말로 직업선택에 있어서 제일 중요하며 우선하여 알아야 할 일입니다. 직업 가치관을 수직적 직업관과 수평적 직업관으로 두 가지 기준을 가지고 비교해 보겠습니다.

먼저, 수직적 직업관입니다.

수직적 직업관은 직업을 수직으로 서열화하는 가치관입니다. 1등 직업이 있고 꼴찌 직업이 있습니다. 1등 직업을 가지면 성공할 수 있다는 것입니다. 이런 관점이 수직적 직업관입니다. 이와 같은 수직적 직업관을 가진 사람들은 결혼이라는 과정에서도 배우자의 선택에 있어서 1등 직업과 부의 소유 정도가 최고의 가치로 여겨지기도 합니다. '사람의 능력은 돈이다.'는 말이 나올 정도로 물질적 소유를 최우선으로 여기는 것이 수직적 직업관의 특징입니다. 잘못된 직업관이라거나 나쁜 직업관이라고 하는 말이 아니라, 자칫 이런 직업관은 성공하고서도 행복하지 않다거나 만족하지 못할 수 있다는 것입니다.

수직적 직업관은 돈을 많이 벌 수 있고, 인기와 명예를 얻을 수 있는 직업을 1등 직업으로 여기며 이런 직업을 가진 사람이 능력 있는 사람이라고 인정합니다. 이런 관점은 우리 자녀들에게도 똑같이 적용됩니다. 대학입시와 대학진학을 준비하는 과정에서 1등하면 의대란 공식이 있을 정도입니다. 왜 그럴까요? 이런 직업들은 수입과 안정성, 그리고 명예를 모두 가질 수 있는 직업으로 인식되어 있기 때문입니다. 그러나 이런 직업관이 우리에게 얼마나 부정적 영향을 미치고 있는지 알아야 합니다. 성적 중심, 서열 중심의 직업관은 우리 사회를 획일적 사고로 만들 뿐만 아니라 대다수 사람에게 자신의 직업을 선택하기 전부터 좌절감과 패배감을 갖게 하기 때문입니다. 이런 직업관은 결코 바람직한 직업관이라 말할 수 없습니다. 어쩔 수 없이 현 사회가 이런 직업관을 인정하고 살 수밖에 없다고 하더라도 자라는 아이들이 이런 획일화되고 수직적인 직업관에 사로잡혀 시작도 하기 전에 좌절하고 포기하는 부작용을 주의해야 할 것입니다.

그렇다면 바람직한 직업관이란 어떤 것일까요?

다음은 수평적 직업관입니다.

수직적 직업관이 1등 직업과 꼴찌 직업을 나누는 것이라면 수평적 직업관은 직업 자체가 남을 해롭게 하거나 죄를 짓는 일이 아니라면 모든 직업은 1등 직업이 될 수 있다는 직업관입니다. 1등 직업과 꼴찌 직업, 좋은 직업과 나쁜 직업이 있는 것이 아니라 성실하고 근면한 직업인과 태만하고 게으른 직업인으로 구분할 수 있을 뿐이며, 좋고 나쁨은 그 직업을 감당하는 사람이 어떻게 그 직업에 임하느냐는 태도 즉, 직업관에 따른 것으로 판단할 수 있습니다.

수직적 직업관과 수평적 직업관을 도표로 살펴보겠습니다.

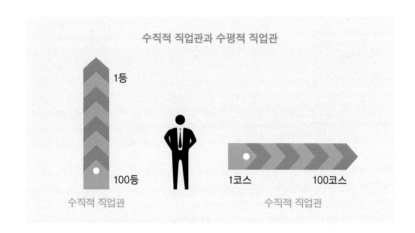

많은 사람은 수직적 직업관을 갖고 있습니다. 1등 직업과 100등 직업이 있다고 생각합니다. 그리고 몇 등 직업이냐에 따라 세상에서 경쟁력이 있고 또는 없다고 생각합니다. 그러나 이것은 엄청난 오해입니다. 마치 위의 도표처럼 말입니다. 학업성적이 1등이라고 하여 1등 직업을 선택하는 것이 아니고, 학업성적이 꼴찌라고 하여 반드시 꼴찌 직업을 선택하는 것은 아닙니다. 학업성적이 우수한 아이들이 자신의 직업선택을 잘못하여 실패하는 경우를 얼마든지 볼 수 있습니다. 그것은 직업선택 자체가 1등과 꼴찌를 나누는 것이 아니라, 각자의 진로가 1코스와 100코스로 다른 것뿐입니다. 그래서 학교사회와 직업사회는 전혀 다른 것입니다. 꼴찌도 1등 할 수 있는 길이 바로 직업사회의 진로선택입니다. 수직적 직업관을 가지고 있는 아이는 학교사회에서의 저조한 성적으로 이미 좌절과 패배감에 빠져있게 됩니다. 그러나 수평적 직업관을 가진 아이라면 비록 학교사회에서의 저조한 성적이라 할지라도 자신에게 맞는 진로코스만 찾을 수 있다면 얼마든지 꼴찌도 1등 할 수 있는 진로를 선택하게 됩니다.

'1등 진로'란 저절로 얻을 수 있는 것이 아니다

수직적 직업관을 쫓는 사람들에게서 나타나는 공통된 특징이 있습니다. 그것은 직업 자체가 성공의 조건이라는 생각입니다. 즉, 직업이 서열화되어 있고 그 직업을 가진 직업인 역시 서열화되어 있다는 편견입니다. 물론, 이것은 우리 사회에서 어느 정도 통용되고 있는 상식이며 부정할 수 없습니다. 그리고 되는 길이 무척 어렵고 힘든 과정이므로 이런 통념들은 어느 정도 인정해야 할 것입니다.

다른 사람들에 비해 더 큰 노력으로 부와 명예를 갖길 원하는 것은 잘못됐다거나 나쁜 것은 아닙니다. 치열한 경쟁을 통해 명문대를 졸업하고 1등 직업을 갖게 되면 부와 명예라는 대가와 보상이 자연스럽게 따라오리라는 기대입니다. 그렇지만 현실은 과거보다 수직적 직업관이 통용되는 시대가 아닙니다.

사정이 이렇다 보니 젊은 인재들이 1등 직업이라고 생각하는 직업을 갖게 되고 난 후에도 만족감과 성취감보다는 끊임없는 갈등과 고민을 하게 됩니다.

그것은 치열한 경쟁과 불안정한 사회구조 속에서 단번에 경쟁에 승리하고 안정된 부와 명예를 얻기 위한 본능적 욕구에서부터 현실에서 나타나는 상실감 때문일 것입니다.

그래서 1등 진로는 저절로 얻을 수 있는 것이 아닙니다.

직업에도 형식과 본질이 존재합니다. 돈을 많이 벌고 인기 있는 안정된 직업이 좋다는 형식적인 면이 있습니다. 그러나 직업은 본질로써 수고하고 무거운 짐입니다. 짐을 지는 것이 직업입니다.

수직적 직업관을 가진 사람들은 수고하고 무거운 자신의 짐을 1등 직업을 갖게 되면 조금 덜 수고하고 더 안정을 누릴 것이라 기대합니다. 그리고 자기만족도 역시 클 것이라 기대합니다. 또한, 수고에 비하여 많은 보상과 대가를 받고 싶어 합니다. 이러한 수직적 직업관의 목적은 자기 자신만을 위한 직업관입니다. 자신의 직업을 통하여 자신이 먼저 만족하겠다는 직업관입니다.

그러나 수평적 직업관은 다릅니다. 직업이란 나의 만족이 먼저가 아니라, 남의 만족을 먼저 채우기 위해 다른 사람을 섬기고 그 대가를 받는다는 것이 수평적 직업관입니다. 내 직업이 다른 사람의 직업보다 우월하다는 생각이 아니라 내 직업으로 다른 사람을 섬긴다는 태도입니다. 그래서 수평적 직업관은 저절로 얻을 수 있는 가치관이 아닙니다. 나보다 먼저 다른 사람의 필요를 채우는 것이기 때문입니다.

그래서 1등 진로는 '남의 필요를 먼저 채우는 것'입니다.

1등 진로는 저절로 얻을 수 있는 것이 아닙니다. 왜냐하면, 남의 필요를 먼저 채울 수 있는 사람만이 찾게 되는 길이기 때문입니다.

직업은 남의 필요를 먼저 채우는 일이 되어야 합니다. 도둑이나 사기꾼을 직업인이라고 말하지 않습니다. 투기를 일삼는 투기꾼을 직업인이라 하지 않고 '놈'이나, '꾼'이란 저속한 말을 붙여 부릅니다. 그것은 자신의 만족을 위해 남이 피해를 보든 말든 자기만 위한 일을 하기에 이것은 직업이 되지 않는다는 사회적 압력입니다.

최근, 예비 직장인인 젊은 세대의 직업선택 기준은 자신의 적성과 흥미에 맞는 일, 높은 보수, 많은 여가 그리고 안정성, 무엇보다 인간관계에 스트레스를 받지 않고 일할 수 있는 직장을 선호한다고 말합니다. 이러한 자유로운 조건이 갖춰진 직업과 직장을 최고의 직업으로 여깁니다. 이런 기준은 당연합니다. 그런데 문제는 이런 직업과 직장은 한계가 있다는 것입니다. 상대적으로 많은 사람이 찾고 있기에 그 수요와 공급이 균형을 맞추지 못하고 청년실업의 원인이 되기도 합니다. 단언하건대, 청년실업의 늪에서 탈출하려면 직업선택 동기가 '자기만족(for myself)'에서 '남을 위해(for others)'로 빨리 바꿀수록 기회가 찾아옵니다.

직업은 내 필요가 아닌 남의 필요를 먼저 채우려 할 때, 남의 필요도 채우고 나의 필요도 채울 수 있는 변하지 않는 공식이 있습니다. 직업은 남의 필요를 먼저 채우는 일입니다. 직업은 자원봉사가 아닙니다. 직업은 대가가 있는 일입니다. 그러므로 남의 필요를 많이 채우는 사람일수록 그에 따른 대가와 보상도 많아지는 것입니다. 남의 필요를 채우는 만큼 대가가 늘어난다고 보면 됩니다. 여기서 대가란 물질적인 보수일 수도 있고 정신적인 만족일 수도 있습니다. 때문에, 직업의 본질은 '남의 필요를 먼저 채우는 일'입니다.

'1등 진로'란 직업, 꿈, 천직을 찾는 것이다

만족도가 높은 직업을 보면 먼저 다른 사람들의 필요를 채워주는 일들이 많습니다. 직업을 가지고 남의 필요를 채우고 다른 이의 기쁨과 만족을 위한 직업일수록 직업 만족도가 높다는 결과입니다. 또한, 자기 일을 천직이라 여기는 사람들의 공통적인 특징을 보면 노동의 수고에 비해 대가가 많아서라기보다, 자기 일을 통해 다른 사람들이 즐거워하는 것을 기쁨으로 삼는 사람들입니다. 예를 들면, 음식점 중 유난히 손님이 많은 집이 있습니다. 그 식당의 주인과 종업원은 자신이 손수 만든 음식을 손님들이 맛있게 먹고 만족해하는 모습을 보면서 행복하다고 말하는 사람들입니다. 직업은 생계수단이기 이전에 살아가는 의미이고 우리가 행복을 추구할 수 있는 도구라고 믿는 사람들입니다.

그래서, 천직은 '다른 사람을 행복하게 하는 일'이며, '자신이 사랑하는 일'입니다. 꿈, 직업, 천직에 관한 연관성을 도표로 살펴보겠습니다.

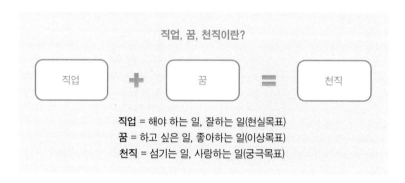

직업, 꿈, 천직이란?

직업 **+** 꿈 **=** 천직

직업 = 해야 하는 일, 잘하는 일(현실목표)
꿈 = 하고 싶은 일, 좋아하는 일(이상목표)
천직 = 섬기는 일, 사랑하는 일(궁극목표)

1등 진로를 찾는 길은 만족의 대상을 바꾸는 것부터 시작됩니다. 보이지 않던 길이 새롭게 보일 것입니다. 내 적성과 흥미를 알았다면 다른 사람의 관심과 만족이 어디 있는가를 찾아야 합니다. 내 전문성을 가지고 남의 필요를 알아내서 남의 만족을 위해 직업을 선택해 가는 것입니다.

직업은 내가 해야 할 일입니다. 직업은 내가 세상을 살아가는 유일하고 필수적인 수단이자 도구입니다. 그래서 잘할 수 있는 일을 현실목표로 찾아서 해야 하는 일입니다. 내가 잘하는 일을 찾아 다른 사람이 필요로 할 때 자신의 가치가 올라가며 삶의 동기가 살아납니다. 그래서 직업은 '대가가 있는 봉사'라고 표현할 수 있습니다. 직업을 봉사같이 할 수만 있다면 그 직업은 하고 싶은 일, 좋아하는 일이 됩니다. 이것을 꿈을 이루는 직업이라고 할 수 있습니다. 그리고 직업의 수준을 올리는 것이 됩니다.

자동차 판매원 중 좋은 실적을 올리는 사람들의 특징이 있습니다. 처음부터 차를 팔지 않는다는 것입니다. 고객이 될 사람이 무엇이 필요한지 먼저 생각하고 그것을 먼저 알아주고 채워주려고 노력한다고 합니다. 고객이 차를 바꾸는 문제보다 자식 교육이 급한 경우에는 차를 팔려고 하지 않고 자녀교육에 관한 정보와 지식을 찾아 전달하거나 좋은 교육기관을 소개하는 등 고객의 필요를 먼저 채워준다고 합니다.

또한, 고객이 결혼에 대한 고민과 갈등이 있다면 그에 대한 도움을 먼저 준다고 합니다. 그렇게 되면 고객은 도움을 받았기 때문에 자연스레 판매원을 도우려는 마음이 생기는 것입니다. 판매원은 단순히 고객의 필요를 먼저 채웠는데 고객은 판매원의 필요를 채우려고 자동차를 구매한다고 합니다. 실제로 TV를 보다 보면 자동차 판매원이 계약하는 고객의 대부분은 정말 그 차가 완벽하게 좋아서라기보다 판매원이 고객의 필요를 채우려는 정성과 태도 즉, 정서적인 공감과 감정적인 공감을 많이 채워주고 무엇이 필요한지 찾아내어 그 부분을 도와주는 판매원에게 계약한다고 합니다.

직업은 남의 필요를 먼저 채우는 것입니다. 이것이 직업의 본질입니다. 그러나 노동과 일은 어떤 면에서 수고와 고통까지 주는 짐이기도 합니다. 이처럼 직업이 일이 아니라, 짐이 될 때 삶이 피곤하고 고통스럽게 됩니다. 직업이 짐이 아니라 일이 되려면 자신의 만족에 맞추는 것이 아니라 다른 사람의 필요와 만족에 맞출 수 있을 때 더 이상 짐이 아니라 일이 될 것입니다.

그리고 그 일은 꿈을 이루는 하고 싶은 일, 좋아하는 일이 될 것입니다. 그러나 시간이 지나면 잘하는 일도, 좋아하는 일도, 해야 하는 일도, 하고 싶었던 일도 근본적인 만족감이나 충족감을 지속적으로 주지 못할 것입니다. 왜냐하면, 행복감이란 사랑하는 일에서 얻을 수 있기 때문입니다. 다른 사람의 기쁨과 보람을 위해 일하고 이 일을 통해 자신도 만족과 보람을 얻을 수 있을 때 그 일을 사랑할 수 있게 됩니다. 이 일을 천직이라고 할 수 있습니다.

천직이란 다른 사람을 섬기는 일입니다. 사람을 사랑하는 일입니다. 이것을 자기 일로 표현하는 것입니다. 이것을 천직이라고 합니다. 따라서 천직은 궁극적인 삶의 목표입니다.

자신이 천직을 발견하지 못하는 것은 타고난 재능이 없어서가 아닙니다. 성실하게 노력하지 않아서도 아닙니다. 자기만족에 초점을 맞추다 보니 무슨 일을 해도 싫증이 납니다. 무슨 일을 해도 만족하지 못합니다. 점점 내가 할 수 있는 일이 좁아지게 되고 어떤 일도 하기 싫어지는 안타까운 상황이 됩니다.

1등 진로는 짐이 아니라, 일입니다. 사람을 섬길 때, 직업은 짐이 아니라, 일이 됩니다. 그 일을 천직이라고 합니다.

그래서 '1등 진로란 직업, 꿈, 천직을 찾아가는 길'입니다.

'1등 진로'란 되는 길보다 가는 길을 보고 정하라

'어떻게 직업을 선택할 것인가?'라는 이 질문에는 4가지 속성이 내포되어 있습니다.

첫째, 직업의 가치를 어디에 두는가?

둘째, 자신에 대한 지식, 즉 자신의 정체성을 알고 있는가?

셋째, 관심 직업에 대한 정보가 있는가?

넷째, 현재 상황과 환경을 인정하고 극복할 의지와 열정이 있는가?

위 내용이 복잡하다면 다음 두 가지로 요약하여 생각할 수 있습니다. 그것은 모든 직업에는 '되는 길'과 직업을 선택하고 나서 '가는 길'로 구분해서 생각할 수 있습니다.

한 가지 예를 들어보겠습니다.

대학 도서관에는 많은 학생이 자격시험이나 공무원시험과 같은 고시를 준비하고 있습니다. 그 가운데 교사 임용고시를 준비하는 학생들도 많이 있습니다. 대학생들뿐만 아니라 중, 고등학생들도 교사에 대한 직업인기도는 항상 상위권에 속합니다. 그 이유는 다음과 같습니다.

첫째, 많은 학생이 생각하는 교사라는 직업은 다른 어떤 직업에 비해 안정성이 높다는 이유입니다. 다른 직업과 비교해서 상대적으로 정년이 보장되고 경제 상황과 관계없이 안정된 보수를 받을 수 있습니다. 대다수 기업의 정년퇴직 나이가 50세 전후로 예전보다 무려 10년 이상 짧아졌으며, 무엇보다도 언제 정리해고될지 모르는 불안한 직장생활을 하는 현실입니다. 그러나 이와 반대로 교사는 그 정년이 다른 직업인에 비해 훨씬 길며 또한 특별한 문제가 발생하지 않는 이상 그 정년까지 다 채우고 퇴직할 수 있다는 장점이 있습니다.

둘째, 교사에 대한 인기도가 높은 이유는 무엇보다도 자기 여가시간이 많습니다. 요즘 젊은이들 가운데는 일하는 시간이 정해져 있는 정규직 직장보다 자기 여가시간이 충분한 아르바이트를 선호하는 이들이 상당히 많습니다. 그만큼 요즘 젊은이들은 자기 여가를 즐길 수 있는 직장을 선호합니다. 이런 이유에서 교직은 그 필요를 채울 수 있는 좋은 직장입니다.

셋째, 무엇보다도 직장생활에서 가장 어려운 대인관계의 어려움이 타 직업과 비교하면 비교적 적다는 것입니다. 주로 학생들과 있는 시간이 많다 보니 직장상사나 동료들로 인한 스트레스가 상대적으로 적다고 생각하는가 하면, 특별히 타 직업처럼 여러 사람과의 복잡한 관계 속에서 다양한 대인관계에서 오는 스트레스를 적게 받는다는 이유에서 교사에 대한 인기는 언제나 높은 편입니다.

물론, 무엇보다 아이들을 좋아하고 가르치는 일을 좋아해서 교사라는 직업을 선택하는 본질적인 이유도 분명히 많습니다.

그러나 교사라는 직업은 '되는 길'과 '가는 길'이란 직업적 속성에서 바라본다면 많은 차이가 있음을 알 수 있습니다.

먼저 '되는 길'을 살펴보겠습니다.

초등교사가 되려면 각 시도에 있는 교육대학과 한국교원대에 진학해야 합니다. 교육대학의 입시경쟁률은 상상을 초월할 만큼 치열합니다. 인기가 많은 직업이다 보니 입시경쟁률 또한 높습니다. 또한, 중등교사가 되기 위해 사범대학을 졸업한 학생들의 임용고시 경쟁률이 타 고시에 비추어 볼 때 전혀 뒤지지 않는 것이 현실입니다. 거기다가 일반대학 졸업생들까지 편입이나 복수전공을 통해 같은 임용고시 준비를 하는 실정이다 보니 그 경쟁률은 취업 전쟁을 방불케 합니다. 이렇듯 되는 길이 예상 밖으로 가시밭길입니다. 교사가 되는 길에 필요한 적성은 '탐구성'입니다. 공부에 흥미를 가지고 있는 적성이 되는 길에 필요합니다.

그러나 이렇게 어렵게 교사가 되었다고 하더라도 교사가 된 후, 교사로서 가는 길이 앞서서 살펴보았듯이 과연 안정성과 여가가 많고 스트레스가 없는 길일까요? 전혀 그렇지가 않습니다.

첫째, 교사로서 가는 길은 무엇보다도 '기다림의 미학'을 아는 사람이 가는 길입니다. 대체로 모든 직업은 직업 수행의 결과들이 빨리 나타납니다. 그 결과들이 물질적 보상이라든가 다양한 실적들로 나타납니다. 반면, 교사는 그 결과가 짧게는 몇 년에서 십 년 이상의 기다림 속에서나 그 결과들을 볼 수 있게 됩니다. 학생들을 가르치고 교육한다는 것은 나무를 심고 가꾸는 것처럼 그 결과가 상당히 오랫동안 기다려야 합니다.

둘째, 교사로서 가는 길은 일반 직업인처럼 1+1=2, 또는 1+1≥2 이상이 돼야 한다는 '생산성'과 '효율성'이 통하지 않는 길입니다. 여러 학생을 놓고 가르쳐도 어떤 학생은 잘 알아듣는 학생이 있는가

하면 어떤 학생들은 몇 번을 반복해도 잘 이해하지 못하는 학생이 있습니다. 다시 말해, 교사의 노력과 열정이 통하지 않을 수 있다는 것을 알아야 합니다. 아무리 수업시간에 많은 땀과 수고로 아이들을 열정적으로 가르쳐도 월급이 단돈 1원 한 푼 오르지 않습니다. 대부분 직업은 주어진 시간에 자신의 노력과 결과에 따라 주어지는 보상과 대가가 차이가 있지만 교사라는 직업은 타 직업보다 눈에 보이는 실제적인 보상이 상대적으로 거의 없다시피 합니다.

셋째, 교사로서 가는 길은 세상의 어떤 직업에서도 볼 수 없는 특수성이 있는데 그것은 자신의 삶을 학생들의 장래와 맞바꾼다는 것입니다. 교사로서 보내는 시간 곧, 자신의 삶을 학생들에게 나누어 주는 것입니다. 그 시간을 자신의 미래가 아닌 학생들의 장래와 바꾼다는 뜻입니다. 스승이 없는 제자가 어디 있겠습니까? 교사란 자신의 미래를 위해 일하는 직업인이 아닌, 학생들의 미래를 위해 자신의 삶과 맞바꾸는 직업인이기보다 사명인이라고 봐야 할 것입니다.

이렇듯 교사가 되고 난 후, 가는 길에 필요한 적성은 무엇보다 '사회성'입니다. 아이들을 가르치고 봉사하는 마음이 흥미에 맞는 사회성은 교사에게 필요한 가장 중요한 덕목이자 적성입니다.

우리 주변에는 교사로 일하는 직업인이 많이 있습니다. 어떤 교사는 교사의 사명에 충실히 임하지만 어떤 교사는 어쩔 수 없이 직장생활하는 직업인들도 많이 있습니다. 같은 교과 내용을 수없이 반복하는 데서 오는 스트레스, 처음 교직 발령을 받고 좋아했던 그 첫 기쁨은 잠시, 몇 년을 열심히 일해도 타 직업보다 상대적으로 오르지 않는 보수와 보상으로 인한 절망감 등을 호소하는 이들이 많습니다. 언제 기회가 되면 돈을 많이 버는 사업으로 전환하겠다는 이들도 분명히 있습니다.

교사라는 직업은 자칫 많은 학생의 미래를 망치게 할 수 있는 매우 영향력 있는 직업입니다. 가끔 보도를 통해서 들리는 좋지 않은 교육계의 뉴스들은 더더욱 교사라는 직업을 준비하는 이들에게 경종을 울려주고 있습니다.

사람 각자는 누구나 자신만의 적성을 가지고 있습니다. 직업이란 아무리 되는 길이 보장되어도 자신의 적성과 조화되지 않는 직업을 선택하면 가는 길과 연계성이 떨어져 자신이 선택한 직업 때문에 부조화를 경험할 수 있으며 일이 아니라 짐이 될 수 있습니다. 특히 요즘 젊은 세대는 각별한 주의를 기울여야 합니다. 자기만족, 높은 보수, 여가, 안정된 일을 최고로 여기는 분위기와 풍조를 따라가면 자신의 적성과 전문성에서 벗어난 자기 만족적 직업선택을 할 가능성이 커집니다. 이러한 직업선택은 시작하기도 어려울 뿐만 아니라 머지않아 후회와 좌절을 경험하게 될 수 있습니다. 되는 길이 매우 어렵거나 가능성이 희박하지 않다면 직업진로는 '가는 길'에 맞추어야 할 이유가 여기에 있습니다.

모든 직업에는 '되는 길'과 '가는 길'이 있습니다.

'1등 진로'는 되는 길보다 가는 길을 보고 정하는 것입니다.

교사가 되는 길이 있고 교사가 되고 나서 가는 길이 있습니다.

이 두 길은 매우 다릅니다. 어떤 직업도 되는 길과 가는 길 모두를 잘 살펴보지 않으면 전혀 나와 상관없는 다른 길에서 헤매게 될 수 있습니다. 직업선택은 되는 길, 가는 길, 이 두 길을 잘 살펴야 합니다.

모두가 그렇다고는 할 수 없으나 학교성적이 남달리 좋은 학생 가운데는 적성이 사회성 혹은 사교성이 떨어지는 경향의 아이들이 있습니다. 다시 말하면, 다른 사람과 어울려 가르치고 봉사하는 것에는 많은 흥미가 없는 유형입니다.

이런 성향의 학생이 직업으로 교사가 되고 난 후, 자신의 직업에 흥미를 느끼지 못할 가능성이 매우 큽니다. 더군다나 아이를 좋아하지 않는 학생이라면 교사가 되고 난 후, 매일 심리적인 에너지 소모가 상대적으로 클 것이며 사회적으로 인기도가 높다고 하더라도 후회하는 일이 발생할 수 있습니다.

따라서, 진로선택 시 자신의 적성을 신중하게 고려하는 것은 매우 중요한 일입니다. 교사라는 직업은 '되는 길'에서는 '탐구성'이 중요한 적성이었다면, '가는 길'에서는 '사회성'이 중요한 적성이 됩니다. 탐구성과 사회성이라는 적성이 둘 다 있다면 교사라는 직업은 적성에 잘 맞는 직업이 될 것입니다. 그러나 두 가지 적성 중 하나라도 맞아야 한다면 가는 길에 필요한 사회성이 더 필요한 적성이라 할 수 있겠습니다.

'1등 진로'는 되는 길보다 가는 길을 보고 정하는 것이 현명한 진로선택입니다.

'1등 진로'란 사랑하는 일을 찾는 것이다

'1등 진로'란 다른 사람과 비교하여 더 많은 연봉과 더 높은 명예를 얻는다는 상대적 개념으로만 사용한 용어가 아닙니다. 지금까지 사용한 1등 진로란 사랑스러운 아이들이 자기 일을 사랑할 수 있는 태도를 갖게 되는 의미로 표현한 용어입니다.

따라서, 1등 진로는 연봉 1위, 인기 1위, 안정감 1위, 자기만족 1위, 여가시간 1위를 표현한 말이 아닙니다. 1등 진로란 직업의 본질인 3M(Money, Meaning, Mission)을 찾고 실현하는 일로써 타고난 재능을 찾고, 타고난 재능을 계발하고, 타고난 재능을 활용하여 자기 일을 통해 사람을 사랑하고, 사람을 섬기는 일을 하게 될 때그 일은 1등 진로가 됩니다. 그래서 1등 진로란 사랑하는 일을 찾는 것입니다. 이 일을 천직이라고 할 수 있습니다.

좋은 악기는 연주를 시작하기 전, 매번 조율해서 연주합니다. 아무리 비싸고 좋은 명품이라고 해도 조율하지 않으면 불협화음을 내고 연주를 할 수 없게 됩니다.

부모 자녀 관계에서도 자주 조율을 해야 합니다. 한번 사이가 좋다고 하여 이 관계가 오랫동안 지속될 수 없습니다. 아무리 사랑하는 관계라고 해도 조율하지 않으면 인간의 본성이 서로 충돌하게 됩니다. 언제라도 관계는 악화될 수 있습니다. 부모는 자녀와 사랑의 조율을 자주 해야 합니다. 부모는 자녀의 눈을 보며 "사랑한다 애야"라고 자녀에게 고백하고 안아줘야 합니다. 부모와 자녀가 눈의 대화가 되면 부모는 자녀에 대한 믿음이 생기고 자녀는 자존감이 높아집니다. 또한, 이런 자녀는 부모를 존경하게 됩니다.

아이의 자존감은 친밀한 관계 형성을 통해 높아집니다.

아이의 자기효능감은 과업을 성취하는 과정을 통해 높아집니다.

아이의 자존감과 자기효능감이 높아질 때 1등 진로를 찾는 원동력을 갖게 됩니다. 따라서 사랑받는 아이가 1등 진로를 찾을 수 있게 됩니다.

자존감이 높고 자기효능감이 높은 아이들은 실패하는 과정을 통해 성공으로 가게 되어있습니다. 성공은 실패라는 큰 주머니 안에 함께 들어있습니다. 한 번에 성공을 꺼낼 수는 없습니다. 실패라는 공을 자주 꺼내다 보면 어느덧 성공이라는 공도 꺼낼 수 있게 되는 것입니다. 한두 번 실패라는 공을 골랐다고 하더라도 포기하지 않고 끊임없이 도전하는 힘은 자존감과 자기효능감입니다. 그래서 사랑받는 아이가 1등 진로라는 성공의 공을 찾게 되는 것입니다.

1등 진로는 사랑하는 일을 찾는 것입니다.

사랑하는 일을 찾는 아이는 결국, 사랑받고 자란 아이입니다.

사랑받고 사랑스러운 아이가 사랑하는 일을 찾게 됩니다.

부모가 끊임없이 자녀를 사랑해야 하는 이유가 사랑스러운 아이가 사람도 일도 모두 사랑하게 되기 때문입니다. 그래야 직업, 꿈, 천직을 찾을 수 있습니다.

그것이 자녀를 양육하는 궁극적인 목표이자 자녀를 사랑하는 일입니다.

사랑받는 아이가 '1등 진로'를 찾는다.

큰 딸아이가 고등학교 때 일입니다. 밤 10시쯤 되어서 아이를 데리러 학교 정문 앞으로 자동차를 가지고 갔습니다. 이미 백여 대의 차량이 경찰관과 자원봉사자들의 유도와 지시를 따라 일렬로 정렬하여 마치 도로가 큰 주차장처럼 되어버렸습니다. 학교에서 자율학습을 마치는 종이 울리자 곧이어 수많은 아이가 운동장으로 나왔습니다. 그리고 아이들은 기다리고 있던 부모의 자동차에 올라탔습니다. 딸아이도 자동차에 올라타자마자 피곤한 기색이 역력했으며 아무 말도 하지 않고 눈을 감고 머리를 뒷좌석에 기댔습니다. 아무 말도 할 수 없고 어떤 말도 위로가 되지 않는다는 것을 직감하고 그저 조용히 집으로 돌아오곤 했습니다.

오늘 아침에는 중2 딸아이가 방학 기간을 이용해 수학전문학원에 다니겠다는 첫날이었습니다. 그래서 딸아이를 출근길에 학원에 데려다주기로 하고 학원으로 향했습니다. 잠시 후 도착해서 아이를 내려주고 출발을 하려는데 연이어 학원에 아이를 데려다주려는 자동차들이 앞길을 막고 출발을 지연시켰습니다. 그리고 자동차에서 딸아이 또래의 아이들이 내렸습니다.

아이들은 한결같은 표정과 한결같은 몸동작을 지었습니다. 얼굴은 돌리지 않은 채 손만 뒤로하고 떠나는 부모의 자동차를 향해 손짓만 한두 번 흔들었습니다. 그나마 이런 인사를 하는 아이도 몇 명 되지 않고 대부분 머리를 숙이고 학원으로 발길을 향했습니다. 아이들의 표정은 정말 안타까웠습니다. 배움을 향한 기대나 어떤 희망 같은 것은 조금도 찾아볼 수 없었습니다. 그냥 와아 하니까 오는 무덤덤한 표정 내지는 불만스러운 표정이었습니다.

우리 아이도, 다른 아이도 모두 같은 표정과 같은 몸짓이었습니다. 누가 우리 시대 아이들을 이렇게 만들었을까요? 무엇 때문에 우리 아이들은 인생에 가장 생기있고 활기차야 할 시기에 이렇게 공부하는 기술자가 되어야 할까요?

아이들은 아직 정서발달도 다 끝나지 않았는데, 아니 이제 막 시작했는데 왜, 무엇을 위해서 이렇게 공부중독자를 만들어야 할까요? 공부 이외에는 아무것도 하지 못하는 아이들로밖에 성장시킬 수 없는 것일까요? 공부 중독이란 용어가 생경하게 들릴 수 있습니다. 공부에 적응하지 못하는 사춘기 아이들과 부모들의 다양하고 복잡한 문제들을 이 책에서 살펴보고자 했습니다.

또한, 공부를 잘하는 아이들에게도 1등 진로는 저절로 찾아지는 게 아니라는 것을 말씀드렸습니다. 공부 이외에 다양한 경험을 통한 정서발달과 지식을 넘어선 지혜를 배우는 기회를 주고자 많은 부모는 한걸음 빠른 진로를 찾고 있습니다.

요즘 우리나라에는 대안 교육이 절정에 다다르고 있습니다. 일명, 대안학교나 국제학교로 대표되는 대안 교육이 많은 성장세를 보입니다. 또한, 홈스쿨링을 하는 가정도 종종 보게 됩니다.

자기 아이만의 '1등 진로'를 찾는 방안들이 속속 등장하고 있습니다. 국, 영, 수 학습기술보다 더 중요한 것이 있다고 판단하고 정서발달과 더불어 다양한 경험에 더 신경을 쓰는 부모들이 점점 늘고 있습니다.

이미 고액의 교육비를 쓰고도 이렇다 할 성과를 내지 못하거나, 치열한 경쟁에서 살아남아도 명문 대학을 나와봐도 어디서 오라는 곳도 없고, 가야 할 곳도 찾지 못하는 방황하는 젊은 세대를 지켜보며 우리 아이들은 미래는 없고 희망만 찾는 공허한 바람이 되지 않기 위해 지금부터라도 1등 진로란 진정 어떤 길인지를 다시 한번 생각해 봐야 할 때입니다.

1등 진로란 내 아이가 자기 일을 사랑하게 되는 것입니다. 사랑할 수 있는 일을 찾는 게 우선이 아니라, 자기 일을 사랑할 수 있는 사랑스러운 아이가 되는 것이 먼저입니다. 그래서 부모가 아이를 사랑할 때, 사랑받는 아이가 '1등 진로'를 찾게 되는 것입니다.

1등 진로는 한가지 길이 아닙니다. 360도 모든 길이 1등 진로가 될 수 있습니다. 1등 진로는 길이 아니라 사람 자체입니다. 아이가 사랑할 수 있는 일을 찾기 위해서라도 부모는 아이를 사랑하는 일을 찾아야 합니다.

서문에서도 언급했듯이 부모가 '자녀를 사랑하는 일'이 '자녀를 괴롭게 하는 일'이 되지 않게 하는 것이 무엇보다 중요합니다.

부모가 아이를 사랑하지 않는 경우는 두 가지 경우입니다.

첫 번째, 부모가 불안과 두려움을 가질 때입니다. 불안과 두려움은 사랑하지 않을 때 느껴지는 부정적 감정입니다.

아이의 학업과 진로에 대한 불안과 두려움을 느낀다면 아직 아이를 사랑하지 않는 부모의 마음이라는 것을 알아야 합니다. 아이를 믿을 수 없기에 불안과 두려움이 생기는 것입니다. 아이를 믿을 수 없다는 것은 아직 사랑하지 못한다는 결과입니다. 우리 아이가 다른 아이에 비해 못하거나 떨어진다는 불안과 두려움이 아이를 믿을 수 없게 만듭니다. 이와 반대로 아이를 믿는다는 것은 우리 아이가 다른 아이에 비해 못하거나 떨어지지 않는다고 확신하는 것을 아이에 대한 믿음이라 하지 않습니다. 아이에 대한 믿음이란 다른 아이와 비교해서 못하거나 떨어진다는 생각 자체도 하지 않을 뿐만 아니라, 어떤 결과가 나오더라도 아이를 사랑한다는 부모의 변하지 않는 마음을 믿음이라고 합니다.

아이의 미래에 대한 지나친 기대와 바람을 갖게 되면 자연스럽게 욕망이라는 것이 생겨납니다. 그 욕망은 밑 빠진 독을 채우는 것과 같아서 결코 만족할 수 없게 되고 다른 아이와의 비교평가가 지속되는 한 계속해서 '조금만 더, 조금만 더'라는 사슬에 묶여 부모나 아이 모두 불안과 두려움이라는 고통을 받게 합니다. 부모나 아이가 비교평가에서 벗어날 수 없기에 불안과 두려움이라는 부정적 감정을 어느 정도 안고 살아가야 합니다. 그러나 부모가 자녀를 사랑한다는 것은 불안과 두려움을 부모 자신이 먼저 극복해 내는 것입니다. 그렇지 않으면 이런 감정은 자연스럽게 자녀들에게 전이 됩니다. 이렇게 전이된 상한 감정은 설령, 아이가 학업성적 1등급을 받게 되더라도 지속해서 불안 심리를 갖게 합니다. 앞으로 당면할 모든 과제와 과정에 대한 불안 심리는 끊임없이 부모와 아이를 괴롭게 할 것입니다.

만약, 이런 경우가 생긴다면 이것은 부모가 '자녀를 사랑하는 일'이 '자녀를 괴롭게 하는 일'이 되는 것입니다.

두 번째, 부모의 생각만 옳다는 부모 자신의 의(義)입니다. 부모의 의가 아이의 마음을 읽지 못하고 인정하지 않게 되면 부모는 아이를 사랑하지 않는 것입니다.

세상에 대한 경험과 연륜이 높은 부모의 학식이나 가치관은 이제 막 자신의 진로를 시작하는 아이들에게 다양한 격려나 조언으로 나타납니다. 여기에서 그치지 않고 격려와 조언이 집착과 강요가 되면 이것도 역시, 부모가 '자녀를 사랑하는 일'이 '자녀를 괴롭게 하는 일'이 되는 것입니다.

그래서 사랑의 반대말은 첫째, '불안과 두려움'이고, 둘째는 '의'입니다.

사랑받는 아이가 1등 진로를 찾는다는 뜻은 부모가 자신의 불안과 두려움을 먼저 극복하는 일이며 자기 생각만 옳다는 의를 부정하는 것입니다.

부모 자신이 불안과 두려움을 마음에 품은 채, 아이에게 말하는 어떤 조언과 해결책도 아이는 불안과 두려움으로 전달받게 됩니다.

부모 자신이 이미 모든 결정을 선행한 후, 아이에게 이 길은 옳은 길이며 빠른 길이라고 설득한다고 해도 아이는 부모의 독선과 강요로밖에 받아들이지 못하게 됩니다.

부모가 자녀를 사랑한다는 것은 자녀의 일에 집착하거나 대신 해결해 주는 것이 아닙니다. 부모는 자신의 마음에 있는 불안과 두려움을 해결하는 일을 먼저 실행해야 합니다. 아이의 문제가 아니라 부모의 문제로 보아야 합니다.

부모가 자녀를 사랑한다는 것은 부모의 생각보다 아이의 마음을 먼저 읽어주는 것입니다. 그리고 선택과 결정을 아이가 스스로 할 수 있도록 양보하는 것입니다.

부모가 자녀를 사랑한다는 것은 아이의 응원자가 되는 것이며, 아이의 후원자가 되는 것이며, 아이의 변호인이 되는 것이며, 아이의 청지기가 되는 것입니다.

더불어, 사랑의 주체가 되어 아이에게 사랑을 주는 것입니다. 사랑은 모든 죄와 허물을 덮을 만큼 능력이 있는 것입니다. 하물며 사랑스러운 아이를 사랑하는 것은 어쩌면 당연합니다. 당연한 것을 놓치고 다른 무엇으로 대체하려고 하면 반복해서 부작용만 생깁니다. 그것을 사춘기 증상이라고 부모는 오해합니다. 부모가 아이를 사랑할 때, 사랑받는 아이가 1등 진로를 찾게 됩니다.

자녀를 사랑하는 부모는 아이를 외롭게 하지 않습니다.

"너는 외로우면 안 된다!"

"아빠는 네 편이다!"

"엄마는 너를 사랑한다!"

사랑받는 아이가 '1등 진로'를 찾습니다.

세상에 모든 부모가 아이를 사랑할 수 있게 되기를 진심으로 기원합니다.